Wissenschaftliche Taschenbücher WTB

TEXTE

# Kinetische Theorie

## Band I

## Die Natur der Gase und der Wärme

Einführung und Originaltexte

WTB Wissenschaftliches Taschenbuch

ROLF BORSDORF / MANFRED SCHOLZ
**Spektroskopische Methoden in der organischen Chemie**

WERNER HABERDITZL
**Magnetochemie**

GERHARD HEBER
**Mathematische Hilfsmittel der Physik,** Teil I und II

A. A. SOKOLOW
**Elementarteilchen**

HERBERT GOERING
**Elementare Methoden zur Lösung von Differentialgleichungsproblemen**

HEINZ AHRENS
**Varianzanalyse**

HANS JÜRGEN TREDER
**Relativität und Kosmos**
**Raum und Zeit in Physik, Astronomie und Kosmologie**

ALBERT EINSTEIN
**Grundzüge der Relativitätstheorie**

ALBERT EINSTEIN
**Über die spezielle und die allgemeine Relativitätstheorie**

GÜNTHER LUDWIG
**Wellenmechanik.** Einführung und Originaltexte

HARRY PAUL
**Lasertheorie,** Teil I und II

FRANZ RUDOLF KESSLER
**Einführung in die physikalischen Grundlagen der Kernenergiegewinnung**

EBERHARD HOFMANN
**Eiweiße und Nucleinsäuren als biologische Makromoleküle**
**Dynamische Biochemie,** Teil I

EBERHARD TEUSCHER
**Pharmakognosie,** Teil I und II

D. TER HAAR
**Quantentheorie.** Einführung und Originaltexte

J. H. SANDERS
**Die Lichtgeschwindigkeit.** Einführung und Originaltexte

JEAN KUNTZMANN
**Unendliche Reihen**
Mathematische Hilfsmittel der Physik und Chemie
Mit 94 Übungen und 29 Aufgaben

JEAN KUNTZMANN
**Systeme von Differentialgleichungen**
Mathematische Hilfsmittel der Physik und Chemie
Mit 88 Übungen und 40 Aufgaben

JEAN KUNTZMANN
**Komplexe Veränderliche**
Mathematische Hilfsmittel der Physik und Chemie
Mit 90 Übungen und 37 Aufgaben

FERDINAND CAP
**Einführung in die Plasmaphysik**
**I. Theoretische Grundlagen**
— insgesamt 3 Bände —

J. A. ROSANOW
**Wahrscheinlichkeitstheorie**

STEPHEN G. BRUSH
**Kinetische Theorie,** Teil I und II
Einführung und Originaltexte

WTB

BAND 65

*S. G. Brush*

# Kinetische Theorie I

## Die Natur der Gase und der Wärme

Einführung und Originaltexte

Mit 6 Abbildungen

AKADEMIE-VERLAG · BERLIN

PERGAMON PRESS · OXFORD

VIEWEG + SOHN · BRAUNSCHWEIG

WTB TEXTE

Verantwortlicher Herausgeber dieses Bandes:
*Dr. Günther Eisenreich*
Sektion Mathematik der Karl-Marx-Universität, Leipzig

Übersetzung aus dem Englischen:
*Dr. R. Hofmann und Dipl.-Phys. Th. Görnitz*

Übersetzung des Bandes „Kinetic Theory", Vol. 1
aus der Reihe „Selected Readings in Physics"
(herausgegeben von D. ter Haar)


1970

Lizenznummer: 202 · 100/547/70
Herstellung: VEB Druckhaus „Maxim Gorki", 74 Altenburg
Bestellnummer: Akademie-Verlag 7067 · ES 18 B 4, 18 B 1
Pergamon Press 08 017561 9
Vieweg + Sohn 6065
Printed in German Democratic Republik

## Vorwort

Das Studium der Wissenschaftsgeschichte ist durchaus um seiner selbst willen fesselnd und der Mühe wert. Nichtsdestoweniger scheint die Gewohnheit, in den Originalwerken der großen Gelehrten zu lesen, eine erworbene Neigung zu sein, und die berufsmäßigen Wissenschaftshistoriker werden wohl überall durch die Wissenschaftler an Zahl übertroffen. Immerhin ist oft darauf hingewiesen worden, daß ein Wissenschaftler durch die gelegentliche Lektüre der Werke der Klassiker einer Wissenschaft in seinem eigenen Studium und seiner eigenen Forschung gefördert wird.

Dieser Band — und ein folgender über ähnliche Gegenstände — ist unter der Voraussetzung, daß der beste Weg zum tiefen Verständnis der Ziele und Methoden einer Wissenschaft das Studium ihrer historischen Entwicklung ist, ausdrücklich für den Studenten oder Forscher in der Physik vorbereitet worden und nicht für den Gebrauch des Wissenschaftshistorikers gedacht, der es ja vorziehen wird, die vollständigen Originaltexte zu studieren (die in der Mehrzahl leicht zugänglich sind). Ein völliges Erfassen des Lebens, der Werke und des geschichtlichen Hintergrundes auch nur eines einzigen der in dieser kurzen Auswahl vertretenen Gelehrten würde viele Jahre des Studiums erfordern, und natürlich werden nur wenige Gelehrte gewillt sein, diese Jahre aufzuwenden. Es ist jedoch möglich, durch das Lesen eines relativ kurzen Auszuges schon einen guten Einblick zu gewinnen. Wir werden nicht den extremen Verdichtungsgrad anstreben, der von vielen Herausgebern von Anthologien erreicht wird, indem das ganze weite Gebiet einer Wissenschaft in einem einzigen Band, der aus vielen zwei- bis dreiseitigen Auszügen besteht, durchlaufen wird. Statt dessen beabsichtigen wir, mindestens fünf solcher Bände den Gebieten der kinetischen Gastheorie, der statistischen Mechanik und der Thermodynamik zu widmen. Die Auszüge werden lang genug sein, um den Leser in die Lage zu versetzen, dem Weg des Autors zur Beweisfindung zu folgen, obgleich es sich in manchen Fällen nur um Teile längerer Arbeiten handeln kann. Kriterium für die Auswahl ist nicht, daß die Arbeit notwendig einen wesentlichen Originalbeitrag darstellt, sondern vielmehr, daß einen das Lesen in die Lage versetzt, die Entwicklung des Gegenstandes klarer zu erfassen. Deshalb zeigen wir nicht nur Theorien, die vom modernen Standpunkt aus „korrekt“ sind, sondern auch manches, was damals durchaus plausibel erschien, aber später verworfen werden mußte. Wenn man den Prozeß der Entwicklung, Annahme oder Ablehnung einer Theorie erfassen will, dann muß man willens sein, die Alternativen und Einwände zu der schließlich erfolgreichen Theorie mit kennenzulernen. Unser Respekt vor den Pionieren der kinetischen Theorie kann ja schließlich nur noch wachsen, wenn wir erkennen, daß sie eine andere Theorie zu überwinden hatten, deren Verfechter die Autorität solcher Giganten wie NEWTON und LAPLACE für sich ins Feld führen konnten.

Die meisten Autoren von Physikbüchern scheinen zu glauben, daß die Einflechtung von Anekdoten aus der Geschichte der Physik die Darstellung des Gegenstandes selbst verbessert. Leider ist eine Menge „Geschichte“, die man in Lehrbüchern oder populären Schriften der Physik findet, entweder falsch oder irreführend, und wenn auch die „menschliche Anteilnahme“ den Gegenstand für solche Leser möglicherweise beleben kann, die ihn sonst langweilig finden würden, so ist es äußerst zweifelhaft, ob diese Art der Geschichte irgendetwas zum Verständnis der Physik selbst beitragen kann. Wir meinen, daß es für einen Physiker nicht sehr wesentlich ist zu wissen, was jemand wo und wann gemacht hat, obgleich solche Informationen ein Skelett der Wissenschaft in ihrer historischen Entwicklung als organisches Ganzes liefern. Was erfaßt werden sollte, ist das Wachstum der wissenschaftlichen Ideen und Theorien, der Vorgang der Ansammlung experimenteller Daten und Techniken und die Wechselbeziehungen zwischen beiden. Wir werden uns nicht im einzelnen mit Fragen der Priorität für eine Entdeckung befassen, obgleich die Tatsache, daß die gleiche Entdeckung von verschiedenen Gelehrten gleichzeitig und unabhängig gemacht worden ist, ein brauchbarer Indikator für die dem wissenschaftlichen Denken zugrunde liegenden Strömungen sein kann. Natürlich ist die Priorität auch dann wichtig, wenn sie das Motiv für die Veröffentlichung der Entdeckungen von Wissenschaftlern darstellt. Die Dispute über Priorität arten jedoch oft zu einem Gezänk über nationale Ehre aus. Die beiden Gasgesetze waren viele Jahre hindurch als „BOYLEsches Gesetz" und „CHARLESsches Gesetz"[1]) bei den Engländern und Amerikanern und als „MARIOTTEsches Gesetz" bzw. „GAY-LUSSACsches Gesetz" bei den Franzosen bekannt, obgleich fast alle Wissenschaftshistoriker — die englischen und französischen mit eingeschlossen — darin übereinstimmen, daß das erste auf BOYLE (mit Beiträgen von POWER, TOWNELEY und HOOKE) und das zweite in der Hauptsache auf GAY-LUSSAC unter einer gewissen Anerkennung der Arbeiten von AMONTONS zurückgeht. Die Ansprüche von MARIOTTE und CHARLES sind tatsächlich sehr gering. Die größten Gelehrten haben stets erkannt, daß es so etwas wie Patriotismus in der Wissenschaft nicht geben kann, und es ist unangenehm, die Verdrehung der Geschichte der Wissenschaft durch solche zu beobachten, die die Überlegenheit eines Landes über die anderen verteidigen wollen. (Das besagt natürlich nicht, daß die Untersuchung der Gründe dafür, daß sich die Wissenschaft in gewissen Ländern rascher als in anderen entwickelt hat, nicht ein legitimer Forschungsgegenstand sein kann.)

---

[1]) Oder „DALTONsches Gesetz".

Abschließend ein Wort der Warnung: Wir hoffen, daß jeder Lehrer oder Lehrbuchautor, der einen Bericht über die Geschichte der Physik zu geben beabsichtigt, sich nicht auf unsere „Einführung" verlassen, sondern einen Blick in die Originaldokumente selbst werfen wird. Unsere Bemerkungen beanspruchen nicht, eine vollständige Erfassung der Geschichte des Gegenstandes zu liefern. Während wir um die Vermeidung grober Fehler bemüht waren, ist ein gewisses Maß an Vernachlässigung und Vereinfachung nicht zu vermeiden. Es sei auch bemerkt, daß der Raum, welcher den verschiedenen Arbeiten in der Einleitung gewidmet wird, nicht notwendig ihrer Bedeutung proportional ist. Es brauchte im Gegenteil nur wenig über diejenigen Arbeiten gesagt zu werden, die in diesem Band abgedruckt sind, so daß die Einleitung zur stärkeren Betonung anderer Arbeiten neigt, die hier nicht abgedruckt worden sind.

Es ist mir ein Bedürfnis, den Herren W. JAMES KING, J. SCHWARTZ und R. HAHN für das Lesen des Manuskriptes und für wertvolle Hinweise sowie C. W. F. EVERITT für die Beschaffung wertvoller Informationen über MAXWELL zu danken.

Die Rechtschreibung der deutschsprachigen Originalarbeiten ist dem heutigen Gebrauch angepaßt.

# Inhaltsverzeichnis

## Teil 1



## Teil 2

# Teil 1

# Einleitung

Während die Geschichte des Atomismus bis auf die alten griechischen und römischen Philosophen zurückgeht, begann die Geschichte der kinetischen Gastheorie erst im 17. Jahrhundert, als zuerst TORRICELLI, PASCAL und BOYLE die physikalische Natur der Luft zu erklären suchten. Durch eine Kombination von Experimenten und theoretischen Beweisführungen überzeugten sie die übrigen Gelehrten davon, daß die Erde von einem „Meer" aus Luft umgeben ist, die auf nahezu die gleiche Weise wie Wasser einen Druck erzeugt, und daß der Luftdruck für viele Phänomene verantwortlich ist, die bislang dem „horror vacui der Natur" zugeschrieben wurden. Wir können die Entwicklung des Begriffs des Luftdruckes als Teil der Veränderungen der Betrachtungsweise in der Wissenschaft auffassen, die zum sogenannten „mechanisch-korpuskularen" Naturbild geführt haben, das mit den Namen GALILEI, BOYLE, NEWTON und anderen verbunden ist. Die Wissenschaftler begannen nach solchen Erklärungen für die Naturerscheinungen zu suchen, die sich auf Materie und Bewegung stützten, statt teleologische Prinzipien oder „geheime Kräfte" zu postulieren.

Es war zur Zeit GALILEO GALILEIS (1564–1642) wohlbekannt, daß man Wasser mittels einer Pumpe nicht mehr als 10 m heben kann, obgleich GALILEI selbst diese Tatsache anscheinend im Jahre 1638 erstmalig schriftlich vermerkt hat.[1]) Einige Jahre später (1643 oder 1644) erdachte sein Schüler EVANGELISTA TORRICELLI (1608 bis

[1]) Dialogues concerning two New Sciences, engl. Übers. von CREW und DE SALVIO S. 12–17. Weitere Angaben zu dieser und zu anderen Arbeiten, die in der Einleitung erwähnt sind, findet man in den Literaturhinweisen.

1647) einen Laborversuch zum Nachweis des gleichen Effekts. Weil Quecksilber eine nahezu vierzehnmal so große Dichte wie Wasser hat, kann man erwarten, daß es höchstens auf nahezu 1/14 der früheren Höhe gehoben werden kann. Gerade das wird aber auch beobachtet, und diese Tatsache legt eine mechanische Erklärung nahe, die auf dem Luftdruck basiert. TORRICELLI verschloß ein ungefähr 90 cm langes Glasrohr an einem Ende und füllte es vollständig mit Quecksilber. Nachdem er das andere Ende mit dem Finger geschlossen hatte, tauchte er dasselbe vollständig in ein offenes Gefäß mit Quecksilber. Entfernte er dann den Finger vom offenen Ende, so sank die Oberfläche des Quecksilbers im Rohr bis auf eine Höhe von nahezu 50 cm über dem Quecksilberspiegel im offenen Gefäß. Zwischen dem oberen Ende der Quecksilbersäule und dem verschlossenen Ende des Rohres bildete sich ein leerer Raum, der als sogenannte „TORRICELLIsche Leere" bekannt geworden ist.

Nach TORRICELLI ist es gerade der mechanische Luftdruck, der das Quecksilber im Rohr anhebt. Der berühmte Philosoph und Mathematiker BLAISE PASCAL (1623—1662) fand in Analogie zu den Gesetzen der Hydrostatik, daß der Luftdruck auf dem Gipfel eines Berges geringer sein sollte als in Meereshöhe. Ein Experiment zur Überprüfung dieser Vorhersage wurde im Jahre 1648 nach PASCALS Anweisungen von dessen Schwager FLORIN PERIER durchgeführt, wobei die Ergebnisse den Erwartungen entsprachen. Weitere Experimente mit TORRICELLIS „Barometer" wurden von OTTO VON GUERICKE (1602—1686) ausgeführt, der auch eine Saugluftpumpe entwickelt und 1654 das berühmte Experiment der Magdeburger Halbkugeln durchgeführt hat. Bei diesem Versuch wurden zwei hohle Halbkugeln aus Bronze an den Kanten genau aneinandergepaßt und die so entstehende Hohlkugel luftleer gepumpt. An jeder der Halbkugeln wurde ein Gespann von acht Pferden angeschirrt und in entgegengesetzte Richtungen getrieben. Es war jedoch auf diese Weise nicht möglich, die Hälften wieder voneinander zu trennen.

Diese frühen Experimente in der Pneumatik sind etwa zu der Zeit weitergeführt worden, als sich in Italien, England und Frankreich die ersten Vereinigungen von Wissenschaftlern bildeten, und in vielen Fällen arbeiteten verschiedene Gelehrte gemeinsam an einem Experiment.

Die Accademia del Cimento (Akademie der Experimente) wurde im Jahre 1657 in Florenz gegründet. Torricelli selbst war der Lehrer vieler ihrer privilegierten Mitglieder gewesen, die nun ihrerseits seine Untersuchungen zur Natur des Luftdruckes weiterführten.

Die Royal Society entstand aus einer zwanglosen Vereinigung von Wissenschaftlern in London; sie spaltete sich um 1649 durch die Abwanderung eines Teiles ihrer Mitglieder nach Oxford, konzentrierte sich jedoch nach der Restauration wieder in London und erhielt im Jahre 1662 die offizielle Berufung zur Royal Society. Eine Reihe von Mitgliedern dieser Vereinigung spielte eine bedeutende Rolle in der Entwicklung der Theorie der Gase. Robert Boyle (1627—1691) z. B. war der siebente und letzte Sohn des Earl of Cork, eines britischen Adligen, der beträchtliche Ländereien in Irland besaß. Boyles Vermögen wurde zur Grundlage für den Erwerb einer anspruchsvollen experimentellen Apparatur. Die Oxforder Gruppe traf sich eine Zeitlang in seiner Wohnung. Der beste Experimentator der Gruppe war Robert Hooke (1635—1703) — heute in der Hauptsache durch seine Entdeckung des Zusammenhanges zwischen Spannung und Dehnung bekannt —, der um 1658 eine verbesserte Luftpumpe für Boyle konstruierte. Mit dieser „pneumatischen Maschine“ hat Boyle die Versuche durchgeführt, die er in seinem Buch „New Experiments Physico-Mechanical, touching the Spring of the Air, and its Effects“ (Oxford 1660) veröffentlicht hat. Boyle erwähnt, daß einige seiner Experimente in Gegenwart von Kollegen wie Christopher Wren (1632—1723), des Architekten der St.-Pauls-Kathedrale und vieler noch heute in London und anderen Städten erhaltener Bauwerke, und John Wallis, (1616—1703) eines Mathematikers und Geistlichen, der verschiedene wichtige Beiträge zur analytischen Geometrie und algebraischen Analysis geleistet hat, durchgeführt wurden. WALLIS, WREN und CHRISTIAN HUYGENS (1629—1695), ein holländischer Astronom und Physiker, formulierten auf Ersuchen der Royal Society unabhängig voneinander im Jahre 1668 die Stoßgesetze. Diese Gesetze bilden die Grundlage der kinetischen Theorie von „Billardkugeln" (d. h. von Atomen, die durch elastische Kugeln repräsentiert werden).

ISAAC NEWTON (1642—1727) wurde im Jahre 1671 in die Royal Society gewählt, nachdem er bereits den Differential- und Integralkalkül erfunden, die Dispersion des Lichtes und den binomischen Lehrsatz (1665—66) entdeckt hatte und Lucas-Professor der Mathematik in Cambridge geworden war (1669). Seine „Principia" wurden 1687 veröffentlicht. Von 1703 an bis zu seinem Tode war er Präsident der Royal Society.

In dieser illustren Reihe können wir vielleicht gerade noch einen Platz für RICHARD TOWNELEY (1628—1707) und HENRY POWER (1623—1668) finden, die zwar selbst nicht Mitglied der Royal Society waren, aber mit mehreren Mitgliedern in reger Korrespondenz gestanden haben. Auf TOWNELEYS Gut in Towneley, Lancashire, und an einigen anderen Orten führten sie eine Reihe kleinerer wissenschaftlicher Experimente und meteorologische Beobachtungen durch. Der Hauptgrund für ihre Erwähnung an dieser Stelle ist jedoch die Tatsache, daß sie das BOYLEsche Gesetz zuerst vermutet haben.

Die Entdeckung, daß der Druck eines Gases dem Volumen des Raumes, in dem es eingeschlossen ist, umgekehrt proportional ist, wird im allgemeinen ROBERT BOYLE zugeschrieben. Von BOYLES Standpunkt aus war diese Entdeckung an sich unbedeutend, und obgleich er sie experimentell verifiziert hatte, hat er schnell zugegeben, daß er keinerlei quantitative Beziehung zwischen Druck und Volumen gefunden hatte, ehe RICHARD TOWNELEY seine einfache Hypothese vorgeschlagen hatte. Auch ROBERT HOOKE lieferte weitere Beweise für die Richtigkeit der Hypothese. Auf dem Kontinent war das Gesetz lange Zeit unter dem Namen „MARIOTTEsches Gesetz" bekannt, weil es der französische Priester EDMÉ MARIOTTE (1620—1684) in seinem „Essai de la nature de l'air" (1679) veröffentlicht hatte. Es gibt gute Gründe für die Annahme, daß MARIOTTE das Werk BOYLEs kannte, obwohl er es nicht erwähnt hat, so daß man nicht von einer unabhängigen (und erst recht nicht von einer gleichzeitigen) Entdeckung sprechen kann.[1])

BOYLEs Forschungen waren weniger auf die Veranschaulichung eines quantitativen Zusammenhanges von Druck und Volumen als vielmehr auf die qualitative Tatsache der *Elastizität der Luft* („Federkraft") sowie darauf gerichtet, daß dieselbe einen mechanischen Druck ausüben kann, der ausreicht, um eine Wasser- oder Quecksilbersäule zu heben. Seine Hauptleistung war die Einführung des Druckes als neue Variable in die Physik, und er konnte es sich leisten, anderen die Priorität für die Entdeckung der numerischen Beziehung zwischen dieser und anderen Veränderlichen zu überlassen. Er hat bemerkt, daß der entscheidende Versuch sein Versuch Nr. 17 war[2]), in welchem er den unteren Teil des TORRICELLIschen Barometers (einer Quecksilbersäule in einem Glasrohr, welche in ein Quecksilbergefäß eintaucht) in einen Behälter einschloß, aus dem die Luft mit Hilfe seiner Pumpe entfernt werden konnte. Während die Luft abgesaugt wurde, fiel die Quecksilbersäule fast bis auf das Niveau der Quecksilberoberfläche im Gefäß. Dies wurde dahingehend gedeutet, daß tatsächlich der Luftdruck oder vielmehr die Differenz zwischen atmosphärischem Druck und dem vernachlässigbaren Druck im Inneren der „TORRICELLIschen Leere" am oberen Ende des Rohres die Quecksilbersäule angehoben hatte.

BOYLE hat auch eine theoretische Erklärung für die

[1]) Siehe etwa W. S. JAMES, Sci. Progr. **23** (1928) 261; **24** (1929) 57; C. WEBSTER: Nature [London] **197** (1963) 226; Arch. Hist. exact Sci. **2** (1965) 441; Ambix **14** (1967) 150; I. B. COHEN: Nature [London] **204** (1964) 618.

[2]) Siehe BOYLE's Works, S. 33.

Elastizität der Luft vorgeschlagen, indem er sie mit einem „Haufen aufeinanderliegender kleiner Teilchen“ verglich und die Elastizität des Ganzen der Elastizität der einzelnen Teilchen zuschrieb (Arbeit 1 dieses Bandes). Die Atome sollten sich wie kleine Sprungfedern verhalten, die einer Kompression Widerstand entgegensetzen. Für einen heutigen Leser scheint diese Erklärung nicht sehr befriedigend zu sein, weil sie den Atomen nichts weiter als die an makroskopischen Objekten beobachtbaren Eigenschaften beilegt. Es ist interessant zu bemerken, daß BOYLE auch das „experimentum crucis“ durchgeführt hat, das dazu beitrug, daß seine eigene Theorie zwei Jahrhunderte später zugunsten der kinetischen Theorie fallengelassen wurde, ohne jedoch seine Bedeutung zu erkennen. In seinem Experiment Nr. 26 brachte er ein Pendel in eine evakuierte Kammer und beobachtete zu seiner Überraschung, daß die An- oder Abwesenheit der Luft kaum einen Einfluß auf die Schwingungsdauer des Pendels sowie auf die Zeit hatte, die bis zum Stillstand des Pendels vergeht. Im Jahre 1859 leitete JAMES CLERK MAXWELL aus der kinetischen Theorie die Unabhängigkeit der Viskosität der Gase vom Druck her (Arbeit 10), eine Erscheinung, die auf der Grundlage der BOYLEschen Theorie wohl kaum zu erklären wäre.

Diese Einwände sind aber insofern unberechtigt, als die BOYLEsche Theorie nicht etwa mit modernen Gesichtspunkten, sondern besser mit anderen gängigen Vorstellungen seiner Zeit verglichen werden sollte. Bald nach der Publikation von BOYLES „New Experiments“ wurden von THOMAS HOBBES (1588–1679), dem Verfasser vieler politisch-philosophischer Schriften, und von FRANCISCUS LINUS, genannt FRANCIS HALL (1595–1675), einem jesuitischen Gelehrten und ehedem Professor für Hebräisch und Mathematik in Liège, Angriffe gegen die Versuche und ihre Interpretation gerichtet. HOBBES, obgleich an den neuen Strömungen in der Wissenschaft beteiligt, befand sich in einem mathematischen Meinungsstreit mit WALLIS und hatte außerdem seinen Ausschluß aus der

Royal Society übelgenommen. Er glaubte, daß ein „feiner Stoff“ existiert, welcher alle Räume erfüllt. Dies war eine Auffassung, welche die Entwicklung der kinetischen Theorie noch bis zum Beginn des 20. Jahrhunderts gehemmt hat. LINUS behauptete, daß die TORRICELLIsche Leere eine unsichtbare Saite oder Membran enthalte (lat. *funiculus*, Verkleinerungsform von *funis*, das Tau). Bei Dehnung oder Verdünnung der Luft übt der *funiculus* eine heftige Anziehungskraft auf alle angrenzenden Körper aus, und diese Anziehung ist es, die das Quecksilber in das Rohr hineinzieht. „Wenn du deinen Finger auf das Ansaugrohr einer Saugpumpe legst, dann kannst du in der Tat den Zug des *funiculus* unmittelbar am Fleische deines Fingers spüren!“

Man mag über diese phantastische Idee lachen, wenn man will, sollte sich jedoch daran erinnern, daß die Funikularhypothese nur ein Beispiel für die pseudomechanischen Erklärungen physikalischer Phänomene darstellt, deren Verwendung in den früheren Tagen der Wissenschaft weit verbreitet war. Darüber hinaus ist die Idee, daß ein Vakuum ein Wesen enthält, welches die Dinge hineinzieht, dem „gesunden Menschenverstand“ einleuchtender als die Theorie, daß der Sog nur durch das Fehlen des normalen Luftdruckes innerhalb des Vakuums entsteht. Es gehört schon eine ziemliche Phantasie dazu, sich vorzustellen, daß wir am Grunde eines Luftozeans leben, der auf jeden Quadratzoll unseres Körpers den kolossalen Druck von 14,7 lb [engl. Pfund] ausübt.

ROBERT BOYLE veröffentlichte 1662 eine „Defence“ gegen die Einwände von LINUS und HOBBES. Im Zusammenhang mit der Widerlegung der Funikularhypothese lieferte er einige neue experimentelle Beweise für die Kompression und Verdünnung der Luft. Er stellte diese Beweise zur Untermauerung von TOWNELEYS Hypothese („BOYLEsches Gesetz“) dar, die an dieser Stelle erstmalig erwähnt wird.

NEWTON hat in seinen „Principia“ (1687) sehr kurz die Konsequenzen verschiedener Hypothesen über die Art der zwischenatomaren Kräfte für die Beziehung zwischen Druck und Volumen diskutiert (Arbeit 2). Eine einzige Hypothese, nämlich die Annahme einer zum Abstand der Atome proportionalen abstoßenden Kraft, führt auf das BOYLEsche Gesetz. Es scheint einleuchtend zu sein, daß NEWTON versucht hatte, BOYLES Theorie in die mathematische Sprache zu übersetzen, und daß er meinte, daß jene abstoßende Kraft durch die atomaren Sprungfedern hervorgerufen wird, sobald dieselben miteinander in Kontakt kommen; anscheinend gibt es aber dafür keine direkten Beweise.

Weder BOYLE noch NEWTON haben behauptet, daß die Hypothese der abstoßenden Kräfte zwischen den Atomen die einzig richtige Erklärung für den Druck der Gase ist; beide waren gewillt, die Frage offen zu lassen. BOYLE erwähnte zum Beispiel DESCARTES' Wirbeltheorie (1644), welche der Idee nach der kinetischen Theorie etwas näher steht, weil sie sich mehr auf die rasche Bewegung der Teile der Atome als Ursache für die Abstoßung stützt.[1])

---

[1]) Es ist – wie beiläufig bemerkt sei – eine wichtige Erkenntnis, daß sich die kinetische Theorie nicht in der Annahme erschöpft, daß Wärme Bewegung der Atome sei. Diese Annahme wurde namentlich im 17. Jahrhundert häufig gemacht, gewöhnlich jedoch von solchen Gelehrten, welche die wesentliche Zusatzannahme, daß sich die Atome in Gasen während der meisten Zeit frei bewegen, nicht getroffen haben. Wie etwa noch HUMPHRY DAVY zu Beginn des 19. Jahrhunderts, machte man sich häufig die Idee von der „Wärme als Bewegung" zu eigen und verwarf dennoch die kinetische Gastheorie.

Als Beispiel sei folgende Herleitung des BOYLEschen Gesetzes durch ROBERT HOOKE (Lectures de potentia restitutiva, 1678, S. 15–16) genannt, welche TAIT (1885) fälschlicherweise eine „Vorwegnahme der kinetischen Theorie" genannt hat: „Die Luft ist also ein aus so kleinen Teilchen zusammengesetzter Körper, wie wir sie in dem die Erde umgebenden heterogenen fluiden Medium finden. ... Wird demnach eine Menge dieses Körpers in einen festen Behälter eingeschlossen und wird derselbe so verkleinert, daß die Luft auf ein kleineres Volumen zusammengedrückt wird, so wird deren Teilchenbewegung (bei konstanter Wärmemenge) dieselbe bleiben, und folglich werden die Schwingungen und Zusammenstöße im umgekehrten Verhältnis zunehmen. Das bedeutet, wenn die Luft auf das halbe Volumen zusammengedrückt ist, so wird sich die Zahl der Schwingungen und Zusammenstöße verdoppeln. ... Wird dagegen das einschließende Gefäß so verändert, daß es der Luft mehr Raum gibt, dann wird sich die Schwingungsamplitude proportional vergrößern und die Zahl

(Allerdings dachte DESCARTES nicht an „Atome“ im klassischen Sinne.)

Nichtsdestoweniger wurde die BOYLE-NEWTONsche Gastheorie augenscheinlich von den meisten Gelehrten bis zur Mitte des 19. Jahrhunderts akzeptiert, bis es schließlich der kinetischen Theorie gelang, die Autorität NEWTONS zu überwinden. So war also eine Theorie, die gegenüber den alten Ideen sicher einen Schritt nach vorn bedeutet hatte, in der Lage, die weitere Entwicklung für eine beträchtliche Zeit zu verzögern.

Man kann den relativen Mangel an Fortschritten in der Theorie der Gase im 18. Jahrhundert im Vergleich zum 17. Jahrhundert nur schwer verstehen. Verschiedene ausgezeichnete Mathematiker verfeinerten und klärten NEWTONS Prinzipien der Mechanik und wendeten sie auf die Analyse der Bewegung der Himmelskörper sowie auf kontinuierlich ausgedehnte feste Körper und auf Flüssigkeiten und Gase an, es bestand aber nur ein geringes Interesse an den Eigenschaften von Systemen frei beweglicher Atome. Die Atome eines Gases wurden nämlich als in einem Äther verteilt gedacht, konnten aber Schwingungen und Drehungen ausführen, so daß eine zu dichte Annäherung ausgeschlossen war. Dieses Modell war einer mathematischen Beschreibung ziemlich unzugänglich, wie man an einem erfolglosen Versuch LEONHARD EULERS aus dem Jahre 1727 sehen kann.

Immerhin ist aber ein Beitrag aus dieser Zeit als die erste echte kinetische Gastheorie erkannt worden. Es handelt sich hierbei um DANIEL BERNOULLIS Herleitung der Gasgesetze aus einem „Billardkugel“-Modell — in elementaren Lehrbüchern noch heute vielfach gern benutzt — aus dem Jahre 1738 (Arbeit 3). DANIEL BERNOULLI (1700—1782) gehörte einer berühmten Mathema-

der Schwingungen und Zusammenstöße reziprok dazu verkleinern ... Diese Darlegungen werden mutatis mutandis auch zur Erklärung der Elastizität jedes wie auch immer gearteten Körpers verwendet werden können.“ Siehe P. G. TAIT: Scientific Papers. Cambridge University Press, 1900, Bd. 2, S. 122 bis 123.

tikerfamilie an.[1]) Seine kinetische Theorie ist lediglich ein kleiner Teil einer Abhandlung über Hydrodynamik, einen Gegenstand, zu welchem er wichtige Beiträge geliefert hat.

BERNOULLIS kinetische Theorie befindet sich mit modernen Ideen durchaus in Übereinstimmung, war aber der Zeit ihrer Entstehung um ein Jahrhundert voraus, weil die Gelehrten noch nicht gewillt waren, die darin verwendete physikalische Beschreibung eines Gases zu übernehmen. Wärme wurde noch allgemein als Stoff angesehen, obgleich andererseits durchaus bekannt war, daß sie zur Bewegung der Atome in Beziehung steht. BERNOULLIS Annahme nun, daß Wärme *nichts anderes* als atomare Bewegung sei, war vor allem für diejenigen Wissenschaftler unannehmbar, die sich für die Erscheinungen der Strahlungswärme interessierten. Die Annahme, daß sich die Atome frei durch den Raum bewegen können, bis sie wie Billardkugeln zusammenstoßen, wurde wahrscheinlich als zu große Näherung empfunden, weil sie die Reibung des Äthers vernachlässigte und die Wechselwirkungen zwischen den Atomen zu stark vereinfachte. BERNOULLIS kinetische Theorie muß geradezu als Rückschritt erschienen sein; wir haben jedoch sehr wenig Kenntnis davon, wie die Gelehrtenwelt darauf reagiert hat. Das beste, was sich über die Theorie sagen ließ, war, daß sie einige Eigenschaften der Gase bereits so erklärte, daß sie ziemlich gut verstanden wurden. Als die Physik schließlich einen solchen Entwicklungsstand erreicht hatte, daß die kinetische Theorie nicht mehr mit anderen Prinzipien im Widerspruch stand, war BERNOULLIS Theorie in Verges-

[1]) JACOB (oder JAMES) BERNOULLI (1654–1702) entwickelte die Differential- und Integralrechnung sowie die Wahrscheinlichkeitstheorie. Sein Bruder JOHANN BERNOULLI (1667–1748) behandelte Extremwertprobleme mit den Methoden der Differentialrechnung und förderte die analytische Trigonometrie. DANIEL BERNOULLI war der zweite Sohn von JOHANN BERNOULLI. Nachfolgende Generationen setzten die Tradition der mathematischen Physik fort. So hielt z. B. LEONHARD BERNOULLI (1879–1939) im Jahre 1912 in Basel eine Vorlesung über die kinetische Theorie der Materie (siehe Phys. Z. **13** (1912) 335); vgl. D. BERNOULLI: Hydrodynamics, J. BERNOULLI: Hydraulics. Dover, New York 1968,

senheit geraten und mußte erst wiederentdeckt werden.[1]) Wir haben hier wiederum ein Beispiel dafür, daß eine Wissenschaftsgeschichte, die sich in erster Linie auf Fragen der *Priorität* konzentriert, ein einseitiges Bild zeichnet. Obwohl wir das Genie eines Mannes anerkennen können, der ein Problem löst, lange bevor überhaupt irgend jemand von der Existenz dieses Problemes weiß, so müssen wir jedoch auch danach fragen, ob eine solche Entdeckung einen Einfluß auf die Entwicklung der Wissenschaft hat. Tatsächlich hat vielfach derjenige mehr geleistet, der die Welt davon überzeugte, eine neue Idee anzuerkennen, als derjenige, der diese Idee geboren hatte.

## Die Wärmestofftheorie

Die kinetische Theorie konnte so lange nicht vollkommen anerkannt werden, wie die Doktrin von der Wärme als Stoff – „Wärmestoff" – nicht überwunden und durch die „mechanische Theorie der Wärme" (im wesentlichen das, was uns heute als Thermodynamik geläufig ist) ersetzt worden war, welche die Wärme als Energieform auffaßt, die in andere Energieformen, etwa auch in mechanische Arbeit, umgewandelt werden kann. Obwohl die Stofftheorie der Wärme in der heutigen Physik augenscheinlich keine Rolle mehr spielt, ist eine kurze Beschreibung an dieser Stelle notwendig, damit man versteht, wieso sie ein echtes Hindernis für die Entwicklung der modernen Theorie der Wärme sein konnte. Es ist nämlich

[1]) Die kinetische Theorie war bis zu einem gewissen Grade durch die Schriften von Gelehrten wie M. W. Lomonossow (1711–1765) in Rußland und J. A. de Luc (1727–1817) und Georg-Louis Le Sage (1724–1803) in Genf lebendig erhalten worden (vgl. z. B. De Lucs Rezension der Theorie von Bernoulli in den Recherches sur les modifications de l'atmosphère, Genf 1772, S. 165–171). Dennoch wurde für die Entwicklung des mathematischen Apparates der Theorie oder zur Überzeugung der Mehrheit der Gelehrten von ihrer Richtigkeit herzlich wenig getan. Vgl. die Arbeiten von Truesdell sowie Talbot und Pacey in der Literatur.

unbedingt darauf hinzuweisen, daß aus der Sicht der Gelehrten des frühen 19. Jahrhunderts sehr viele durchaus stichhaltige Argumente für die Annahme der Wärmestofftheorie und gegen die mechanische Theorie sprachen.

Unter *Calorique* (engl. *caloric*, Wärmestoff, Kalorikum), verstand man ein Fluidum, das aus Teilchen besteht, die sich untereinander abstoßen, aber an die Teilchen der gewöhnlichen Stoffe gebunden sind. Der Wärmestoff kann in alle Stoffe hineindiffundieren und vermag alle Zwischenräume zu durchdringen. Jedes Materieteilchen ist von einer Wärmestoffatmosphäre umgeben, deren Dichte mit der Temperatur zunimmt. Diese Atmosphären bewirken, daß sich zwei Materieteilchen abstoßen, wenn sie hinreichend benachbart sind, der Einfluß nimmt jedoch auf größere Entfernungen ab, und es überwiegt schließlich die anziehende Wirkung der Gravitation. Es gibt demnach eine Zwischenlage, in der auf das Teilchen weder Anziehungs- noch Abstoßungskräfte einwirken. Steigt die Temperatur und gelangt mehr Wärmestoff in die Substanz, so verschiebt sich diese Gleichgewichtslage nach außen, und der mittlere Teilchenabstand wird größer, was zu einer Ausdehnung des Körpers führt. Wenn andererseits ein Körper zusammengedrückt wird, so wird Wärmestoff herausgepreßt, was sich an der Oberfläche als Wärmeentwicklung äußert.

Der schottische Chemiker JOSEPH BLACK (1728–1799) hat diese Theorie wesentlich weiterentwickelt, seine Entdeckungen sind jedoch erst im Jahre 1803 veröffentlicht worden, obwohl er sie zuvor in Vorlesungen vorgetragen hatte. (BLACKS Edinburgher Vorlesungen wurden von vielen Studenten der weltberühmten „Edinburgh medical school" besucht, von denen später einige eine bedeutende Rolle in der Wissenschaft des 19. Jahrhunderts gespielt haben.) BLACK formulierte die Lehre von der latenten und der spezifischen Wärme. Er zeigte, daß verschiedene Substanzen bei Temperaturerhöhung um den gleichen Betrag verschiedene Wärmemengen aufnehmen und daß sie während des Schmelzens oder Verdampfens große Wärmemengen ohne merkliche Temperaturerhöhung benötigen. Damit wurde also klar zwischen *Wärme* und *Temperatur* unterschieden. Nach der Stofftheorie der Wärme verbindet sich eine genau definierte Wärmemenge mit jedem Teilchen eines Stoffes, wenn er schmilzt oder verflüssigt wird.

Über die Entscheidung der Frage, ob der Wärmestoff ein Gewicht besitzt, gingen die Meinungen auseinander. Der Amerikaner BENJAMIN THOMPSON (1753—1814), der durch den Kurfürsten von Bayern zum Grafen RUMFORD ernannt wurde und der die Royal Institution of Great Britain eingerichtet hat, war einer derjenigen, welche die Frage zum Gegenstand ihrer Untersuchungen machten. Er führte bis 1798 eine Reihe von Experimenten durch, aus deren Ergebnissen er den Schluß zog, daß man niemals würde ein Gewicht der Wärme nachweisen können. Das war eines seiner Argumente gegen die Stofftheorie der Wärme. RUMFORD zeigte auch, daß man durch mechanische Arbeit eine unbegrenzte Menge von Wärme erzeugen kann, etwa durch die Reibung beim Ausbohren von Kanonenrohren. Ähnliche Betrachtungen und Experimente wurden im Jahre 1799 von HUMPHRY DAVY (1778—1829), einem britischen Chemiker, angestellt, der verschiedene chemische Elemente entdeckt hat und von 1820 bis 1827 Präsident der Royal Society of London war.

Die Experimente von RUMFORD und DAVY, denen man viel später entscheidende Bedeutung für die Überwindung der Wärmestofftheorie beimaß, wurden zu ihrer Zeit nicht als ernsthafte Einwände gegen diese Theorie angesehen. Eine Ursache dafür ist das Fehlen einer zusammenhängenden Theorie als Alternative zur Wärmestofftheorie. Zum Beispiel erklärten sie nicht im einzelnen, wie die Wärme von einer Substanz auf die andere übertragen werden kann, wenn es sich doch um bloße Molekularbewegung handelt. Außerdem spricht die Wärmestrahlung für die Materialität der Wärme: Wenn man Wärme ohne Stofftransport durch ein „Vakuum“ hindurchschicken kann, so muß Wärme eine Substanz sein und kann nicht als Eigenschaft der Materie erklärt werden.

Das von den französischen Chemikern (GUYTON DE MORVEAU, LAVOISIER, BERTHOLLET und DE FOURCROY) im Jahre 1787 ausgearbeitete chemische System enthielt *calorique* in der Liste der Elemente; die meisten britischen Chemiker übernahmen dieses System gleichzeitig mit dem Gedankengut von BLACK. Wir werden uns mehr mit der britischen und deutschen als mit der französischen Wissenschaft beschäftigen, wenn wir die Geschichte der kinetischen Theorie verfolgen, und studieren deshalb nicht die Einzelheiten der französischen Formulierungen der Wärmestofftheorie, sondern geben ein Beispiel für eine damals populäre britische Darstellung (Arbeit 4). Es handelt sich um einen Auszug aus der Schrift „The Economy of Nature" von Rev. GEORGE GREGORY (1754–1808), Rektor von West Ham, Essex. Dieses Buch erlebte sehr schnell nacheinander (1796, 1798, 1804) mehrere Auflagen, und man kann es deshalb als meistgelesene englische Version der zeitgenössischen Lehren ansehen. Während GREGORY selbst keinen bleibenden Ruf als Gelehrter erlangte, ist die Bemerkung interessant, daß eine andere seiner populären Schriften, die „Lectures on Experimental Philosophy and Chemistry" (1808), das wissenschaftliche Interesse des amerikanischen Gelehrten JOSEPH HENRY (1799?–1878) geweckt hat, der auf dem Gebiet der Elektrizitätslehre wichtige Entdeckungen gemacht hat.[1])

## *Laplace*

Um darzustellen, wie die Wärmestofftheorie zur Erklärung der Eigenschaften der Gase benutzt worden ist, werden wir die Herleitung der Gasgesetze zusammenfas-

[1]) T. COULSON, JOSEPH HENRY, His Life and Work. Princeton University Press, 1950, S. 14–15.

send darstellen, wie sie PIERRE SIMON, Marquis DE LAPLACE (1749–1827) in seinem Buch „Traité de Mécanique Céleste", Buch XII (Paris 1825) gegeben hat. LAPLACE ist durch seine mathematische Weiterentwicklung der NEWTONschen Theorie der Planetenbewegung und durch sein Werk über Wahrscheinlichkeitstheorie bekannt geworden. Seine Erklärung des mechanischen Zustandes des Universums als Ergebnis seiner vergangenen und als Vorausetzung aller seiner zukünftigen Zustände wird häufig als Beispiel deterministischer Wissenschaftsphilosophie angegeben:

„Denken wir uns für den Moment ein intelligentes Wesen, das alle Kräfte, welche die Natur bewegen und den jeweiligen Ort jedes einzelnen der Dinge, aus denen die Welt zusammengesetzt ist, erfassen könnte — ein Wesen, ausgerüstet mit einer so gewaltigen Intelligenz, daß es alle diese Daten einer Analyse unterwerfen könnte — so könnte es in einer einzigen Formel die Bewegungen der größten Himmelskörper und die des leichtesten Atoms erfassen; nichts wäre für dieses Wesen ungewiß, und die Zukunft wie die Vergangenheit lägen offen vor seinen Augen."

Es wird häufig vergessen, daß diese Bemerkung in einem Essay über Wahrscheinlichkeitstheorie gemacht worden ist und eher zu einer Begründung *statistischer* Methoden als zu der von deterministischen führt.[1]) In der Tat verdanken die kinetische Gastheorie und die statistische Mechanik der Entwicklung der Wahrscheinlichkeitstheorie durch LAPLACE sehr viel, seine Wärmestofftheorie jedoch ist verworfen worden.

Während NEWTON nicht versucht hatte, die Ursachen der abstoßenden Kraft zwischen den Gasmolekülen zu ergründen, schrieb LAPLACE dieselbe den Wärmestoffatmosphären zu, die sich um die Moleküle ausbreiten sollten. Er hielt es auch für vernünftiger, daß die Kräfte zwischen den Molekülen — mit Ausnahme der Gravitation — nur auf kurze Entfernung wirksam sind. Er setzt die abstoßende Kraft zwischen zwei ähnlichen Molekülen

[1]) A Philosophical Essay on Probabilities. Dover, New York, S. 4.

im Abstand $r$ voneinander mit

$$F = Hc^2 \varphi(r) \tag{1}$$

an, wobei $c$ die Wärmestoffmenge in einem Molekül bezeichnet und $H$ eine Konstante ist, die wahrscheinlich (aber nicht notwendigerweise) für alle Gase gleich ist. $\varphi(r)$ ist eine Funktion, welche mit zunehmendem $r$ stark abnimmt. Der durch diese Kräfte erzeugte Gesamtdruck des Gases ist

$$P = 2\pi HK\varrho^2 c^2, \tag{2}$$

wobei $\varrho$ die Dichte und $K$ die Summe der auf ein Molekül durch alle anderen ausgeübten Kräfte bedeuten. ($K$ ist endlich, auch wenn die Summe über unendlich viele Summanden zu erstrecken ist, weil die Kräfte Nahewirkungskräfte sind. Darüber hinaus ist sein Wert vom Volumen und von der Beschaffenheit des Behälters unabhängig, sofern dieser groß genug ist.)

Aus (2) scheint zu folgen, daß der Druck dem Quadrat der Dichte proportional ist und daß die Theorie somit im Widerspruch zu dem beobachteten linearen Zusammenhang zwischen Druck und Dichte steht. Demgegenüber argumentiert LAPLACE so, daß $c$, d. h. die Wärmestoffmenge pro Molekül, wegen des Strahlungsgleichgewichtes von der Dichte abhängen muß. Jedes Molekül gibt beständig Wärmestoff ab und nimmt anderen wieder auf. Die von einer Oberfläche in jedem Zeitintervall absorbierte Menge von Wärmestrahlung hängt nur von deren Temperatur $u$ ab und wird mit $\Pi(u)$ bezeichnet. Sie ist von der Natur der umgebenden Teilchen unabhängig. Die Oberfläche absorbiert einen Teil $q$ davon, wobei $q$ von der Natur der Gasmoleküle abhängt. Die von einem Molekül ausgehende Wärmestrahlung soll durch die Wirkung des Wärmestoffes der umgebenden Moleküle auf den Wärmestoff des betrachteten Moleküls verursacht werden; damit ist die Strahlungsmenge der Dichte des Wärmestoffes im umgebenden Gas, d. h. zu $\varrho c$, und zur Menge $c$

des das betrachtete Molekül umgebenden Wärmestoffes proportional. Diese zu $\varrho c^2$ proportionale Menge muß aber mit der bei dieser Temperatur absorbierten Strahlungsmenge $q\Pi(u)$ übereinstimmen, weil das Gesamtsystem als im Wärmegleichgewicht befindlich vorausgesetzt wird und die Gesamtmenge des Wärmestoffes konstant bleibt. Daraus gewinnt LAPLACE die Beziehung

$$\varrho c^2 = q'\Pi(u), \tag{3}$$

wobei $q'$ eine neue, von der Natur des Gases abhängige Konstante ist, während $\Pi(u)$ eine universelle Temperaturfunktion darstellt. Durch Kombination der Gleichungen (2) und (3) erhält er

$$P = (2\pi H K q')\varrho\,\Pi(u) = i\varrho\Pi(u), \tag{4}$$

worin die Konstante $i$ von der Dichte und der Temperatur unabhängig ist. Aus (4) folgen jetzt leicht die Gesetze für das ideale Gas: $P$ ist proportional zur Dichte bei konstanter Temperatur (BOYLE-TOWNELEYsches Gesetz); andererseits ändert sich die Dichte im Verhältnis

$$\frac{\varrho'}{\varrho} = \frac{\Pi(u)}{\Pi(u')},$$

wenn sich die Temperatur von $u$ auf $u'$ ändert, unabhängig von der Natur des Gases (GAY-LUSSACsches Gesetz). Weil die Funktion $\Pi(u)$ die Dichte der Strahlungswärme im Raum mißt, ist es (nach LAPLACE) nur natürlich, wenn man sie mit der Temperatur gleichsetzt: $\Pi(u) = u$.

Eines der hervorstechendsten Merkmale der Wärmestofftheorie von LAPLACE (mit einigen späteren Ergänzungen von POISSON) ist ihre Erklärung der adiabatischen Kompression und Schallgeschwindigkeit. LAPLACE konnte zeigen, daß bei adiabatischer Kompression oder Expansion $PV^\gamma$ konstant bleibt, wobei $\gamma$ das Verhältnis der spezifischen Wärmen bei konstantem Druck und konstantem Volumen bezeichnet. Unter der Annahme, daß bei der Ausbreitung des Schalles eher adiabatische als isotherme Kompressionen und Verdünnungen auftreten, konnte er theoretisch zeigen, daß man den NEWTONschen Wert der Schallgeschwindigkeit mit $\sqrt{\gamma}$ multiplizieren muß, um eine gute Übereinstimmung mit dem Experiment zu erreichen. (Andererseits sagt die Theorie voraus, daß die spezifische Wärme mit fallendem Druck oder abnehmender Dichte steigen muß. Wäre die experimentelle Technik fein genug gewesen, um diese Vorhersage zu überprüfen, so wäre die Wärmestofftheorie wesentlich früher widerlegt worden.)

*Herapath*

Es ist hier nicht der Platz, die Theorie von LAPLACE vom Standpunkt der modernen Physik aus zu analysieren. Wir wollen statt dessen einige der Einwände betrachten, die von einem zeitgenössischen Vertreter der kinetischen Theorie, JOHN HERAPATH, gegen diese Theorie vorgebracht worden sind. HERAPATH selbst ist eine recht interessante Person. Man könnte ihn heute geradezu als Entdecker der kinetischen Theorie betrachten, wenn man die Tatsache außer acht ließe, daß sein Werk herzlich wenig Einfluß auf die spätere Entwicklung gehabt hat. Er wurde im Jahre 1790 in Bristol geboren, war der Sohn eines Mälzers und besaß eine ziemlich dürftige Allgemeinbildung. Im Jahre 1820 übersandte er der Royal Society ein Manuskript mit dem Titel „Eine mathematische Untersuchung über die Ursachen, Gesetze und Haupterscheinungen der Wärme, der Gase, der Gravitation und so weiter". Es enthielt zusammen mit anderen Dingen eine umfassende (wenn auch manchmal fehlerhafte) Begründung der kinetischen Gastheorie. HUMPHRY DAVY war in erster Linie für das Schicksal der Abhandlung verantwortlich. Er fand sie zu spekulativ und wollte ihre Veröffentlichung in den Philosophical Transactions nicht unterstützen. Daraufhin zog HERAPATH den Artikel zurück und sandte ihn statt dessen an die Annals of Philosophy, wo er im Jahre 1821 im Druck erschien. Trotz aller Anstrengungen HERAPATH' zur Verbreitung seiner Theorie — einschließlich einer Anzahl von Briefen an The Times (London) und von Artikeln im Railway Magazine, das er später herausgab — erfuhr sie während der 35 Jahre bis zur Wiederbelebung der kinetischen Theorie durch JOULE, KRÖNIG, CLAUSIUS und MAXWELL wenig Beachtung durch die Gelehrten seiner Zeit. JOULE war unter den Genannten der einzige, der direkt durch HERAPATH (genauer durch HERAPATH' Buch „Mathematical Physics", 1847) beeinflußt worden ist, und JOULES eigene Arbeit über die kinetische Theorie wiederum wurde bis zur Wiederentdeckung der Theorie durch KRÖNIG im Jahre 1856 nicht beachtet. Das Mißlingen des Unternehmens von HERAPATH zur Durchsetzung seiner Theorie zeigt erneut, wie fest die Position der Wärmestofftheorie in der ersten Hälfte des 19. Jahrhunderts noch war, und selbst DAVY, von dem man hätte erwarten können, daß er diese Theorie begeistert aufnehmen würde, stand noch unter dem Einfluß der älteren Auffassungen über die Beschaffenheit von Materie und Wärme. Es muß hier nochmals betont werden, daß es nicht einfach um die Anerkennung eines Zusammenhanges von Wärme und Molekularbewegung ging, weil dieser bereits von vielen Gelehrten anerkannt wurde und als nicht in krassem Gegensatz zur Wärmestofftheorie stehend aufgefaßt wurde; es war vielmehr die Vorstellung, daß Wärme *nichts anderes* ist als Molekülbewegung, und der Gedanke, daß sich die *Moleküle frei im Gasraum bewegen* und nicht etwa um eine feste Ruhelage schwingen, was damals noch nicht akzeptiert werden konnte.

HERAPATH sandte im Juni des Jahres 1821 „Eine Ankündigung der Veröffentlichung und der Gegenstände" seiner Arbeit an LAPLACE, und es legte „am 10. September des gleichen Jahres dieser Adlige der Königlichen Akademie der Wissenschaften in Paris" eine Arbeit vor, welche die von uns weiter oben zusammengefaßt dargestellte Theorie enthielt. Um mit den Worten HERAPATH' zu sprechen „... war es auf Grund der völligen Übereinstimmung des Gegenstandes der Arbeit von Herrn LAPLACE mit demjenigen eines Teiles der meinigen und der Tatsache, daß seine Arbeit lange nach der Drucklegung und meiner Ankündigung an die Königliche Akademie eingereicht wurde, klar, daß diese Veröffentlichung in Konsequenz meiner Arbeit und zu deren Verdrängung geschrieben worden war."[1]) Möglicherweise sollte man diese Behauptung HERAPATH' aber nicht zu ernst nehmen. Jahre später behauptete er, daß der Rücktritt DAVYS von der Präsidentschaft der Royal Society durch eine Niederlage in einer Auseinandersetzung mit ihm erzwungen worden sei, obwohl es keine Anzeichen dafür zu geben scheint, daß man an der üblichen Begründung zu zweifeln hätte, daß der Rücktritt aus gesundheitlichen Gründen erfolgt ist.

HERAPATH' erster Einwand richtet sich gegen die Annahme, daß die Abstoßungskraft als $Hc^2\varphi(r)$ angesetzt werden kann, daß sich demnach die Kraft bei gegebenem Abstand proportional zum Quadrat der Wärmestoffmenge ändern sollte.

„Nehmen wir an, daß die Teilchen einen konstanten Abstand haben, so müßte die Funktion $\varphi(r)$ von der Ausdehnung der Kugeln oder Kugelschalen (des die Teilchen umgebenden Wärmestoffes) abhängen, und damit könnte, da diese Dimension mit der Menge von Wärmestoff veränderlich ist, die abstoßende Kraft nicht proportional zu $c^2$ sein, wie Herr LAPLACE behauptet, es sei denn, die Teilchen des Wärmestoffes stoßen sich gegenseitig mit einer Kraft ab, die zum reziproken Quadrat des Abstandes proportional ist, was im krassen Widerspruch zum Experiment stünde."

Der zweite Einwand richtete sich gegen die Argumentation, die zu Gleichung (3) führte. LAPLACE nahm an, daß die Wärmestrahlung eines Moleküls proportional sowohl

[1]) Philos. Mag. 62 (1823) 61.

zu seiner eigenen Wärmestoffmenge als auch zur Wärmestoffmenge der Nachbarmoleküle sei.

„Die Philosophen werden, wie ich annehme, wohl kaum ... den Schluß ... anerkennen, daß die Strahlung eines Moleküls proportional zu $\varrho c \times c$ ist. Wir könnten leicht beweisen, daß die umgebenden Moleküle vermöge ihrer Abstoßungskraft eher dazu neigen, die Wärmestoffmenge eines eingeschlossenen Moleküls zu verdichten, als sie zu verdünnen."

Doch selbst wenn man LAPLACES Behauptung anerkennt, daß die Abstrahlung mit der abstoßenden Kraft wächst, so würde man doch eher annehmen müssen, daß sie gleich $\varrho c^2 \varphi(r)$ und nicht gleich $\varrho c^2$ ist, weil doch immer die Proportionalität der Abstoßung zu $\varphi(r)$ vorausgesetzt worden war. Der zweckmäßig für $r$ anzusetzende Wert wird proportional zum mittleren Teilchenabstand sein: $r = (a/\varrho)^{1/3}$, worin $a$ eine gewisse Konstante ist. Doch dann ist Gleichung (3), welche die Unabhängigkeit der Größe $\varrho c^2$ von der Dichte beinhaltet, sicher falsch, und man kann die Gesetze (4) für ideale Gase nicht aus dieser Gleichung herleiten.

Im gleichen Jahr (1823) veröffentlichte der französische Mathematiker S. D. POISSON (1781–1840) eine Arbeit über die Wärmestofftheorie, in welcher er LAPLACES Ergebnisse ohne Verwendung irgendeines molekularen Modelles aus der einfachen Annahme herleitete, daß die Wärmestoffmenge nur von der Gasdichte und dem Druck abhängt und bei konstantem Druck dem Gasvolumen proportional ist. HERAPATH hat diese Arbeit für das Philosophical Magazine übersetzt und ihr eine Einleitung sowie kritische Bemerkungen beigefügt. In der Einleitung sagt HERAPATH:

„An dieser Arbeit wie auch an denen von Herrn LAPLACE wird deutlich, mit welchem Eifer auf dem Kontinent die Theorie der Gase und der Wärme vorangetrieben wird. Würden sich aber unsere englischen Philosophen dazu entschließen können, ihre Aufmerksamkeit der Entscheidung mancher wichtigeren und stark diskutierten Fragen durch Experimente zu schenken, dann steht außer Zweifel, daß wir in kurzer Zeit zu wichtigen die Natur und die Gesetze der Gase und der Wärme betreffenden Schlüssen gelangen würden ...“[1])

Immerhin sollte die französische Vormachtstellung in der Theorie der Wärme bald zu Ende gehen. Im Jahre 1824 veröffentlichte SADI CARNOT (1796–1824) seine berühmte Abhandlung „Réflexions sur la puissance motrice du feu“, in der er aus der Wärmestofftheorie und der Unmöglichkeit des Perpetuum mobile das Prinzip hergeleitet hat, welches wir heute als ersten Hauptsatz der Thermodynamik bezeichnen. CARNOT war der letzte Vertreter der ausgezeichneten französischen Schule der Wärmetheorie. Er vervollständigte die Wärmestofftheorie und ging über sie hinaus, als er in seinem Notizbuch (erst 1878 veröffentlicht) aufzeichnete, was im Grunde eine Berechnung des mechanischen Wärmeäquivalentes oder auch die Entdeckung der Äquivalenz von Wärme und mechanischer Arbeit darstellt. Abgesehen von einer Arbeit von CARNOTS Klassenkameraden von der École Polytechnique, EMILE CLAPEYRON, aus dem Jahre 1834, ignorierten die Wissenschaftler und Ingenieure Frankreichs das Werk von CARNOT. Lediglich in Deutschland und England wurden seine Leistungen gewürdigt und in die moderne Theorie der Wärme übernommen. (Die Geschichte der Thermodynamik wird in einem besonderen Band dieser Reihe eingehender behandelt werden.)

## *Waterston*

JOHN JAMES WATERSTON (1811–1883) war ebenfalls ein britischer Gelehrter, der wie HERAPATH die elementare kinetische Theorie und einige ihrer Konsequenzen ausgearbeitet hat, aber zu seinen Lebzeiten keine Anerkennung für seine Arbeit finden konnte. Seine Theorie reichte in ihrer Anwendung auf die spezifischen Wärmen und die

---

[1]) Philos. Mag. 62 (1823) 328.

Auswirkung von Expansion und Kontraktion auf die kinetische Energie eines Systems von Molekülen über die von HERAPATH hinaus. Er gab auch die erste Darstellung des Gesetzes von der Verteilung der Energie auf die Moleküle unterschiedlichen Gewichts in Gasgemischen. Er identifizierte die absolute Temperatur eines Gases explizit mit dem Quadrat der Geschwindigkeit seiner Moleküle, obwohl er nachdrücklich betonte, daß diese Identifikation nur auf der *Analogie* zwischen dem Verhalten eines realen Gases und dem eines idealen Systems von elastischen Kugeln begründet ist.

Wie HERAPATH hoffte WATERSTON auf die Veröffentlichung seiner Arbeit in den Philosophical Transactions, als er sie an die Royal Society einsandte. Zu dieser Zeit war es an der Royal Society üblich, daß eine Arbeit, die von einem Nichtmitglied eingereicht wurde, öffentlich verlesen („read“) werden konnte, wenn sie von einem Mitglied vorgelegt wurde, daß sie dann aber Eigentum der Royal Society blieb und dem Autor nicht wieder zurückgegeben wurde, selbst wenn sie nicht publiziert wurde. Allerdings konnte der Autor die Erlaubnis zur Anfertigung einer Kopie zum eigenen Gebrauch erhalten, wenn er es wünschte. HERAPATH, der durch DAVY unterrichtet worden war, daß seine Arbeit nicht veröffentlicht werden würde, obwohl sie öffentlich vorgelegt werden könnte, hatte es vorgezogen, sie zurückzuziehen, um sie einer anderen Zeitschrift vorlegen zu können. WATERSTON dagegen befand sich in Indien, als seine Arbeit durch einen Freund vorgelegt wurde, und entweder kannte er die Verfahrensweise betreffs der verworfenen Arbeiten nicht oder wollte diesen nicht mit der Anfertigung einer Kopie belästigen. Die beiden Gutachter, welche seine Arbeit lasen, empfahlen, sie nicht zu veröffentlichen. Einer von ihnen, der Professor der Geometrie in Oxford BADEN POWELL, meinte, daß WATERSTONS Grundprinzip — daß der Druck eines Gases durch die Stöße der Moleküle gegen die Behälterwände zustandekommt — „... sehr schwer einzusehen und keinesfalls eine zulässige Grundlage für eine mathematische Theorie“ sei. Der andere Gutachter war der Astronom Sir JOHN WILLIAM LUBBOCK. Er sagte, daß „... die Arbeit nichts weiter als Unsinn, ungeeignet auch zur Verlesung vor der Society“ sei.[1])

Das Ergebnis war, daß WATERSTONS Arbeit im März 1846 öffentlich vor der Royal Society gelesen wurde. Ein Auszug wurde in den Proceedings of the Royal Society abgedruckt, die Arbeit selbst jedoch verschwand im Archiv der Royal Society und blieb im allgemeinen unbekannt bis zum Jahre 1892, als Lord RAYLEIGH sie wiederentdeckte und in den Philosophical Transactions abdrucken ließ. In der Einleitung zur Arbeit diskutierte RAYLEIGH ihre Geschichte und schloß, daß solche „im hohen Maße spekulative Forschungsarbeiten, besonders bei einem unbekannten Autor, durch jeden anderen Kanal besser in die Welt gesandt werden können, als über eine wissenschaftliche Gesellschaft“ und daß sich ein junger Wissenschaftler zunächst einen Ruf verschaffen sollte „durch eine Arbeit, deren Ziel begrenzt und dessen Wert einfach festzustellen ist, bevor er zu höheren Flügen startet“. Das war vielleicht ein gesunder Rat, jedoch war es natürlich, daß die jungen Wissenschaftler, auf die Bedeutung ihrer eigenen Arbeit vertrauend, versuchen

---

[1]) Philos. Trans. roy. Soc. [London] 183A (1893) 1–4. Die Identifikation der Gutachter verdanke ich Sir HAROLD HARTLEY und N. H. ROBINSON. Die Originalbriefe befinden sich noch im Archiv der Royal Society.

Sekretär der Royal Society war zu jener Zeit, als der Briefwechsel im Zusammenhang mit WATERSTONS Arbeit erfolgte und die Zusammenfassung der Arbeit in den Proceedings (Bd. 5, S. 604) erschien, PETER MARK ROGET (1779–1869), durch seinen Thesaurus of English Words and Phrases (London 1852 und viele weitere Auflagen) bestens bekannt. ROGET hatte früher auch HERAPATH' Arbeit gelesen und darüber an DAVY einen ungünstigen Bericht gegeben. Es mutet deshalb wie Ironie an, wenn ROGETS Name in verschiedenen Zusammenstellungen von frühen Darlegungen des Prinzips von der Erhaltung der Energie erscheint, weil in seinem 1832 publizierten Artikel über den Galvanismus Bemerkungen über die Unmöglichkeit des Perpetuum mobile enthalten sind (Library of Useful Knowledge, Bd. 2. Baldwin and Cradock, London, Kap. VI, S. 32, § 113).

Es wäre sicher von einigem Interesse zu wissen, warum die wenigen Männer, die von WATERSTONS Arbeit Kenntnis hatten, wie etwa POWELL, LUBBOCK und ROGET, auch dann nicht die Aufmerksamkeit darauf lenkten, als die gleiche Theorie einige Jahre später von anderen wiederentdeckt worden war.

würden, sich dafür durch die führende wissenschaftliche Institution ihre Landes Anerkennung zu sichern. RAYLEIGHS Bemerkungen sind eine Kritik an dem erbärmlichen Zustand, in den die Royal Society im Verlaufe des 19. Jahrhunderts abgesunken war, nachdem sie so vielversprechend begonnen hatte. Anstatt neue wissenschaftliche Entwicklungen zu unterstützen, war sie zu einem solch unüberwindlichen Hindernis für den Fortschritt geworden, daß eine neue Organisation — die „British Association for the Advancement of Science" — im Jahre 1831 als Diskussionsforum für wissenschaftliche Fragen für diejenigen gegründet werden mußte, die nicht zur festgelegten Londoner Elite gehörten. Die Royal Society selbst reformierte sich dadurch, daß die Mitgliedschaft auf Personen beschränkt wurde, die definitive wissenschaftliche Erfolge erzielt hatten (im Gegensatz zu aristokratischen Dilettanten), und sie gewann schließlich einen Teil ihrer wissenschaftlichen Weltgeltung zurück, konnte aber mit dem ungeheuren Anwachsen der Zahl der Wissenschaftler, der Zeitschriften und wissenschaftlichen Vereinigungen während des vergangenen Jahrhunderts unvermeidlich die Monopolstellung, welche sie im 17. Jahrhundert innegehabt hatte, nicht wiedererlangen.

WATERSTON schickte einen Bericht über seine Theorie zum Treffen der British Association im Jahre 1851 in Ipswich, wo sie eine wohlwollendere Aufnahme hätte finden können. Unglücklicherweise war W. J. M. RANKINE der einzige, der ihr dort eine gewisse Aufmerksamkeit zollte. RANKINE war einer der führenden Köpfe in der Entwicklung der Thermodynamik, war jedoch auch ein Verfechter der Hypothese der rotierenden Molekularwirbel und betrachtete die HERAPATH-WATERSTONsche Theorie als unsachgemäß, weil einfache Translationsbewegungen der Gasmoleküle nicht für deren gesamte Wärmeenergie verantwortlich sein könnten.[1])

---

[1]) RANKINE hat WATERSTONS Theorie (ohne einen genauen Hinweis auf die Quellen) in drei seiner eigenen Veröffentlichungen erwähnt: Trans. roy. Soc. [Edinburgh) **20** (1853) 561 und **25** (1869) 559 (den Hinweis auf diese beiden Lite-

### Die Erhaltung der Energie

Das Prinzip von der Erhaltung der Energie (man sprach damals im allgemeinen von der „Kraft“) wurde zwischen 1842 und 1847 unabhängig voneinander von verschiedenen Wissenschaftlern vorgeschlagen. Im allgemeinen schreibt man seine Entdeckung in der Hauptsache dem deutschen Arzt JULIUS ROBERT MAYER (1814–1878) und dem britischen Experimentalphysiker JAMES PRESCOTT JOULE (1818–1889) zu. Beide formulierten den allgemeinen Satz, daß Wärme, mechanische Arbeit, Elektrizität und andere äußerlich verschiedene Erscheinungen lediglich verschiedene Formen ein und derselben Sache, die man nunmehr mit „Energie“ bezeichnete, seien. Sie berechneten auch Näherungswerte für den Umrechnungsfaktor zwischen Wärme und mechanischer Arbeit. MAYER betonte nachdrücklich die philosophische Allgemeinheit des Prinzips, während JOULE in verschiedenen Fällen die experimentelle Bestätigung erbrachte. Aus JOULEs populärer Vorlesung, die wir hier abgedruckt haben (Arbeit 6), können wir entnehmen, daß er als logischerweise nächsten Schritt die kinetische Theorie der Materie erkannte, wie sie von HERAPATH vorgeschlagen worden war; aber er hatte selbst nicht das nötige mathematische Talent für die Entwicklung dieser Theorie. Andererseits sei darauf hingewiesen, daß MAYER und auch nachfolgende Autoren, wie etwa WILHELM OSTWALD (1853–1932) und ERNST MACH (1828–1916), diesen weiteren Schritt nicht zu vollziehen gewillt waren und es vorzogen, die Annahme, daß Wärme Bewegung der Moleküle sei, zu vermeiden.

Sehr klar wurde der Zusammenhang von Erhaltung der

---

raturstellen verdanke ich Herrn Dr. C. W. F. EVERITT) sowie Proc. Glasgow philos. Soc. 5 (1864) 128. Im Jahre 1878 berichtete PRESTON MAXWELL über WATERSTONs Theorie (der Brief wurde von Herrn Dr. EVERITT in den Archiven der Royal Society gefunden).

Energie und kinetischer Theorie der Materie in der Arbeit „Über die Erhaltung der Kraft“ von HERMANN VON HELMHOLTZ (1821—1894) begründet (Arbeit 7). HELMHOLTZ war als Arzt ausgebildet und lehrte an verschiedenen deutschen Universitäten Physiologie und Physik. Im Gegensatz zu anderen Medizinern, die Beiträge zur Physik leisteten, besaß er ein fundiertes mathematisches Wissen. HELMHOLTZ leistete wesentliche Beiträge zur Analyse des Hör- und Sehvermögens wie auch zur mathematischen Physik. Seine Resultate in der Theorie der Wirbelbewegung in Flüssigkeiten wurden später von Lord KELVIN und anderen britischen Gelehrten zu einer der Grundlagen der „Wirbel-Atomtheorie“, die in der zweiten Hälfte des 19. Jahrhunderts eine beträchtliche Verbreitung erlangte. Seine Studien der „monozyklischen“ mechanischen Systeme beeinflußten das Werk von LUDWIG BOLTZMANN und damit indirekt auch dasjenige von WILLARD GIBBS über die statistische Mechanik.

Wir wollen lediglich noch diejenigen anderen Wissenschaftler aufzählen, die mit mehr oder weniger allgemeinen Aussagen an der Entdeckung des Prinzips von der Erhaltung der Energie beteiligt waren, ohne den Versuch einer Einschätzung ihrer Beiträge zu unternehmen: LUDVIG AUGUST COLDING (1815—1888), ein dänischer Ingenieur; KARL FRIEDRICH MOHR (1806—1879), ein deutscher Chemiker; SADI CARNOT, bereits auf Seite 36 erwähnt; MARC SEGUIN (1786—1875), ein französischer Ingenieur; KARL HOLTZMANN (1811—1865), ein deutscher Physiker; GUSTAV ADOLPHE HIRN (1815—1890), ein belgischer Ingenieur; WILLIAM ROBERT GROVE (1811 bis 1896), ein englischer Richter und Physiker; JUSTUS VON LIEBIG (1803—1873), ein deutscher Chemiker; MICHAEL FARADAY (1791—1867), ein englischer Physiker (genauere Hinweise vgl. Literatur). In einigen ihrer Darstellungen bekommt man den Eindruck, daß der Autor selbst nicht glaubt, damit ein neues physikalisches Prinzip darzustellen, sondern daß er nur den geläufigen wissenschaftlichen Standpunkt der Unmöglichkeit eines Perpetuum mobile sowie einer Vernichtung oder Neuschaffung von „Kraft“ explizit darstellt und darauf hinweist, daß nur eine gewisse Form der Umwandlung stattfinden kann. Die obige Liste könnte wahrscheinlich bei einer Aufzählung aller Autoren von Artikeln dieser Art beliebig erweitert werden.[1])

Die Ursachen für einen solchen Fall von „gleichzeitiger Entdeckung“ sind natürlich im allgemeinen wissenschaftlichen und geistigen Klima zu suchen, welches alle gemeinsam umgab. Einige der Gründe, die dasselbe beeinflußt haben, sind: *1.* die Entdeckung verschiedener Umwandlungsprozesse, die zeigte, daß viele elektrische, magnetische, thermische, mechanische und chemische Erscheinungen miteinander im Zusammenhang stehen mußten; *2.* die Versuche vieler theoretischer Physiker zur Ausarbeitung des NEWTONschen Programms der Erklärung aller Naturphänomene durch Zurückführung auf die Bewegung und Wechselwirkung der Atome; *3.* die wissenschaftliche Analyse der Maschinen, insbesondere die Entwicklung des Begriffes der „Arbeit“ (und ihrer ökonomischen Bedeutung); *4.* der Einfluß der Grundsätze der deutschen Romantik und Naturphilosophie, besonders die Idee von einem einheitlichen Grundprinzip, welchem alle Naturerscheinungen unterliegen sollten.

Eine vollständige Beschreibung dieser Faktoren muß hier aus Platzgründen unterbleiben, wir hoffen aber, daß sie der Leser als Gegenstand weiterer Studien interessant finden möge. Es dürfte ausreichen, ihre Beziehungen zu den in diesem Band abgedruckten Arbeiten herauszustellen. Bestens bekannt sind die experimentellen Arbeiten von JOULE über die Beziehungen zwischen thermischer, elektrischer und mechanischer Energie, und diese Untersuchungen folgten unmittelbar auf die Erfindung der Batterie durch VOLTA (1800), OERSTEDS Entdeckung des

---

[1]) Siehe T. S. KUHN, in: M. CLAGETT ed., Critical Problems in the History of Science. University of Wisconsin Press, 1959, S. 321–356.

Elektromagnetismus (1820), SEEBECKS Entdeckung der Thermoelektrizität (1822), die Entdeckung der Freisetzung bzw. des Verbrauches von Wärme beim Durchgang eines elektrischen Stromes durch bimetallische Verbindungen durch PELTIER (1834) und viele bedeutende Entdeckungen FARADAYS auf dem Gebiete der Elektrizität und des Magnetismus. Während JOULES Experimente strenggenommen nur die Umwandelbarkeit der verschiedenen Energieformen ineinander zeigten, aber keine derselben gegenüber den anderen als fundamentale Energieform auszeichnete, zeigen JOULES populäre Vorlesung „Über Stoff, lebendige Kraft und Wärme" (Arbeit 6) und HELMHOLTZ' Abhandlung „Über die Erhaltung der Kraft" (Arbeit 7) klar, daß die *mechanische* Energie als Grundform angesehen wurde. Diese Vorliebe für mechanische Erklärungen läßt die kinetische Theorie geradezu als notwendige Konsequenz des Prinzips von der Erhaltung der Energie erscheinen: Wenn doch Wärme und mechanische Energie ineinander umwandelbar sind, was liegt dann näher als der Schluß, daß Wärme mechanische Energie *ist*?

Während die Auszüge aus den Arbeiten von HELMHOLTZ und JOULE für jeden mit der elementaren Physik vertrauten Leser verständlich sein sollten, müssen die Arbeit von MAYER (Arbeit 5) und die Beiträge einiger oben erwähnter anderer Gelehrter im Lichte der Ideen von FRIEDRICH SCHELLING (1775—1854) und seiner Schüler gesehen werden. SCHELLING und andere Naturphilosophen lehrten, daß alle Kräfte in der Natur untereinander in Beziehungen stehen müssen, und es ist z. B. wohlbekannt, daß OERSTED hauptsächlich deswegen, weil aus philosophischen Überlegungen ein Zusammenhang zwischen Elektrizität und Magnetismus bestehen muß, zur Suche nach demselben veranlaßt worden ist. Ähnlich waren MAYERS Argumente fast vollständig philosophischer Natur: Jeder Kraft in der Natur ist eine Kausalbeziehung eigen. Die Ursache geht in eine Wirkung über und muß derselben demnach äquivalent sein. Es ist in der Tat sehr wahrscheinlich, daß die Ablehnung der Naturphilosophie durch die empirischen Wissenschaftler, zu denen auch J. C. POGGENDORFF, der Herausgeber der Annalen der Physik, gehörte, für die Schwierigkeiten verantwortlich war, denen MAYER, HELMHOLTZ und andere Verfechter des Prinzips von der Energieerhaltung bei dem Bemühen um Veröffentlichung ihrer Arbeiten begegneten. Später im 19. Jahrhundert gab es verschiedene Angriffe auf die kinetische Theorie durch Wissenschaftler wie MACH und OSTWALD, die die Erklärungsversuche für Naturerscheinungen als Bewegungen der beteiligten Atome als einfache metaphysische oder materialistische Spekulation abtaten und nicht als legitime Bestandteile der Wissenschaft anerkannten. Sie verwarfen das Argument, daß die Umwandelbarkeit der Wärme und der mechanischen Energie ihre Identität beweise. Erst nach den Experimenten von PERRIN und anderen in der ersten Hälfte des 20. Jahrhunderts über die BROWNsche Bewegung waren diese Kritiker gewillt, die Existenz von Atomen anzuerkennen.

## Die Wiederbelebung der kinetischen Theorie

Die Überwindung der Wärmestofftheorie und ihre Ersetzung durch die „dynamische" Theorie der Wärme schuf eine für die Wiederbelebung der kinetischen Gastheorie günstige Atmosphäre. Wie wir bereits beschrieben haben, war es natürlich, daß die alte Idee, daß Wärme selbst weiter nichts als Bewegung der Teilchen eines Körpers ist, wieder aufgegriffen wurde, und es war nicht überraschend, daß zwei der führenden Thermodynamiker, der Experimentator JOULE und der Theoretiker CLAUSIUS, unabhängig voneinander eine kinetische Theorie vorlegten. Gewöhnlich wird AUGUST KARL KRÖNIG (1822 bis 1879), einem deutschen Chemiker, das Verdienst für die Wiedererweckung der kinetischen Theorie nach 1850 und für die Anregung der weiteren Entwicklungen von Clausius und Maxwell zugesprochen. Seine kurze, in Poggendorffs Annalen der Physik 1856 veröffentlichte Arbeit scheint einen im Vergleich zu ihrem tatsächlichen Gehalt unverhältnismäßig großen Einfluß ausgeübt zu haben. Das kann vielleicht dadurch erklärt werden, daß Krönig zu seiner Zeit ein ziemlich bekannter Gelehrter in Deutschland gewesen ist. Er war Professor an der Realschule (Technische Hochschule) in Berlin und mehrere Jahre lang Herausgeber der Fortschritte der Physik (eines Jahresberichtes über die Fortschritte auf dem Gebiet der Physik). Er hatte vermutlich großen Einfluß in der Physikalischen Gesellschaft in Berlin. Seine Arbeit geht inhaltlich nicht wesentlich über die Arbeiten von Bernoulli und Herapath hinaus, scheint aber von ihnen unabhängig zu sein. Krönig leitete die Gesetze des idealen Gases unter der einfachsten Annahme her, daß sich vollkommen elastische Kugeln mit einer gemeinsamen Geschwindigkeit in allen drei Raumrichtungen bewegen. Er gab auch eine ziemlich elementare Diskussion der Molekulargeschwindigkeiten und der spezifischen Wärmen der Gase, führte jedoch keinerlei Berechnungen oder Vergleiche mit Experimenten durch. Joule hat in einer Arbeit, die er im Oktober 1848 der Manchester Literary and Philosophical Society vorlegte, Herapath' Theorie zur Berechnung der Geschwindigkeit des Wasserstoffmoleküls verwendet. Außerdem hatte er versucht, die spezifische Wärme bei konstantem Volumen abzuleiten. Die Arbeit wurde bis 1851 nicht veröffentlicht und ist den meisten Physikern augenscheinlich unbekannt geblieben, bis Clausius sie in seinem Aufsatz (vgl. die Fußnote S. 166 zu Arbeit 8) erwähnt hat. Es ist genauso zweifelhaft, ob die Anregungen Krönigs irgend etwas bewirkt hätten, wenn nicht Clausius, welcher schon ähnliche Ideen hatte, sie aber nicht veröffentlichte, dieselben weiterentwickelt hätte.

*Clausius*

RUDOLF CLAUSIUS (1822—1888) war einer der hervorragendsten Physiker des 19. Jahrhunderts. Seine bekanntesten Beiträge sind seine Formulierung des zweiten Hauptsatzes der Thermodynamik und seine Weiterführung der mechanischen Theorie der Wärme auf der Grundlage des Entropiebegriffs. Seine erste Arbeit zur kinetischen Theorie wurde im Jahre 1857 veröffentlicht (Arbeit 8), und seine Beiträge erstreckten sich über eine Zeitspanne von etwa 20 Jahren. Auf ihn geht der Begriff der mittleren freien Weglänge zurück (Arbeit 9), den er für eine der ersten mathematischen Behandlungen der Wärmeleitung in Gasen benutzte. Er führte den „Virialsatz" ein, welcher die Grundlage für spätere Berechnungen der Volumen-Temperatur-Druck-Beziehungen in realen Gasen („Zustandsgleichungen") bildete, wenn die intermolekularen Kräfte berücksichtigt werden. Er regte die Hypothese von der Dissoziation der Elektrolyte in Lösung an, und es ist in hohem Grade ein Verdienst von CLAUSIUS, daß wir die kinetische Theorie als eine Brücke zwischen der atomaren Theorie und der Thermodynamik besitzen. Er bemerkte nicht nur, daß die atomare Theorie dazu benutzt werden kann, die makroskopische Thermodynamik zu erklären, sondern daß auch experimentelle Daten über thermische Eigenschaften der Materie in spezielle Aussagen über die Natur der Atome selbst übersetzt werden können.

CLAUSIUS stellte bezüglich mathematischer Strenge äußerst hohe Ansprüche an sich selbst, was aber nie eine Unterdrückung der Anschauung oder der Vermutung zur Folge hatte. So vermeidet etwa seine qualitative Beschreibung der Atombewegung in hohem Maße die Gefahren dogmatischen Theoretisierens, das die Arbeiten vieler zeitgenössischer Wissenschaftler in ihrem Wert mindert; dennoch enthält sie gleichzeitig eine Fülle von zwar unbewiesenen, aber im wesentlichen richtigen Ideen. CLAUSIUS suchte auch stets eine Trennung zwischen seinen Arbeiten über Thermodynamik (die allgemeine Theorie der Wärme) und über kinetische Theorie (eine spezielle Theorie) einzuhalten, so daß die möglichen Fehler der letzteren die Gültigkeit der ersteren nicht in Frage stellen konnten. Eine Konsequenz dieser Haltung war der Schluß vieler späterer Autoren, daß beim Auftreten eines Widerspruchs zwischen dem zweiten Hauptsatz der Thermodynamik und der kinetischen Gastheorie die letztere verändert werden muß.

Im Jahre 1858 wurde die Theorie der idealen Gase durch den holländischen Meteorologen C. H. D. Buys-Ballot (1817—1890) mit einem ziemlich praktischen Einwand konfrontiert. Buys-Ballot bemerkte, daß man erwarten müßte, daß Gase sehr rasch diffundieren und sich mischen, wenn die von Joule, Krönig und Clausius angesetzten Molekülgeschwindigkeiten von einigen 100 m in der Sekunde tatsächlich auftreten würden. Immerhin ist es ja eine Tatsache, daß man, wenn man in einer Ecke eines Raumes Schwefelwasserstoff oder Chlor erzeugt, erst nach mehreren Minuten in der gegenüberliegenden Ecke etwas davon merkt, obgleich nach der kinetischen Theorie jedes der Moleküle den gesamten Raum in dieser Zeit hunderte Male durchlaufen haben sollte. Auch andere bekannte Erscheinungen scheinen der Behauptung zuwiderzulaufen, daß sich die Moleküle mit großen Geschwindigkeiten bewegen. Kohlendioxid kann, um nur ein Beispiel zu nennen, über längere Zeit in einem offenen Gefäß verbleiben.

Clausius erkannte, daß es sich hier um einen triftigen Einwand gegen die bisher vorliegende Theorie handelte, und er versuchte, die Frage dadurch zu beantworten, daß er zeigte, daß sich die Moleküle in realen Gasen, in denen die zwischenmolekularen Kräfte nicht vernachlässigt werden können, nicht über größere Entfernungen geradlinig bewegen können. Um das zu beweisen, führte er den Begriff der „mittleren freien Weglänge“ ein und brachte sie mit dem Einflußbereich der von den einzelnen Molekülen ausgeübten Abstoßungskräfte in Zusammenhang (Arbeit 9). Obgleich diese Ableitung einen wertvollen

Beitrag zur Theorie darstellte, beantwortete sie den ursprünglichen Einwand noch nicht vollständig, da CLAUSIUS keine Möglichkeit zur Bestimmung der Größe der Wirkungssphäre dieser Kräfte besaß. Er konnte lediglich vermuten, daß ein Wert von 1000:1 für das Verhältnis von freier Weglänge $l$ zum Wirkungsradius $\varphi$ vernünftig sein sollte, und er dachte, daß $\varphi$ selbst wiederum so klein sein sollte, daß sich daraus ein gegenüber makroskopischen Dimensionen kleines $l$ ergeben müßte.

Der Begriff der mittleren freien Weglänge, der von CLAUSIUS eingeführt worden ist, erwies sich für die Erforschung vieler Eigenschaften der Gase als äußerst nützlich, so z. B. der Wärmeleitung, der Viskosität und der Diffusion. Tatsächlich ist dieser Begriff Grundlage der Einführung der kinetischen Theorie, wie sie noch heute in modernen Lehrbüchern gegeben wird. Er ist jedoch vor allem dann noch nicht vollständig befriedigend, wenn man berücksichtigen möchte, daß sich nicht alle Moleküle eines Gases mit der gleichen Geschwindigkeit bewegen, sondern daß im Gegenteil die Geschwindigkeiten nach einem statistischen Verteilungsgesetz variieren. Die mittlere freie Weglänge eines Moleküls wird von seiner Geschwindigkeit abhängen, und das Verteilungsgesetz für die Geschwindigkeiten wiederum wird sich von Ort zu Ort ändern, wenn Prozesse wie die Wärmeleitung, die Viskosität oder die Diffusion ablaufen. Eine strengere Anwendung wurde von MAXWELL, BOLTZMANN, CHAPMAN und ENSKOG ausgearbeitet (Beiträge hierzu sollen in späteren Bänden dieser Reihe abgedruckt werden). In den meisten Fällen fand man, daß die Theorie der mittleren freien Weglänge die Größenordnung der Transportkoeffizienten und deren Abhängigkeit von der Dichte exakt vorhergesagt hatte, jedoch wurde die wichtige Erscheinung der Thermodiffusion (wie sie zur Isotopentrennung von Uran und Uranhexafluorid benutzt worden ist) nicht vollständig durch diese Theorie vorausgesagt, und ihre Entdeckung stellt eine der hervorstechendsten Leistungen der CHAPMAN-ENSKOGschen Theorie dar.

*Maxwell*

James Clerk Maxwell (1831—1879) ist allgemein als Entdecker der Gesetze des Elektromagnetismus bekannt. Seine mathematische Theorie des Verhaltens und der Wechselwirkungen von elektrischen und magnetischen Feldern ist noch immer ein grundlegender Bestandteil der modernen Physik, denn es stellte sich heraus, daß nur geringe Änderungen im Zusammenhang mit der Quantenmechanik und keinerlei Maßnahmen nötig waren, um sie mit der speziellen Relativitätstheorie in Einklang zu bringen. Maxwells theoretische Voraussage elektromagnetischer Wellen wurde durch die Versuche von Hertz im Jahre 1887 bestätigt, und sie wurde zur Grundlage für einen großen Teil der modernen Kommunikationsmittel und der Technik.

Wir verdanken Maxwell jedoch auch die Einführung des statistischen Zugangs zur kinetischen Theorie. Die meisten modernen Theorien von Gasen und Flüssigkeiten beruhen auf der Annahme zufälliger Bewegungen der Moleküle. Die frühen Vertreter der kinetischen Theorie waren geneigt, diese Eigenschaft zu ignorieren. Sie setzten für ihre mathematischen Beweise voraus, daß sich alle Moleküle mit der gleichen Geschwindigkeit bewegen, und nahmen manchmal darüber hinaus an, daß sie alle in einem regelmäßigen räumlichen Gitter angeordnet sind. Man nahm als plausibel an, daß die Gesetze bei zufälliger Bewegung der Moleküle noch dieselben sind, obwohl sich diese Annahme später in vielen wichtigen Fällen (so etwa bei der Brownschen Bewegung) als falsch erwies.

Maxwells Grundannahme bestand darin, daß die zahlreichen Stöße zwischen den Molekülen eines Gases eine statistische Geschwindigkeitsverteilung erzeugen, in der alle Geschwindigkeiten mit bekannter Wahrscheinlichkeit vorkommen, und nicht, wie viele Gelehrten erwartet hatten, zur Ausgleichung aller Geschwindigkeiten führen. Später unternahm es Ludwig Boltzmann (1844—1906), diese Hypothese unter Verwendung seines $H$-Theorems zu beweisen, und er leitete eine Integrodifferentialgleichung her, welcher die Geschwindigkeitsverteilungsfunktion in Abhängigkeit von der Zeit genügt. (BOLTZMANNS Arbeit wird in einem späteren Band dieser Reihe abgedruckt.)

MAXWELLS erste Gedanken zur kinetischen Theorie sind in einem Brief an Sir GEORGE GABRIEL STOKES vom 30. Mai 1859 niedergelegt:

„Ich fand im Philosophical Magazine vom Februar 59 eine Arbeit von CLAUSIUS über die mittlere freie Weglänge eines Luft- oder Gasteilchens zwischen aufeinanderfolgenden Zusammenstößen auf der Grundlage der Hypothese, daß die Elastizität der Luft durch die Teilchenbewegung hervorgerufen werde und daß die Bahnen der Teilchen geradlinig sind, außer wenn diese einander sehr nahe kommen, welches Ereignis ein Zusammenstoß genannt werden mag. ... Ich hielt es für der Mühe wert, die Hypothese freier, durch Stoß wechselwirkender Teilchen zu untersuchen und sie mit Erscheinungen in Zusammenhang zu bringen, die von dieser ‚mittleren Weglänge' abzuhängen scheinen. Ich habe deshalb von vorn begonnen und habe die Theorie der Bewegung und der Stöße freier Teilchen, die lediglich durch Stoß miteinander in Wechselwirkung treten, ausgearbeitet, um dieselbe auf die innere Reibung der Gase, die Diffusion und den Wärmetransport (ohne Strahlung) durch ein Gas anzuwenden. Hier haben Sie die Theorie der inneren Reibung in Gasen mit ihren Resultaten."

Es folgt sodann eine Skizze seiner Theorie, wie sie später veröffentlicht und in der Arbeit 10 abgedruckt worden ist.

„... Ich weiß nicht, wie weit solche Spekulationen als mit den Tatsachen in Übereinstimmung befunden werden; selbst wenn sie dazu im Widerspruch stehen sollten, ist es gut zu wissen, daß die Theorie von CLAUSIUS (oder vielmehr von HERAPATH) falsch [Fußnote: d. h. inadäquat] ist, und auf jeden Fall handelte es sich gewissermaßen um eine Übung in Mechanik, wenn ich willens und in der Lage war, die Gesetze von Teilchensystemen, welche miteinander nur durch Stöße reagieren, abzuleiten. Werden Sie nun denken, daß es eine so vollständige Widerlegung der Theorie der Gase gibt, welche eine weitere Erforschung derselben als sinnlos erscheinen ließe, genauso wie die Suche nach Begründungen für die Messung streng ‚molekularer' Größen, bevor wir wissen, ob es überhaupt solche Moleküle gibt? Ein verblüffendes Resultat ist zum Beispiel die Unabhängigkeit von $\mu$ von der Dichte, nämlich

$$\mu = MNlv = \frac{Mv}{\sqrt{2}\pi s^2}.$$

Das ist gewiß ein recht unerwartetes Ergebnis: Die Reibung in einem verdünnten Gas ist genauso groß wie in einem dichten. Die Erklärung dafür besteht darin, daß in einem dünnen Gas die mittlere freie Weglänge größer ist, so daß sich die Reibungswirkung über eine größere Entfernung erstreckt.

Besitzen Sie die Mittel zur Widerlegung dieses Ergebnisses der Hypothese?

Selbstverständlich haben meine Teilchen nicht alle die gleiche Geschwindigkeit, die Geschwindigkeiten sind jedoch nach demselben Gesetz verteilt wie die Fehler in der Theorie der kleinsten Quadrate.

Wenn zwei Mengen von Teilchen miteinander reagieren, wird die mittlere vis viva je Teilchen für beide gleich werden, was zur Folge hat, daß gleiche Volumina von Gasen bei gleichem Druck und gleicher Temperatur die gleiche Anzahl von Teilchen enthalten, d. h., daß sie chemisch äquivalent sind. Das ist zum wenigsten ein befriedigendes Resultat.

Ich habe mich ziemlich über die Gase verbreitet, aber ich habe sie nun einmal zum Gegenstand einer mathematischen Arbeit gemacht, habe einen ziemlichen Narren daran gefressen und benötige einen kleinen Dämpfer durch Experimente, ich besitze aber nur ein paar von Prof. GRAHAM über Diffusion, die schon HERAPATH zitiert hat, so daß ich noch immer ziemlich hochgemut bin ..."

[Aus Memoir and Scientific Correspondence of the late Sir Georg Gabriel Stokes. Bart., Cambridge University Press, 1909, Bd. 2, S. 8–11.]

MAXWELLS Beiträge zur kinetischen Theorie, die nicht nur zur Begründung der Theorie beitrugen, sondern auch die Grundlage für die moderne statistische Mechanik gelegt haben, waren also von ihm selbst lediglich als „Übungen in Mechanik" gedacht, deren voraussichtliche Folge die Widerlegung der kinetischen Theorie sein würden, da sie zu absurden Voraussagen führten. MAX-

WELL legte diese Arbeit im September 1859 auf einer Tagung der British Association vor, im Oktober schrieb er erneut an STOKES und teilte ihm mit, daß er beabsichtigte, seine Ergebnisse über die Bewegungen elastischer Kugeln „in gewissem Sinne unabhängig von den Vorstellungen von den Gasen“ darzustellen und sie dem Philosophical Magazine einzureichen (Memoir, ebenda, S. 11). Die Arbeit erschien 1860 (Arbeit 10), und man kann dem letzten Paragraphen entnehmen, daß MAXWELL in der Theorie der spezifischen Wärmen noch deutlichere Anzeichen dafür gefunden zu haben meinte, daß die kinetische Theorie falsch sein muß.

Die Vorhersage der Unabhängigkeit der Viskosität von der Dichte legte einen eindeutigen experimentellen Beweis für die Gültigkeit der kinetischen Theorie nahe, weil die statische Theorie im Gegensatz dazu eindeutig zur Auffassung führte, daß die Viskosität mit der Dichte zunehmen müßte (wie das tatsächlich bei tropfbaren Flüssigkeiten der Fall ist). Zu jener Zeit waren jedoch noch keine genauen Experimente zur Viskosität der Gase gemacht worden, und BOYLES Versuch über die Schwingungen eines Pendels im luftleeren Raum (s. oben) war in Vergessenheit geraten, so daß MAXWELL selbst einen Versuch beschrieben und ausgeführt hat. Er fand, daß die Viskosität der Luft bei einer festen Temperatur konstant blieb, wenn der Druck zwischen 0,5 in. und 30 in. verändert wurde. Dieses Ergebnis, welches später von O. E. MEYER bestätigt worden ist, hat wahrscheinlich die meisten Gelehrten überzeugt, welche die kinetische Theorie bislang noch nicht angenommen hatten.

CLAUSIUS (Arbeit 8) hatte eine allgemeine Formel für das Verhältnis der spezifischen Wärmen abgeleitet, welche besagt, daß dieses Verhältnis für ein einatomiges Gas, welches als System von elastischen Kugeln angesehen wird, gleich 5/3 sein sollte. Wenn die Moleküle rotieren oder schwingen können oder wenn sie aus kleineren Teilchen zusammengesetzt sind, wodurch die Gesamtenergie der Bewegung aufgeteilt werden muß, dann sollte dieses

Verhältnis kleiner sein. Die allgemeine Formel für dieses Verhältnis lautet

$$\gamma = 1 + \frac{2}{3 + n},$$

wo $n$ die Anzahl der „Freiheitsgrade“ der inneren Bewegungen der Moleküle bedeutet. Nach der NEWTONschen Mechanik besitzt ein System von $n$ Teilchen $3n$ Freiheitsgrade, entsprechend den drei möglichen unabhängigen Bewegungsrichtungen eines Teilchens im Raume. Von der Gesamtzahl von $3n$ Freiheitsgraden sind 3 als „Translationsfreiheitsgrade“ ausgezeichnet, welche die Bewegung des Schwerpunktes des Moleküls beschreiben. Alle anderen Freiheitsgrade werden als „innere Freiheitsgrade“ angesehen. Demnach kann man erwarten, daß für ein zweiatomiges Molekül, wie es etwa bei Wasserstoff, Stickstoff oder Sauerstoff auftritt, aufgefaßt als ein mechanisches System zweier durch die gegenseitigen Bindungskräfte zusammengehaltener Kugeln, $n = 3$ und $\gamma = 1{,}333\ldots$ ist.

Der einzige zu jener Zeit, als CLAUSIUS und MAXWELL ihre ersten Arbeiten schrieben, bekannte experimentelle Wert war $\gamma \approx 1{,}4$, was einem Wert von $n = 2$ entsprechen würde. Erst im Jahre 1875 ermittelten KUNDT und WARBURG das Verhältnis der spezifischen Wärmen für ein einatomiges Gas, nämlich Quecksilberdampf. In Übereinstimmung mit der Formel für den Fall fehlender innerer Freiheitsgrade fanden sie $\gamma \approx 1\frac{2}{3}$. Noch später, in den achtziger und neunziger Jahren, entdeckten RAMSAY und RAYLEIGH die seltenen Gase Helium, Argon und Krypton, und man fand, daß diese einatomigen Gase ebenfalls Verhältnisse der spezifischen Wärmen von etwa $\gamma = 1{,}666\ldots$ besitzen.

CLAUSIUS hatte ursprünglich nicht vorausgesetzt, daß eine Gleichverteilung der Energie auf alle Freiheitsgrade erfolgen sollte, er bestand vielmehr darauf, daß das Verhältnis von Translations- und Rotationsbewegung in einem Gas immer konstant sein müsse. MAXWELL und seine Nachfolger konnten keinen überzeugenden Grund dafür finden, warum das Gleichverteilungsprinzip für die innere Bewegung eines Gasmoleküls nicht angewendet werden sollte. Die Diskrepanz zwischen dem theoretischen und dem experimentellen Wert des Verhältnisses der spezifischen Wärmen blieb als ungelöstes Problem bis zum Aufkommen der Quantentheorie bestehen. Es war nicht nur schwer einzusehen, daß zweiatomige Moleküle, wie es den Anschein hatte, nur fünf statt sechs Freiheitsgrade haben sollten, vielmehr gab es viele Gründe für die Erwartung, daß zweiatomige Moleküle wesentlich mehr als sechs Freiheitsgrade besitzen müßten. Das Spektroskop enthüllte, daß alle Moleküle, auch die einatomigen, eine komplexe innere Struktur besitzen müssen. Wenn sich die Teile eines Moleküls so bewegen können, daß sie Licht verschiedener Frequenzen absorbieren und aussenden können, dann sollten sie auch — nach der kinetischen Theorie — ihren eigenen Anteil an der Gesamtenergie haben. Man glaubte außerdem, daß das Licht und andere elektromagnetische Wellen mit Hilfe eines Äthers übertragen werden, welcher aus einzelnen Teilchen zusammengesetzt sein könnte oder einer kontinuierlichen Flüssigkeit bzw. einem festen Körper ähnlich aufgebaut sein sollte. In jedem Falle mußte der Äther einen Teil der Bewegungsenergie aufnehmen, wenn er mit den Molekülen des Gases wechselwirkt, was ja geschehen mußte, wenn er seine Schwingungen übertragen sollte. Mit anderen Worten: Man muß den die Gasmoleküle umgebenden Äther mit erwärmen, wenn man das Gas erwärmt.

Der einzige Weg, um in der kinetischen Theorie Fortschritte zu erzielen, bestand darin, diese Schwierigkeiten zu ignorieren und zu hoffen, daß irgend jemand gelegentlich eine bessere Theorie der Atome und der Ausbreitung elektromagnetischer Wellen ausarbeiten würde, die mit der Annahme, daß sich die Moleküle eines Gases in gewisser Hinsicht wie elastische Kugeln oder punktförmige Kraftzentren verhalten, in Einklang steht. Das Teilproblem, welches die zweiatomigen Moleküle betraf, wurde

1876 versuchsweise gelöst, als R. H. M. Bosanquet in Oxford und Ludwig Boltzmann in Wien unabhängig voneinander ein mechanisches Modell mit fünf Freiheitsgraden vorschlugen. Ein Molekül, das aus zwei starr miteinander verbundenen Massepunkten besteht, oder allgemein jeder „Rotationskörper", der durch Rotation einer ebenen Figur um ihre Symmetrieachse entsteht, würde in gewissem Sinne fünf Freiheitsgrade haben: Seine Drehbewegung um seine Achse wird durch den Zusammenstoß mit anderen ähnlichen Molekülen nicht beeinflußt. Dieser Freiheitsgrad, wenn auch vorhanden, wird somit zur spezifischen Wärme nichts beitragen, weil sich seine Energie nicht mit der der anderen Freiheitsgrade ins Gleichgewicht setzen kann. Maxwell[1]) wandte sich gegen diese Erklärung, doch blieb seine Kritik unbemerkt (er hatte jedenfalls keinen besseren Vorschlag), und das Boltzmann-Bosanquetsche Modell blieb bis zur Entstehung der Quantentheorie das einzige, das anerkannt wurde.

Maxwells Herleitung seines Geschwindigkeitsverteilungsgesetzes (Arbeit 10) war kein strenger Beweis, weil sie voraussetzte, daß die Wahrscheinlichkeitsverteilung für eine Geschwindigkeitskomponente von den Werten der anderen Komponenten unabhängig ist. Maxwell hat selbst die Schwäche seines Beweises erkannt und in späteren Arbeiten bessere gegeben. Nichtsdestoweniger bedeutete die Einführung einer statistischen Geschwindigkeitsverteilung einen großen Fortschritt in der kinetischen Theorie und lieferte eine der Grundbausteine der modernen statistischen Mechanik.[2])

---

[1]) Unveröffentlichte Rezension eines Buches von Watson (1876), Nature [London] **16** (1877) 242.

[2]) Bezüglich der historischen Wurzeln vgl. C. C. Gillispie, in: A. C. Crombie ed., Scientific Change. Basis Books, New York 1963, S. 431–453. Herr Dr. C. W. F. Everitt hat die bemerkenswerte Ähnlichkeit der ersten Herleitung Maxwells und des Beweises von Herschel für das Fehlergesetz in der Edinburgh Review, Juli 1850, festgestellt; man darf annehmen, daß Maxwell den Artikel gelesen hat, als er in Herschel's Essays 1857 nachgedruckt wurde; vgl. die Briefe an Litchfield in: Campbell und Garnett: The Life of Maxwell. S. 301–305.

## Der Virialsatz

Der letzte Beitrag dieses Bandes (Arbeit 11) ist eine Arbeit von CLAUSIUS, in der der Satz abgeleitet wird, der jetzt unter dem Namen „Virialsatz" bekannt ist. Dieser Satz besagt, daß der Mittelwert der kinetischen Energie in einem System von Massenpunkten gleich dem Mittelwert einer Größe, die „Virial" genannt wird, ausfällt:

$$\sum \frac{1}{2} m \langle V^2 \rangle_{\text{mitt}} = - \frac{1}{2} \sum \langle Xx + Yy + Zz \rangle_{\text{mitt}},$$

wobei $x$, $y$ und $z$ die rechtwinkligen Koordinaten der Moleküle darstellen und $X$, $Y$ und $Z$ die entsprechenden Komponenten der an jedem Molekül angreifenden Kraft sind. Der Mittelwert (bezeichnet mit $\langle \cdots \rangle_{\text{mitt}}$) wird über ein Zeitintervall gebildet, das bei periodischen Bewegungen mit einer vollen Periode übereinstimmt und bei unregelmäßiger Bewegung so groß bemessen sein muß, daß der Mittelwert konstant bleibt. Ferner wird vorausgesetzt, daß sich das System in „stationärer Bewegung" befindet, d. h., daß sich die Punkte innerhalb eines begrenzten Raumes bewegen und sich die Geschwindigkeiten nicht in einer bestimmten Richtung stetig ändern.

Im Sonderfall eines Gases, welches durch einen äußeren Druck $p$ auf ein Volumen $v$ zusammengedrückt wird, führt das Theorem auf die Gleichung

$$E = \frac{1}{2} \sum r f(r) + \frac{3}{2} p v,$$

wobei $f(r)$ die Kraft zwischen zwei im Abstande $r$ voneinander befindlichen Molekülen beschreibt und $E$ die mittlere vis viva (kinetische Energie) der inneren Bewegungen darstellt. Aus dieser Gleichung kann man die „Zustandsgleichung" (Beziehung zwischen $p$, $v$ und der Temperatur $T$) herleiten, sobald das Kraftgesetz $f(r)$ bekannt ist.

## Atomare Größen

Unter Verwendung des Virialsatzes — oder auch durch wesentlich elementarere Überlegungen, wie etwa die von J. D. VAN DER WAALS — kann man eine direkte Beziehung zwischen den Abweichungen von den Gasgesetzen für ideale Gase und der Größe eines Moleküls gewinnen. Kombiniert man diese Relation mit der Formel MAXWELLS, welche die Viskosität zur Größe der Moleküle in Beziehung setzt, so ist es möglich, sowohl den Moleküldurchmesser als auch die Zahl der Moleküle pro Volumeneinheit (die AVOGADROsche Konstante) explizit zu bestimmen. Sobald aber letztere bekannt ist, kann man auch die Molekülmasse ermitteln.

Gegen Ende des 19. Jahrhunderts gab es aus anderen Quellen eine Menge von Beweisen für die atomistische Natur der Materie, was könnte aber — wenn man schon ein Atom nicht wirklich *sehen* kann — überzeugender sein als das Vermögen der Physiker, den Durchmesser eines Atoms in Zentimeter zu bestimmen und sein Gewicht in Gramm anzugeben?

Obgleich es schon eine Anzahl spekulativer Schätzungen atomarer Größen gab, von denen einige bemerkenswert gut waren, wurde die erste überzeugende Abschätzung erst 1865 von JOSEF LOSCHMIDT (1821—1895) vorgenommen. Er benutzte die aus Viskositätsmessungen hergeleitete mittlere freie Weglänge zusammen mit einer Abschätzung des Teils des gesamten Gasvolumens, welcher von den Molekülen selbst eingenommen wird, die er durch Vergleich der Dichten von Flüssigkeiten und Gasen gewonnen hatte. Er folgerte, daß der Durchmesser eines Luftmoleküls etwa 0,000001 mm (10 Å) beträgt, was ungefähr um den Faktor vier zu groß ist. Der entsprechende Wert der „AVOGADROschen Zahl“[1]), d. h. der Anzahl

[1]) Im Original ist $n$ als LOSCHMIDTsche Zahl und $n/V_0$ als AVOGADROsche Zahl bezeichnet und als $N_L$ bzw. $N_L/V_0$ geschrieben, wie es in den englischsprachigen Ländern üblich ist. Nach den neueren Empfehlungen der IUPAP (International

der Moleküle in einem Kubikzentimeter eines idealen Gases unter Normbedingungen (0 °C, 1 at Druck), würde $n \approx 2 \cdot 10^{18}$ betragen. (Dieses Resultat kann leicht aus einer von LOSCHMIDT gegebenen Formel berechnet werden; selbst hat er es jedoch nicht explizit angegeben.) Der gegenwärtig beste Wert ist $n = 2{,}687 \cdot 10^{19}$. (Wer in einem englischsprachigen Land ausgebildet worden ist, wird mit der „LOSCHMIDTschen Zahl“, welche als Anzahl der Moleküle in einem Grammol definiert und $n/V_0 = 6{,}025 \cdot 10^{23}$ ist, besser vertraut sein; $V_0$ ist dabei das Molvolumen eines idealen Gases, nämlich 22420,7 cm³ atm mol⁻¹.)

Ähnliche Abschätzungen wurden bald danach von G. JOHNSTONE STONEY (1868), LOTHAR MEYER (1867), LOUIS LORENZ (1870) und WILLIAM THOMSON (1870) veröffentlicht.[1]) THOMSON hat gezeigt, daß verschiedene unabhängige Methoden zu ähnlichen unteren Schranken für atomare Größen führten wie die auf der kinetischen Theorie basierenden Schlüsse von LOSCHMIDT. Es sei hier bemerkt, daß THOMSON (später Lord KELVIN) sich schon zu Lebzeiten (1824—1907) in England eines äußerst hohen wissenschaftlichen Ansehens erfreute und daß er mit der 1870 der kinetischen Theorie gegebenen Unterstützung wahrscheinlich wesentlich zu ihrer Festigung beigetragen hat, auch wenn er später die Gültigkeit gewisser Teile der Theorie in Frage gestellt hat.

Die Wiederbelebung der Atomtheorie in der Chemie während der zweiten Hälfte des 19. Jahrhunderts zusammen mit der Aufstellung der kinetischen Theorie in der Physik hatte eine tiefgreifende Veränderung der wissenschaftlichen Vorstellungen von der Struktur der Materie zur Folge. Der Glaube an die Atome ist einer der ältesten und festesten Bestandteile der philosophischen Spekulation

---

Union of Pure and Applied Physics) soll in Zukunft nur noch die Größe $N_L$ mit der Bezeichnung AVOGADRO-Konstante und dem zur Zeit gültigen Wert $N_L = 6{,}02252 \cdot 10^{23}\ \mathrm{mol}^{-1}$ benutzt werden.

[1]) G. J. STONEY, Philos. Mag. (4) **36** (1868) 132; L. MEYER, Ann. Chem. Pharm. (Suppl.) **5** (1867) 129; L. LORENZ, Vid. Selsk. Forh. (1870) 40, engl. in: Philos. Mag. (4) **40** (1870) 390; W. THOMSON, Nature [London] **1** (1870) 551.

über das physikalische Universum, er hatte aber niemals zuvor eine wirkliche Verbindung mit der experimentellen Wissenschaft besessen. THOMSON bemerkte 1870:

„Die Idee des Atoms wurde so beständig mit unglaublichen Annahmen über unbegrenzte Festigkeit, absolute Starrheit, mystische Fernwirkungen und Unteilbarkeit verbunden, daß die Chemiker und viele andere, vernünftige Wissenschaftler unserer Zeit jede Geduld mit dem Atom verloren und es in das Reich der Metaphysik als etwas verbannt haben, das kleiner ist als irgendetwas, was wir begreifen können."

Nunmehr schienen jedoch erstmals begründete Aussichten zu bestehen, daß Theorien, die auf der Annahme beruhten, daß Atome Teilchen von zwar kleinen, aber endlichen Ausmaßen sind, die sich nach den Gesetzen der klassischen Mechanik bewegen und zusammenstoßen, nicht nur vernünftige Erklärungen für makroskopische Erscheinungen und experimentell überprüfbare Voraussagen neuer Phänomene, sondern auch übereinstimmende Werte für atomare Eigenschaften liefern können. Wie wir heute wissen, konnte diese Hoffnung so lange nicht vollständig erfüllt werden, wie man unter „mechanischen Gesetzen" nur diejenigen von NEWTON verstand. Immerhin war die kinetische Theorie in vielerlei Hinsicht so erfolgreich, daß ihre Mißerfolge nicht einfach durch die Negierung der Existenz von Atomen hätten erklärt werden können. Statt dessen begründeten die kinetischen Theoretiker einerseits die Realität der Atome als physikalische Objekte und bereiteten andererseits der modernen Quantentheorie durch das Aufzeigen der Unzulänglichkeiten der klassischen Mechanik den Weg, indem sie die Anwendung der NEWTONschen Mechanik im Reiche der Atome bis an die Grenzen der Anwendbarkeit trieben. Wir können in der Tat — weit über ihre Erfolge in der Erklärung der Eigenschaften der Gase hinausgehend — als bemerkenswerteste Leistung der kinetischen Theorie die „Entdeckung" des physikalischen Atoms und die Aufklärung seiner Eigenschaften ansehen.

## Literatur

Um dem Leser beim Auffinden der in der Einleitung erwähnten Hauptwerke behilflich zu sein, sind im folgenden, alphabetisch nach dem Autor geordnet, ausführliche Literaturangaben zusammengestellt. In allen Fällen haben wir uns bemüht, die bibliographischen Daten der Originalarbeiten vollständig zu geben. Gleichzeitig werden, soweit vorhanden, neuere Nachdrucke und die deutschen Übersetzungen mit angegeben. Eine durchschnittliche Universitätsbücherei wird zwar einige der hier genannten älteren Monographien und Zeitschriften vielleicht nicht besitzen, die gesammelten Werke der führenden Wissenschaftler sollten jedoch vorhanden sein, so daß es keine Schwierigkeiten bereiten sollte, die meisten der hier zitierten Artikel in irgendeiner Form zu finden.

Hinweise auf Sekundärliteratur haben wir nur selten gegeben, da es die erklärte Absicht der Reihe ist, die Verwendung der Originalarbeiten anzuregen. Einige solcher Quellen wären etwa:

### *Über* BOYLE, NEWTON *und das 17. Jahrhundert*

J. B. CONANT: ROBERT BOYLE's Experiments in Pneumatics. Harvard University Press, Cambridge 1950.
M. BOAS: Osiris **10** (1952) 412.
J. F. FULTON: Isis **18** (1932) 77.
A. WOLF: A History of Science, Technology and Philosophy in the 16th and 17th Centuries, 2. Aufl. McMillan, New York 1950.
E. HOPPE: Geschichte der Physik. Vieweg, Braunschweig 1926 und 1965.

### *Über die Gasgesetze*

W. S. JAMES: Sci. Progr. **23** (1928) 216; **24** (1929) 57.
C. WEBSTER: Arch. Hist. exact Sci. **2** (1965) 441.

### Über die Wärmestofftheorie

T. S. Kuhn: Isis **49** (1958) 132.
S. C. Brown: Amer. J. Phys. **18** (1950) 367.
F. Cajori: Isis **4** (1922) 483.
S. Lilley: Arch. internat. hist. Sci. (1948) 630.

### Über die atomistische Theorie

Foundations of the Molecular Theory (Arbeiten und Auszüge von Arbeiten von John Dalton, J.-L. Gay-Lussac und Amadeo Avogrado aus den Jahren 1808–1811). Alembic Club Reprints No. 4, Livingstone, Edinburgh 1950.
A. G. van Melsen: From Atomos to Atom. Duquesne University Press, Pittsburgh 1952.
K. Lasswitz: Geschichte der Atomistik. Hamburg 1890.

### Über die Erhaltung der Energie

T. S. Kuhn: in: M. Clagett ed., Critical Problems in the History of Science. University of Wisconsin Press, Madison 1959, S. 321.
M. Planck: Das Prinzip der Erhaltung der Energie. Teubner, Leipzig 1887.

### Zum 19. Jahrhundert

J. T. Merz: A History of European Thought in the Nineteenth Century, 4 Bde. Blackwood, Edinburgh 1904–1914.

### Zur kinetischen Theorie

L. Boltzmann: Vorlesungen über Gastheorie. J. A. Barth, Leipzig, Teil I 1896, Teil II 1898 (Lectures on Gas Theory, University of California Press, Berkeley 1964).

L. B. LOEB: Kinetic Theory of Gases, 2. Aufl. McGraw-Hill Book Co. Inc., New York 1934.
E. H. KENNARD: Kinetic Theory of Gases. McGraw-Hill Book Co. Inc., New York 1938.
S. G. BRUSH: Ann. Sci. **13** (1957) 188 und 273; **14** (1958) 185 und 243. Amer. Scientist **49** (1961) 202.
Notes Rec. roy. Soc. London **18** (1963) 161.
C. TRUESDELL: Essays in the History of Mechanics. Springer-Verlag, Berlin 1968, S. 272.
G. R. TALBOT und A. J. PACEY: Brit. J. hist. Sci. **3** (1966) 133.
G. ROUGE: Gesnerus **18** (1961) 45.
A. KLAUS: Über die Entwickelung der kinetischen Gastheorie und ihre Bedeutung für die moderne Physik. Karl Henn, Freiburg i. Br. 1904.

*Allgemeine Nachschlagewerke*

H. T. PLEDGE: Science since 1500. H.M.S.O., London 1939, nachgedruckt bei Harper, New York 1959.
J. C. POGGENDORFF: Bibliographisch-Literarisches Handwörterbuch zur Geschichte der exakten Wissenschaften. J. A. Barth, Leipzig 1863—1904 und spätere Bände mit ähnlichem Titel.
Royal Society of London, Catalogue of Scientific Papers 1800 bis 1863. Eyre and Spottiswoode, London 1867—1872 und spätere Bände.
G. SARTON et al.: Kritische Bibliographien, in: Isis, ab Bd. 1 (1912) bis heute.

*Häufig zitierte Zeitschriften sind folgendermaßen abgekürzt:*

Ann. Phys. = Annalen der Physik Leipzig; die mit (2) vor der Bandnummer gekennzeichnete 2. Folge wird von den Zeitgenossen auch als Pogg. Ann. (= Poggendorffs Annalen) zitiert.
Philos. Mag. = The London, Edinburgh, and Dublin Philosophical Magazine and Journal.
Philos. Trans. roy. Soc. London = Philosophical Transactions of the Royal Society of London.
Wien. Ber. = Sitzungsberichte der kaiserlichen Akademie der Wissenschaften in Wien, Klasse IIa.

BLACK, JOSEPH: Lectures on the Elements of Chemistry (J. ROBINSON ed.). Creech, Edinburgh 1803.

BOLTZMANN, LUDWIG: Weitere Studien über das Wärmegleichgewicht unter Gasmolekülen. Wien. Ber. **66** (1872) 275; nachgedruckt in BOLTZMANNS Wissenschaftliche Abhandlungen, Bd. 1. J. A. Barth, Leipzig 1909, S. 316 (abgedruckt in Kinetische Theorie, Bd. 2).

BOLTZMANN, LUDWIG: Über die Natur der Gasmolecüle. Wien. Ber. **74** (1877) 553; Ann. Phys. (2) **160** (1877) 175; BOLTZMANNS Wissenschaftliche Abhandlungen, Bd. 2. J. A. Barth, Leipzig 1909, S. 103; engl. Übers. in: Philos. Mag. (5) **3** (1877) 320.

BOSANQUET, R. H. M.: Notes on the Theory of Sound. Philos. Mag. (5) **3** (1877) 271.

BOYLE, ROBERT: A Defence of the Doctrine touching the Spring and Weight of Air, proposed by Mr. R. BOYLE in his New Physico-Mechanical Experiments; Against the Objections of FRANCISCUS LINUS, wherewith the Objector's Funicular Hypothesis is also examined. Oxford 1662; nachgedruckt in: T. BIRCH ed.: BOYLE's Works, Bd. 1. London 1744, 2. Aufl. London 1772, S. 118 (*Anmerkung*: Der Abschnitt dieser Arbeit, in dem die Gültigkeit des „BOYLEschen Gesetzes" gezeigt wird, ist vielfach in Anthologien enthalten. Der darauf folgende Paragraph, in dem BOYLE die Priorität TOWNELEY zuschreibt, wird jedoch vielfach unterdrückt).

BUYS-BALLOT, CHRISTIAN HEINRICH DIEDERICH: Über die Art von Bewegung, welche wir Wärme und Electricität nennen. Ann. Phys. (2) **103** (1858) 240.

CARNOT, SADI: Réflexions sur la puissance motrice du feu et sur les machines propres à développer cette puissance. Bachelier, Paris 1824; mit Zusätzen nachgedruckt bei Blanchard, Paris 1878; engl. Übersetzung zusammen mit anderen Arbeiten von CLAUSIUS und CLAPEYRON von R. H. THURSTON, in: E. MENDOZA ed.: Reflections on the Motive Power of Fire etc. Dover, New York 1960.

CLAPEYRON, EMILE: Mémoire sur la puissance motrice de la chaleur. J. École roy. polytechn. Paris **14** (1834), H. 23, 153; engl. Übers. in: E. MENDOZA ed.: Reflections on the Motive Power of Fire etc. Dover, New York 1960; Betrachtungen über die bewegende Kraft des Feuers und die zur Entwickelung dieser Kraft geeigneten Maschinen, Übers. und herausgeg. von W. OSTWALD. Engelmann, Leipzig 1892 (Ostwald's Klassiker Nr. 37).

CLAUSIUS, RUDOLF: Über die bewegende Kraft der Wärme und die Gesetze, die sich daraus für die Wärmelehre selbst ableiten lassen. Ann. Phys. (2) **79** (1850) 368 und 500; zusammen mit anderen Arbeiten über Thermodynamik nachgedruckt in: CLAUSIUS' Abhandlungen über die mechanische Wärmetheorie, Teil I. Vieweg, Braunschweig 1864; engl. Übers. in: Philos. Mag. (4) **2** (1851) 1 und 102 und Reflections on the Motive Power of Fire etc. Dover, New York 1960.

COLDING, LUDVIG: Nogle saetninger om Kraefterne (Einige Bemerkungen über die Kräfte). Lunos, Kopenhagen 1856 (lies 1843); verbreitet zusammen mit dem Band von 1856 der Oversight over det Kongelige Danske Videnskabernes Forhandlingar; in die internationale Sprache Ido übersetzt in: Progreso, Agosto 1913 (vgl. auch Philos. Mag. (4) **27** (1864) 56; **42** (1871) 1; Isis **1** (1913) 522).

DAVY, HUMPHRY: Essay on Heat, Light, and the Combinations of Light, in: T. BEDDOES ed.: Contributions to Physical and Medical Knowledge, primarily from the West of England. Bristol 1799; nachgedruckt in DAVY's Collected Works, Bd. 2. Smith, Elde & Co., London 1839, S. 5.

DESCARTES, RENÉ: Principia philosophiae. Elsevier, Amsterdam 1644; abgedruckt in: DESCARTES' Œuvres, Bd. 8. Cerf, Paris 1905, Teil 1; franz. Übers. (Paris 1647) nachgedruckt in: DESCARTES' Œuvres, Bd. 9. Cerf, Paris 1905, Teil 2; Die Prinzipien der Philosophie, Übers. und erl. von ART. BUCHENAU. F. Meiner, Hamburg 1955.

EULER, LEONHARD: Tentamen explicationis phaenomenorum aeris. Commentarii Academiae Scientiarum Imperialis Petropolitanae **2** (1727) 347 (s. R. HOOYKAAS: Arch. internat. Hist. Sci. **2** (1948) 180).

FARADAY, MICHAEL: On the Source of Power in the Voltaic Pile. Philos. Trans. roy. Soc. London **130** (1840) 93; zusammen mit vielen anderen Arbeiten abgedruckt in: M. FARADAY: Experimental Researches in Electricity, Bd. 2. Quaritch, London 1844, S. 59 (vgl. S. 125—126 bzw. 102—103).

FOURCROY, ANTOINE FRANÇOIS DE: s. MORVEAU.

GALILEI, GALILEO: Discorsi e dimostrazioni matematiche, intorno a due nuove scienze, attenenti alla mecanica & i movimenti locali. Elsevier, Leiden 1638; engl. Übers. von H. CREW und A. DE SALVIO: Dialogues concerning two New Sciences. Macmillan, New York 1914; Unterredungen und mathematische Demonstrationen über zwei neue Wissenszweige, die Mechanik und die Fallgesetze betreffend, Übers. und herausgeg. von A. VON OETTINGEN. Engelmann. Leipzig 1890–1891 (Ostwald's Klassiker Nr. 11, 24 und 25).

GROVE, WILLIAM: On the Correlations of Physical Forces: Being the Substance of a Course of Lectures delivered in the London Institution in the Year 1843. Skipper and East, London 1846; zusammen mit Arbeiten von MAYER, HELMHOLTZ, FARADAY, LIEBIG und CARPENTER abgedruckt in: E. L. YOUMANS ed.: The Correlation and Conservation of Forces. Appleton, New York 1868.

GUERICKE, OTTO VON: Experimenta nova (ut vocantur) Magdeburgica de vacuo spatio primùm à R. P. GASPARE SCHOTTO. Jansson, Amsterdam 1672; dtsch. Übers. von F. DANNEMAN: OTTO VON GUERICKE's neue „Magdeburgische" Versuche über den leeren Raum (1672). Engelmann, Leipzig 1894.

GUYTON de MORVEAU: s. MORVEAU.

HERAPATH, JOHN: A Mathematical Inquiry into the Causes, Laws and Principal Phenomena of Heat, Gases, Gravitation etc. Ann. Philos. (2) **1** (1821) 273, 340 und 401.

HERAPATH, JOHN: Tables of Temperature, and a Mathematical Development of the Causes and Laws of Phenomena which have been adduced in Support of Hypotheses of „Calorific Capacity", „Latent Heat" etc. Ann. Philos. (2) **2** (1821) 50, 89, 201, 256, 363 und 434; (2) **3** (1821) 16.

HERAPATH, JOHN: Observations on M. LAPLACE's Communication to the Royal Academy of Sciences Sur l'attraction des sphères, et sur la répulsion des fluides élastiques. Philos. Mag. **62** (1823) 61 und 136.

HERAPATH, JOHN: Mathematical Physics; or the Mathematical Principles of Natural Philosophy: with a Development of the Causes of Heat, Gaseous Elasticity, Gravitation and other Great Phenomena of Nature, 2 Bde. Whittaker & Co. und Herapath's Railway Journal Office, London 1847; nachgedruckt bei: Johnson Reprint Corp., New York 1970.

HIRN, GUSTAV ADOLPHE: Etudes sur les principaux phénomènes que présentent les frottements médiats, et sur les diverses manières de déterminer la valeur mécanique des matières employées au graissage des machines. Notices sur les lois de la production de calorique par les frottements médiats. Bull. Soc. industr. Mulhouse **26** (1854) 238.

HOBBES, THOMAS: Dialogus physicus, sive de natura aeris conjectura sumpta ab experimentis nuper Londini habitis in Collegio Greshamensi. London 1661.

HOLTZMANN, KARL: Über die Wärme und Elasticität der Gase und Dämpfe. Mannheim 1845; engl. Übers. von W. FRANCIS in: R. TAYLOR ed., Scientific Memoirs, Bd. **4**. R. and J. Taylor, London 1846, S. 189.

HUYGENS, CHRISTIAAN: De motu corporum ex percussione, nach seinem Tode veröffentlicht in seinen Opera reliqua. Janssonio-Waesbergios, Amtelodami 1728, S. 75; nachgedruckt mit einer franz. Übers. in: Œuvres complètes, Bd. 16. Nijhoff, La Haye 1888–1950, S. 30; die Ergebnisse waren angekündigt in: J. Sçanvas **2** (1669) 531; Philos. Trans. roy. Soc. London **4** (1669) 925; Lowthrop's gekürzte Philos. Trans., Bd. I. London 1749, S. 460; CHRISTIAN HUYGENS' nachgelassene Abhandlungen: Über die Bewegung der Körper durch den Stoß. Über die Centrifugalkraft, herausgeg. von F. HAUSDORFF. Engelmann, Leipzig 1903 (Ostwald's Klassiker Nr. 138).

JOULE, JAMES PRESCOTT: On the Calorific Effects of Magneto-Electricity and the Mechanical Value of Heat. Brit. Ass. Rep. 13th Meeting (1843) **33**; nachgedruckt in: Isis **13** (1929) 41; eine längere Arbeit unter dem gleichen Titel ist erschienen in: Philos. Mag. (3) **23** (1843) 263, 347 und 435; nachgedruckt in: The Scientific Papers of JAMES PRESCOTT JOULE. The Physical Society, London 1884, S. 123.

JOULE, JAMES PRESCOTT: On the Existence of an Equivalent Relation between Heat and the Ordinary Forms of Mechanical Power. Philos. Mag. (3) **27** (1845) 205; abgedruckt in: Scientific Papers of JAMES PRESCOTT JOULE. The Physical Society, London 1884, S. 203.

JOULE, JAMES PRESCOTT: Some Remarks on Heat, and the Constitution of Elastic Fluids. Memoirs Lit. philos. Soc. [Manchester] (2) **9** (1851) 107 (vorgetragen 1848); Philos. Mag. (4) **14** (1857) 211; Scientific Papers of JAMES PRESCOTT JOULE. The Physical Society, London 1884, S. 290; Zusammenfassung in: British Association Reports, 18th Meeting, Teil 2, 1848, S. 21; Scientific Papers of JAMES PRESCOTT JOULE. The Physical Society, London 1884, S. 228.

KELVIN, WILLIAM THOMSON (Lord): The Size of Atoms. Nature [London] **1** (1870) 551; mehrfach nachgedruckt, einschließlich S. 495 in: THOMSON und TAIT: Principles of Mechanics and Dynamics (Originaltitel: Treatise on Natural Philosophy), Teil 2. Dover, New York 1962.

KRÖNIG, AUGUST KARL: Grundzüge einer Theorie der Gase. Hayn, Berlin, 1856; abgedruckt in: Ann. Phys. (2) **99** (1856) 315.

KUNDT, AUGUST, und WARBURG, EMIL: Über die spezifische Wärme des Quecksilbergases. Ber. Dtsch. chem. Ges. [Berlin] 8 (1875) 945; Ann. Phys. (2) **157** (1876) 353.

LAPLACE, PIERRE SIMON, Marquis DE: Essai philosophique sur les probabilités. Paris 1814; engl. Übers. nach der 6. franz. Aufl. von F. W. TRUSCOTT, F. L. EMORY: A Philosophical Essay on Probabilities. Chapman and Hall, London 1902; nachgedruckt bei: Dover, New York 1951; Philosophischer Versuch über die Wahrscheinlichkeit, herausgeg. von R. VON MISES. Akademische Verlagsgesellschaft m.b.H., Leipzig 1932 (Ostwald's Klassiker Nr. 233).

LAPLACE, PIERRE SIMON, Marquis DE: Sur l'attraction des sphères et sur la répulsion des fluides élastiques. Annales de Chimie **18** (1821) 181; überarbeitete Version, welche die Theorie der Schallgeschwindigkeit enthält, in: Traité de mécanique céleste, Buch 12 (1823). Duprat, Paris 1798—1825; abgedruckt in: Œuvres complètes de LAPLACE, Bd. 5. Gauthier-Villars, Paris 1882, S. 99; s. auch Bd. 13, 1904, S. 272, Bd. 14, 1912, S. 305; engl. Übersetzung des Traité de mécanique céleste mit Kommentaren von N. BOWDITCH bei: Hillard, Gray, Little & Wilkins, Boston 1829—1839.

LAVOISIER, ANTOINE: s. MORVEAU.

LIEBIG, JUSTUS VON: Chemische Briefe, Zehnter Brief. Winter, Heidelberg 1844, S. 114.

LINUS, FRANCISCUS, alias FRANCIS HALL: Tractatus de corporum inseparabilitate, in quo experimenta de vacuo tam Torricelliana quam Magdeburgica et Boyliana examinatur. Martin, London 1661.

LOSCHMIDT, JOSEF: Zur Größe der Luftmolecüle. Wien Ber. **52** (1865) 395.

MACH, ERNST: Die Geschichte und die Wurzel des Satzes von der Erhaltung der Arbeit. Calve, Prag 1872; engl. Übers. von P. E. B. JOURDAIN: History and Root of the Principle of Conservation of Energy. Open Court, Chicago 1911; s. auch eine spätere Version: On the Principle of the Conservation of Energy. The Monist **5** (1894) 22; abgedruckt in: Popular Scientific Lectures. Open Court, Chicago 1894, 5. Aufl. 1943, S. 137.

MARIOTTE, EDMÉ: Essai de la nature de l'air. Paris 1679; nachgedruckt in: Œuvres de MARIOTTE. P. Vander Aa, Leiden 1717, und J. Neaulme, La Haye 1740, S. 148.

MAXWELL, JAMES CLERK: Viscosity or Internal Friction of Air and other Gases. Philos. Trans. roy. Soc. [London] **156** (1866)

249; enthalten in: The Scientific Papers of JAMES CLERK MAXWELL, Bd. 2. Cambridge University Press, 1890, S. 1.

MOHR, KARL FRIEDRICH: Über die Natur der Wärme. Z. Phys. Math. verw. Wiss. [Wien] (2) **5** (1837) 419; Zusammenfassung in: Ann. Chem. Pharm. **24** (1837) 141; engl. Übers. mit Kommentaren gegen die Arbeiten von MAYER von P. G. TAIT in: Philos. Mag. (5) **2** (1876) 110 (s. J. T. MERZ: A History of European Thought in the Nineteenth Century, Bd. 2. Blackwood, Edinburgh 1912, S. 107).

MORVEAU, LOUIS BERNARD GUYTON DE, ANTOINE LAVOISIER, CLAUDE LOUIS BERTHOLLET und ANTOINE FRANÇOIS DE FOURCROY: Méthode de nomenclature chimique. Paris 1787; engl. Übers. von J. ST. JOHN: Method of Chemical Nomenclature. Kearsley, London 1788; eine andere engl. Übers. stammt von G. PEARSON, London 1794, 2. Aufl. 1799.

OERSTED, HANS CHRISTIAN: Experimenta circa effectum conflictus electrici in acum magneticam. Hafniae 1820; engl. Übers. in: Ann. Philos. **16** (1820) 273 (s. B. DIBNER: OERSTED and the Discovery of Electromagnetism. Burndy Library, Norwalk/Conn. 1961).

OSTWALD, WILHELM: Die Überwindung des wissenschaftlichen Materialismus. Verh. Ges. Dtsch. Naturforsch. Ärzte [Leipzig] **1** (1895) 155; abgedruckt in: WILHELM OSTWALD: Abhandlungen und Vorträge allgemeinen Inhaltes (1887–1903). Veit, Leipzig 1904, S. 220; engl. Übers. in: Sci. Progr. **4** (1896) 419.

PASCAL, BLAISE, und FLORIN PERIER: Récit de la grande expérience de l'équilibre des liqueurs, projetée par le sieur B. P. pour l'accomplissement du traité qu'il a promis dans son abrégé touchant le vide et faite par le sieur F. P. en une des plus hautes montagnes d'Auvergne. Savreuz, Paris 1648; zusammen mit PASCALES anderen Schriften über Hydrostatik abgedruckt in seinen Œuvres (herausgeg. von L. BRUNSCHVICG und P. BOUTROUX, Bd. 2. Hachette, Paris 1908–1921, S. 147 und 349), ferner in Œuvres complètes (herausgeg. von J. CHEVALIER). Gallimard, Paris 1954, S. 392 (s. auch: The Equilibrium of Liquids and the Weight of the Mass of the Air, in: The Physical Treatises of PASCAL, engl. Übers. von I. H. B. und A. G. H. SPIERS, mit einer Einführung und Anmerkungen von F. BARRY. Columbia University Press, New York 1937; dasselbe Werk enthält verwandte Arbeiten von SIMON STEVIN, GALILEO GALILEI und TORRICELLI].

PELTIER, JEAN CHARLES ATHANASE: Nouvelles expériences sur la calorité des courants électriques. Annales de Chimie **56** (1834) 371 (s. auch: Annales de Chimie **60** (1835) 261; Comptes rendus Acad. Sci. [Paris] **1** (1835) 470).

PERIER, FLORIN: s. PASCAL.

POISSON, SIMON DENIS: Sur la chaleur des gaz et des vapeurs. Annales de Chimie **23** (1823) 337; engl. Übers. mit Anmerkungen von HERAPATH in: Philos. Mag. **62** (1823) 328.

RAMSAY, WILLIAM: Sur l'argon et l'hélium. Comptes rendus Acad. Sci. Paris **120** (1895) 1049.

RAMSAY, WILLIAM, und MORRIS WILLIAM TRAVERS: On a New Constituent of Atmospheric Air; On the Companions of Argon. Proc. roy. London **63** (1898) 405 und 437.

RAYLEIGH, JOHN WILLIAM STRUTT (Lord), und WILLIAM RAMSAY: Argon, A New Constituent of the Atmosphere. Philos. Trans. roy. Soc. [London] **186** (1896) 187; abgedruckt in: RAYLEIGH's Scientific Papers, Bd. 4. Cambridge University Press, 1899–1920, S. 130.

RUMFORD, BENJAMIN THOMPSON (Count): An Inquiry concerning the Source of the Heat which is excited by Friction. Philos. Trans. roy. Soc. [London] **80** (1798); abgedruckt in seinen Essays, Political, Economical, and Philosophical, New Ed., Bd.2. Cadell and Davies, London 1800, S. 469, und in seinen Complete Works, Bd. 2. American Academy of Arts and Sciences. Boston 1870–1875, S. 469; teilweise nachgedruckt in: W. S. KNICKERBOCKER ed.: Classics of Modern Science. Beacon, Boston 1962, S. 157; Kleine Schriften politischen, ökonomischen und philosophischen Inhalts, nach der 2. verm. Ausg. aus dem Englischen übersetzt. Im Verlage der Industrie-Comptoirs, Weimar 1797–1803.

SCHELLING, FRIEDRICH WILLIAM JOSEPH VON: Sämtliche Werke. Cotta, Stuttgart und Augsburg 1856–1861 (14 Bde.); SCHELLINGS Werke, nach der Original-Ausgabe in neuer Anordnung. Beck, München 1927 (Nachdruck 1958–1959) (6 Bde.); die in bezug auf die Naturwissenschaften wichtigsten Abhandlungen sind neben vielen anderen Arbeiten in beiden Sammlungen zu finden: Ideen zu einer Philosophie der Natur (1797); Von der Weltseele (1798); Erster Entwurf eines Systems der Naturphilosophie (1799); Allgemeine Deduktion des dynamischen Processes (1800); Darstellung meines Systems der Philosophie (1801) (s. E. BREHIER: SCHELLING. Alcan, Paris 1912, S. 26 bis 118).

SEEBECK, THOMAS JOHANN: Magnetische Polarisation der Metalle und Erze durch Temperatur-Differenz. Abh. königl. Akad. Wiss. [Berlin] (1822/23) 265; Neudruck als Nr. 70 von OSTWALD's Klassiker der exakten Naturwissenschaften. Engelmann, Leipzig 1895; s. auch Ann. Phys. (2) **6** (1826) 1, 133 und 253.

SEEBECK, THOMAS JOHANN: Über den Magnetismus der galvanischen Kette. Abh. königl. Akad. Wiss. [Berlin] (1820/21) 289; abgedruckt in: A. J. VON OETTINGEN ed.: Zur Entdeckung des Electromagnetismus. Engelmann. Leipzig 1895.

SEGUIN, MARC: On the Effects of Heat and Motion. Edinburgh J. Sci. **3** (1825) 276.

SEGUIN MARC,: De l'influence des chemins de fer et de l'art de les tracer et de les construire. Carilian-Goeury, Paris, und Société Typographique Belge, Bruxelles 1839 (in der Pariser Ausgabe finden sich die Bemerkungen über die Wärme auf den Seiten XVI–XVIII und 378–422, in der Brüsseler Ausgabe auf den Seiten IX–X und 243–271).

THOMPSON, BENJAMIN: s. RUMFORD.

TORRICELLI, EVANGELISTA: Esperenza dell' argento vivo (Briefwechsel mit RICCI: 11., 18. und 28. Juni 1644); s. seine Opere, Bd. 3. Montanari, Faenza 1919, S. 186–188, 193–195, 198 bis 201, wo auch andere Briefe an Gelehrte zu finden sind, in welchen Entdeckungen TORRICELLIS angekündigt werden; engl. Übers. von V. CIOFFARI in: The Physical Treatises of PASCAL etc. Columbia University Press, New York 1937, S. 163; ein formeller Bericht wurde von der Accademia del Cimento veröffentlicht: Saggi di naturali esperienze fatte nell' Accademia del Cimento. Cocchini, Firenze 1666; dies ist mit den oben erwähnten Briefen enthalten in: G. HELLMANN ed.: Neudrucke von Schriften und Karten über Meteorologie und Erdmagnetismus Nr. 7. Asher, Berlin 1897.

TRAVERS, MORRIS WILLIAM: s. RAMSAY.

VOLTA, ALESSANDRO: On the Electricity excited by the Mere Contact of Conducting Substances of Different Kinds (franz.). Philos. Trans. roy. Soc. [London] (1800) 403; abgedruckt in seinen Opere (Edizione nazionale), Bd. 1, Hoeple, Milano 1918, S. 563.

WALLIS, JOHN: A Summary Account given by Dr. JOHN WALLIS of the General Laws of Motion. Philos. Trans. roy. Soc. [London] **3** (1668), No. 43, 864; LOWTHROP's gekürzte Philos. Trans. **1** (1749) 457; vgl. auch Opera mathematica, Bd. **1**. E Theatro Sheldoniano, Oxoniae 1699, S. 573.

WARBURG, EMIL: s. KUNDT.

WATERSTON, JOHN JAMES: On the Physics of Media that are Composed of Free and perfectly Elastic Molecules in a State of Motion. Proc. roy. Soc. [London] **5** (1846) 604 (Zusammenfassung); Philos. Trans. roy. Soc. [London] 183 A (1893) 5; nachgedruckt in: J. S. HALDANE ed.: The Collected Scientific Papers of JOHN JAMES WATERSTON. Oliver and Boyd, Edinburgh 1928, S. 207.

WATERSTON, JOHN JAMES: On a General Theory of Gases. British Association Report, 21st Meeting. Transactions of the Sections, 1851, S. 6; abgedruckt in: Philos. Trans. roy. Soc. [London] 183 A (1893) 79 und Papers, S. 318.

WREN, CHRISTOPHER: Lex naturae de collisione corporum. Philos. Trans. roy. Soc. [London] **3** (1668), No. 43, 867; LOWTHROP's gekürzte Philos. Trans., Bd. 1. London 1749, S. 459.

# Teil 2

# 1. Die Spannkraft der Luft*)

von

ROBERT BOYLE

## Zusammenfassung[1])

Es wird eine qualitative atomare Theorie der „Spannkraft“ der Luft, d. h. ihrer Eigenschaft, einer Kompression durch Ausübung eines Druckes auf eine mit ihr in Kontakt befindliche Fläche Widerstand entgegenzusetzen, vorgeschlagen. BOYLE vergleicht die Luft mit „einem Haufen kleiner aufeinanderliegender Körper, der etwa mit einem Vlies von Wolle verglichen werden kann“. Jeder Körper ist mit einer kleinen Feder vergleichbar, die leicht gebogen oder aufgerollt werden kann, sich jedoch auch von selbst wieder auszudehnen sucht. Diese Tendenz zur Ausdehnung ist nicht nur für komprimierte, sondern auch für gewöhnliche atmosphärische Luft charakteristisch, die das Gewicht einer Luftsäule von vielen Meilen über sich zu tragen hat. Zur Stützung dieser Theorie wird das Experiment von PASCAL erwähnt, in welchem gezeigt worden war, daß die Höhe des Quecksilbers in einem Barometer auf dem Gipfel eines Berges geringer als an seinem Fuße ist. (BOYLE nimmt an, daß das Quecksilber durch den Luftdruck gestützt wird und nicht durch den horror vacui der Natur.)

Zum leichteren Verständnis der mittels unserer Maschine durchführbaren Experimente ist es, wie mir

*) Der Auszug entstammt dem Buch New Experiments Physico-Mechanical, touching the Spring of the Air, and its Effects; made, for the most Part in a New Pneumatical Engine. Written by Way of Letter to the Right Honourable Charles Lord Viscount of Dungarvan, Eldest Son to the Earl of Corke. Oxford 1660. Es wurde die überarbeitete Auflage von BOYLE's Works, herausgeg. von THOMAS BIRCH. London 1772, verwendet (S. 11 – 15).

[1]) Alle Zusammenfassungen vom Herausgeber.

scheint, weder überflüssig noch unbillig, in unserem Bericht über dieselben zunächst auf denjenigen Begriff einzugehen, durch den sich wahrscheinlich das meiste, wenn nicht gar alles, erklären lassen wird. Euer Lordschaft werden leicht erraten, daß der Begriff, von dem ich spreche, die Spannkraft oder die elastische Kraft der Luft ist, in welcher wir leben. Unter dem, was ἐλατηρ oder Spannkraft der Luft genannt wird, verstehe ich folgendes: daß unsere Luft entweder aus Teilchen besteht oder zumindest solche in großer Anzahl enthält, die so beschaffen sind, daß sie beim Biegen oder Zusammendrücken durch das Gewicht des aufliegenden Teils der Atmosphäre oder durch irgendeinen anderen Körper bestrebt sind, sich selbst von diesem Druck zu befreien, so gut sie es vermögen, indem sie auf die angrenzenden Körper drücken, die sie gebogen halten, daß sich aber, sobald jene Körper entfernt werden oder ihr Druck so verringert wird, daß den Teilchen Platz gegeben wird, die ganze Luftmenge, die aus diesen elastischen Teilchen zusammengesetzt ist, durch augenblickliches Aufbiegen und Ausdehnen entweder vollständig oder zumindest so weit ausdehnt, wie die der Ausdehnung widerstehenden angrenzenden Körper das zulassen.

Dieser Begriff mag vielleicht noch deutlicher erklärt werden, indem man die Luft nahe der Erde als einen Haufen von solchen kleinen aufeinanderliegenden Körpern begreift, die etwa mit den Fasern in einem Vlies von Wolle verglichen werden können. In der Tat besteht dasselbe (wir übergehen eine Reihe anderer Ähnlichkeiten zwischen der Wolle und der Luft) aus vielen schlanken und biegsamen Haaren, von denen tatsächlich jedes wie eine kleine Feder leicht gebogen oder aufgerollt werden kann, dabei jedoch stets bestrebt sein wird (ähnlich einer Feder), sich wieder auszustrecken. Denn obschon sowohl die Haare als auch die Luftteilchen, mit denen wir jene vergleichen, einem äußeren Druck sehr leicht nachgeben, so ist doch jedes von ihnen (kraft seiner Struktur) mit einer Kraft oder einem Prinzip der Selbstausdehnung versehen, wodurch es, obgleich die Haare durch die Hand des Menschen gebogen und das Vlies dichter zusammengepreßt werden kann und sich innerhalb eines engeren Raumes sehr gut an die Gestalt des Körpers anpaßt, solange die Kompression dauert, in dem Vlies, das sie bilden, zu einem Streben nach außen kommt und es dabei ständig gegen die Hand andrängt, die seiner Ausdehnung wehrt. Verschwindet der äußere Druck, indem man die Hand mehr oder weniger öffnet, so dehnt sich der zusammengepreßte Wollhaufen spontan aus und strebt seinen früheren lockeren und freien Zustand wieder an, bis das Vlies entweder seine frühere Ausdehnung wieder erreicht oder sich derselben wenigstens so weit nähert, wie es die zusammenpressende Hand zuläßt (sofern sie nicht vollständig geöffnet worden ist). Diese Kraft der Selbstausdehnung ist in einem trokkenen und zusammengepreßten Schwamm noch etwas augenfälliger als in einem Wollvlies. Wir ziehen es jedoch für unsere Zwecke vor, das letztere zum Vergleich zu benutzen, da es nicht wie ein Schwamm ein einheitlicher Körper ist, sondern eine Menge schlanker und biegsamer, unregelmäßig verknäuelter Teilchen darstellt, wie es die Luft selbst doch zu sein scheint.

Es gibt jedoch noch eine andere Erklärungsmöglichkeit für die Spannkraft der Luft: indem wir nämlich mit dem äußerst geistreichen ehrenwerten Monsieur DES CARTES[1]) annehmen, daß die Luft nichts weiter als ein Gemengsel oder Haufen von kleinen und (in der Mehrzahl) biegsamen Teilchen ist, die verschiedene Größe haben und von beliebiger Gestalt sein können, die durch die Wärme (speziell durch die der Sonne) in jenen flüssigen und feinen ätherischen Körper gehoben werden, der unsere Erde umgibt. Und durch die ruhelose Wärmebewegung dieses himmlischen Materials, in dem jene Teilchen schwimmen, werden sie so herumgewirbelt, daß jedes Teilchen bestrebt ist, alle anderen am Eindringen in die

---

[1]) Siehe DESCARTES' Principia philosophiae (1644), Pars Quarta, §§ 29–47, oder Œuvres, Bd. 8, S. 218–231 (Nachdruck des lateinischen Originals) bzw. Bd. 9, S. 215–227 (franz. Übers.).

kleine Kugel zu hindern, die es für seine Bewegung um sein eigenes Zentrum benötigt. Falls aber irgendein Teilchen durch das Eindringen in diese Kugel dessen freie Rotation behindern würde, so würde es hinausgestoßen und zurückgetrieben. Es ist somit nach dieser Lehre von geringer Bedeutung, ob die Luftteilchen die für eine Feder charakteristische Struktur besitzen oder ob sie von irgendeiner anderen Form sind (wie ungleichmäßig diese auch immer sei), weil ihre Elastizität nicht von ihrer Gestalt oder Struktur, sondern von der raschen Wärmebewegung und (sofern vorhanden) der Schwingungsbewegung abhängen soll, die sie vom flüssigen Äther bekommen, der schnell zwischen ihnen fließt und, indem er jedes von ihnen (unabhängig von den übrigen) umherwirbelt, nicht nur solche schlankeren Luftpartikel freisetzt und sich ausdehnen läßt (wenigstens so weit, wie es die Nachbarteilchen erlauben), die sonst wegen ihrer Biegsamkeit und ihres Gewichtes erschlaffen oder sich kräuseln würden, sondern auch bewirkt, daß sie aneinanderstoßen und sich gegenseitig schlagen und damit mehr Raum beanspruchen, als sie im zusammengedrückten Zustand einnehmen würden.

Auf diese beiden verschiedenen Weisen, Euer Lordschaft, kann die Elastizität der Luft erklärt werden. Weil aber die erste Deutung einfacher zu sein scheint, werde ich in den folgenden Ausführungen in der Hauptsache von ihr Gebrauch machen. Jedoch möchte ich mich jetzt nicht für eine von ihnen entscheiden und damit festlegen. Und in der Tat muß ich nunmehr bekennen, daß die Entscheidung darüber, ob der Antrieb zur Wiederherstellung der Gestalt eines Körpers davon ausgeht, daß die Teile eines Körpers von eigentümlicher Gestalt durch das Spannen einer Feder oder durch das Bestreben eines dünnen, alles umgebenden Körpers dessen Durchfluß erschwert oder verhindert sein kann, in Bewegung gesetzt werden, oder ob dessen Druck durch den Einfluß einer neuen Gestalt oder Größe, welches die Krümmung einer Feder ihren Poren geben könnte, ungleichmäßig widerstanden wird, mir ein bei weitem schwierigerer Gegenstand zu sein scheint, als man beim ersten Anblick leicht annehmen möchte, obwohl ich in einem anderen Aufsatz bestrebt war, es als wahrscheinlich erscheinen zu lassen, daß die Rückkehr stark gespannter elastischer Körper (wie ich es einmal nennen möchte) in ihre Ausgangslage mechanisch erklärt werden kann. Deshalb möchte ich auch davon Abstand nehmen, mich mit einer Sache abzugeben, die viel schwieriger als notwendig für einen zu erklären ist, dessen Absicht in diesem Brief nicht darin besteht, den genauen Grund für die Spannkraft der Luft aufzuzeigen, sondern nur zu untermauern, daß die Luft eine Elastizität besitzt, und einige ihrer Effekte zu beschreiben.

Ich weiß nicht, ob ich noch anfügen muß, daß, obgleich jede der oben angeführten Hypothesen und vielleicht noch manche andere eine genügend einleuchtende Erklärung für die Spannkraft der Luft zu liefern scheint, ich bisher doch im Zweifel bin, ob irgendeine von ihnen eine hinreichende Erklärung ihrer Natur gibt. Und für diesen Zweifel könnte ich hier einige Gründe anführen, werde aber, sofern ich (so Gott will) bessere Gelegenheit haben werde, an anderer Stelle verschiedene Bemerkungen dazu machen. Deshalb möchte ich nun zum nächsten Experiment übergehen, wozu es nach meiner Meinung jedoch zunächst notwendig ist, Eurer Lordschaft etwas mitzuteilen, das mir in den Sinn kam, als ich über die Beantwortung eines naheliegenden Einwandes nachdachte, den ich gegen unsere die Elastizität der Luft betreffende dargestellte Theorie von Ihnen erwarte. Es kann nämlich eingewendet werden, daß auch unter der Voraussetzung, daß die Luft aus elastischen Teilchen (wenn ich so sagen darf) besteht, wir bisher nur für die Ausdehnung der Luft in Luftbüchsen oder anderen pneumatischen Maschinen, in denen die Luft zusammengepreßt und ihre Federn durch eine augenscheinliche äußere Kraft gewaltsam gespannt worden waren, eine Erklärung geben können; denn ist es nicht weiter verwunderlich, daß sich die Luft nach Entfernung dieser äußeren Kraft durch wiederherstellende Bewegung selbst ausdehnt, bis sie ihre natürlicheren Dimensionen wiedererlangt hat. Demgegenüber sieht es bei unserem vorerwähnten ersten Experiment und bei den weitaus meisten anderen mit unserer Maschine durchführbaren Versuchen nicht so aus, als sei irgendeine Kompression der Luft ihrer spontanen Ausdehnung oder Expansion vorangegangen. Um diese Schwierigkeit aus dem Wege zu räumen, muß ich Eure Lordschaft bitten, davon Notiz zu nehmen, daß — von welcher Natur auch immer die von der Erdoberfläche weit entfernte Luft sein mag und was auch immer die verschiedenen Schulen im Gegensatz dazu dreist lehren mögen — wir nunmehr verschiedene Experimente besitzen, um zu beweisen, daß die Atmosphäre, in der wir leben, nicht leicht (in einem anderen Sinne, als dem des Vergleiches mit gewichtigeren Körpern), sondern schwer ist. Und würde nicht ihre Schwere sie daran hindern, wesentlich höher zu steigen, als die Refraktion des Lichtes der Sonne und anderer Sterne es uns anzunehmen veranlaßt (auch unter Berufung auf solche früheren Astronomen, die geneigt waren, ihre Grenze so weit wie nur möglich hinauszuverlegen), so wäre nicht einzusehen, warum sich die Ströme des aus Land und Wasser bestehenden Erdballs, aus denen sich unsere Lufthülle zum größten Teil zusammensetzt, nicht viel höher ausbreiten können.

Damit Sie aber nicht darauf warten müssen, daß ich diese Begründung durch die Erfahrung untermaure, und damit Sie nicht einwenden können, daß die meisten der Experimente, die zum Beweis der Schwere der Luft vorgeschlagen worden sind, entweder überhaupt nur beschrieben oder vielleicht nicht genau durchgeführt worden sind, freue ich mich hier erwähnen zu können, bevor ich fortfahre, daß eine trockene Lämmerblase von fast zwei Drittel Pint Volumen, die mit einem darum geknüpften Bindfaden zusammengepreßt wurde, ein Gran und den achten Teil eines Grans ihres früheren Gewichtes verlor, wenn ich die Luft durch das Anstechen der Blase herausgetrieben hatte! Die Messung erfolgte mit einer Waage, die bei Belastung mit der gefüllten Blase und dem zugehörigen Gewichtsstück bei Belastung mit dem 32. Teil eines Gran einen deutlichen Ausschlag anzeigte. Wenn ferner eingewendet wird, daß die Luft in der Blase durch den Bindfaden und die Blasenwände stark zusammengepreßt worden war, so könnten wir wahrscheinlich (um eine weitschweifige Erläuterung zu vermeiden) eine Antwort geben, wenn wir nur hier eine Waage zur Verfügung hätten, welche für ein solch feines Experiment geeignet wäre, indem wir nämlich weiterhin ein unterschiedliches Gewicht erhalten würden, je nachdem, ob unser Rezipient evakuiert oder mit komprimierter Luft gefüllt wäre; denn uns ist bekannt, daß die genialen Ausführenden des deutschen Experimentes, welches wir zu Beginn dieses Briefes gerühmt haben, fanden, daß ihr Glaskolben, der einen Inhalt von 32 Maß hatte, um nicht weniger als eine und 3/10 Unzen leichter war als zuvor, da die Luft aus ihm entfernt worden war, d. h. um fast $1\,^1/_3$ Unzen. Wir werden jedoch noch an anderer Stelle Gelegenheit haben, weitere Bemerkungen über das Gewicht der Luft zu machen.

Wenn man es nun für ausgemacht nimmt, daß die Luft nicht ohne Gewicht ist, so wird man nunmehr unschwer begreifen, daß die Teilchen, welche denjenigen unteren Teil der Atmosphäre bilden, in dem wir leben, durch das Gewicht all der Teilchen der gleichen Art, die unmittelbar über ihm liegen, sehr stark zusammengedrückt werden, d. h. von all den Teilchen der Luft, die über ihnen bis zum Ende der Atmosphäre aufgeschichtet sind. Und obwohl die Höhe der Atmosphäre nach Meinung des berühmten KEPLER[1]) und einiger anderer kaum acht gewöhnliche

[1]) JOHANN KEPLER, Ad vitelleionem paralipomena, quibus astronomiae pars optica traditur etc. Claudium Marnium et Haeredes Johannis Aubrii, Francofurti 1602, Caput IV. 6, Propositio XI, Problema IV, Ex refractionibus altitudinem aëris a Terra investigare; abgedruckt in seinen Astronomi opera omnia, herausgeg. von CH. FRISCH., Bd. 2. Heyder & Zimmer, Francofurti a. M. 1859, S. 207–208, und Gesammelte Werke, Bd. 2. Beck, München 1939, S. 120–121 (diesen Hinweis verdanke ich STILLMAN DRAKE); dtsch. Übers.: J. KEPLERS

Meilen übersteigt, möchten doch andere ausgezeichnete und spätere Astronomen begründen, daß die Höhe der Atmosphäre sechs- oder siebenmal die Zahl dieser Meilen übersteigt. Der fleißige und gelehrte RICCIOLO hält es für wahrscheinlich, daß die Atmosphäre zumindest an verschiedenen Stellen wenigstens fünfzig Meilen hoch ist[1]). Demnach können wir ohne weiteres annehmen, daß auch bei einer gemäßigten Schätzung der Dicke der Atmosphäre eine Luftsäule von vielen Meilen Höhe, welche auf den elastischen Teilchen hier unten lastet, genug Gewicht haben sollte, um deren kleine Federn zu spannen und sie gespannt zu halten: wie wenn (um unseren früheren Vergleich zusammenzufassen) Wollvlies zu Gebirgshöhe aufeinander getürmt würde, die Haare, die die zuunterst liegenden Locken bilden, welche den Rest tragen, durch das Gewicht all der Wolle über sich genauso gut zusammengepreßt werden, als wenn ein Mann sie in seinen Händen zusammendrücken oder mittels einer anderen mäßig starken Kraft zusammenpressen würde. So daß wir uns also nicht zu wundern brauchen, daß bei einer Beseitigung der aufliegenden Luft von irgendeinem Teil der Atmosphäre hier unten sich die Teilchen, aus welchen diese unterste Luft besteht, selbst auszubreiten vermögen und mehr Raum als zuvor einnehmen können.

Wenn aber eingewendet wird, daß im Wasser das Gewicht des oberen und des unteren Teils gleich ist, dann gebe ich zur Antwort, daß (außer daß es äußerst zweifelhaft ist, ob die Beobachtung wegen der großen Schwierigkeiten überhaupt exakt durchgeführt worden ist) ein deutlicher Unterschied zwischen Luft und Wasser besteht: während ich nämlich in einem zu diesem Zwecke durchgeführten Experiment (das in einem anderen Auf-

---

Grundlagen der geometrischen Optik (im Anschluß an die Optik des WITELO), übers. von F. PLEHN, herausgeg. von M. VON ROHR. Akademische Verlagsgesellschaft m.b.H., Leipzig 1922, S. 113–114.

[1]) GIOVANNI RICCIOLI (1598–1671) war ein italienischer Astronom; vgl. sein Almagestum novum astronomiam novamque complectens observationibus aliorum etc. Benatij, Bononiae 1651.

satz beschrieben wurde) nicht gefunden habe, daß Wasser irgendeine merkliche Kompression erleidet, können wir in Luftbüchsen (um hier keine weiteren Maschinen zu erwähnen) beobachten, daß die Luft durchaus in einen vergleichsweise sehr kleinen Raum gesperrt werden kann; dergestalt, daß ein sehr fleißiger Untersucher der Erscheinungen in der Luftbüchse uns durchaus glauben machen könnte, daß er die Luft in einer solchen Luftbüchse durch Verdichtung auf einen Raum von höchstens achtmal so kleinem Volumen, wie sie zuvor eingenommen hatte, zusammengedrängt hat. Wenn wir ein weiteres hervorstechendes Phänomen des Experimentes *de vacuo* hinzunehmen, so sollten die bisher zusammengestellten Tatsachen zur Stützung unserer Lehre vorerst genügen. Der vorzügliche Experimentator Monsieur PASCAL (junior) besaß nämlich die lobenswerte Neugierde, das TORRICELLIsche Experiment am Fuße, in halber Höhe und am Gipfel jenes hohen Berges ausführen zu lassen (wenn ich mich nicht irre, befindet er sich in der Auvergne), den man allgemein Le Puy de Domme nennt. Dabei wurde festgestellt, daß die Quecksilbersäule auf dem Gipfel um annähernd drei Zoll weiter sank, als am Fuße des Berges[1]). Und ein gelehrter Mann hat mich vor kurzem davon in Kenntnis gesetzt, daß ein großer Künstler, ein Freund von uns beiden, in den niederen und hohen Teilen eines Gebirges im Westen Englands mit nicht stark abweichendem Ergebnis den gleichen Versuch durchgeführt hat. Die Begründung hierfür scheint überzeugend genug zu sein, daß auf dem Gipfel hoher Berge die Luft, welche die überstehende Quecksilbersäule trägt, durch die weniger schwer aufliegende Luft weniger gedrückt wird und folglich nicht in der Lage ist, eine gleich lange und schwere Quecksilbersäule wie am Fuße eines solchen Berges völlig am Herabsinken zu hindern, sondern daß ein Gleichgewicht mit der aufliegenden Atmosphäre aufrechterhalten wird.

---

[1]) B. PASCAL und F. PERIER: Récit de la grande expérience des liqueurs. Savreux, Paris 1648.

Und wenn nun weiterhin gegen das, was im Hinblick auf die Kompaktheit und den Druck der unteren Luftschichten gesagt worden ist, eingewendet wird, daß wir diese selbe Luft nachgiebig gegen die Bewegung der kleinen Fliegen und ebenso gegenüber derjenigen der Vögel und anderer leichter und schwerer Körper finden, was zu beweisen scheint, daß die Partikeln unserer Luft nicht so zusammengepreßt sind, wie wir das dargestellt haben, insbesondere deshalb, weil es nach unserem früheren Versuch scheint, daß sich die Luft sehr leicht von allein vom Rezipienten in die Pumpe hinein ausdehnt, wenn dieselbe offen ist, und es somit nicht die aufliegende Atmosphäre ist, die zurückbewegt worden ist, sondern nur die darunter befindliche Luft im Messingzylinder: wenn das, wie ich sagte, eingewendet werden sollte, so können wir erwidern, daß ein Mann, der in seiner Hand ein Wollvlies zusammendrückt, spüren kann, daß die Wolle beständig gegen seine Hand als dasjenige drückt, welches die Haare, aus denen ein Vlies besteht, daran hindert, zu ihrer früheren und natürlicheren Ausdehnung zurückzukehren. Auf die gleiche Weise ist jeder Teil der Atmosphäre über der Erde ständig bestrebt, alle jenen angrenzenden Körper wegzustoßen (ob sie nun gasförmig oder gröber sind), die sie unter Spannung halten und die Ausdehnung ihrer Teilchen behindern, die wiederum bestrebt sind, sich auszudehnen oder dorthin zu fliegen (sei es nun aufwärts oder abwärts), wo sie die von ihnen angestrebte eigene Ausdehnung durch die angrenzenden Körper weniger behindert finden. Deshalb werden die Teilchen derjenigen Luft, von der wir während dieser ganzen Zeit gesprochen haben, auf Grund ihres Gewichtes nicht in der Lage, über die Wölbung der Atmosphäre hinaus zu steigen, und wegen des Widerstandes der Erde und des Wassers nicht in der Lage, weiter herabzufallen, dazu gedrängt, sich wegen ihres eigenen Gewichtes und eben dieses Widerstandes auszubreiten und selbständig über die gesamte Erdkugel zu verteilen, wobei ihnen zustatten kommt, daß sie, so gut wie sie auf die angrenzenden Teilchen drücken, auch auf die Erdoberfläche einen Druck ausüben müssen: von dort zurückgestoßen, suchen sie gegen solche Teilchen zu stoßen, die über ihnen lagern.

Und was das leichte Nachgeben der Luft gegen die Bewegung eines Körpers in ihr betrifft, so nehmen wir an, daß die Korpuskeln, aus denen sie besteht, obgleich von elastischer Natur, immerhin so klein sind, wie es zur Bildung eines flüssigen Körpers (den sie doch offenbar bilden) notwendig ist. Dann wird es aber nicht schwer zu begreifen sein, daß in der Luft genau wie in anderen flüssigen Körpern die sie bildenden Teilchen in fast ruheloser Bewegung sind, wobei sie (wie wir in einer anderen Arbeit ausführlicher auseinandergesetzt haben)[1]) zu sehr verteilt werden, um anderen Körpern zu widerstehen, oder sie werden durch dieselben einfach beiseite gedrückt. Auch sind dieselben Partikeln so verschieden bewegt, da sie ganze Teilchen sind, daß, wenn einige einen zwischen ihnen befindlichen Körper (zum Beispiel) nach rechts wegstoßen wollen, andere, deren Bewegung entgegengesetzt gerichtet ist, denselben Körper unbedingt nach links voranstoßen, so daß also keines von ihnen dazu in der Lage ist, ihn von der Stelle zu rücken, so daß sich der Druck in allen Richtungen aufhebt, als würde Gleichgewicht herrschen. Folglich muß man die Teilchen der Luft manchmal als kleine Federn auffassen, die unter Erhaltung ihrer Spannung in ihrem gesamten Verband von Ort zu Ort transportiert werden, manchmal aber auch als Federn, die sich selbst so bewegen, daß ihre Teile auseinanderstreben, wohingegen sie in bezug auf ihren gesamten Verband am Ort bleiben: wie die zwei Enden eines Bogens auseinanderfliegen, wenn dieser abgeschossen wird, wobei der Bogen selbst fest in der Hand des Schützen verbleibt. Von dieser Warte aus kann auch gezeigt werden, daß es dieser gleiche Druck der Luft auf alle

---

[1]) In einer Abhandlung über Fluidität und Festigkeit (The History of Fluidity and Firmness. Philos. Essays (1661), N. 6 und 7; nachgedruckt in BOYLE's Works, Bd. 1, S. 377–442).

Seiten der in ihr befindlichen Körper ist, welcher die leichte Entfernung derselben ermöglicht. Wer nämlich meint, einen Körper hin und her bewegen zu können wie zuvor, wenn die Luft mit Hilfe einer Maschine zum großen Teil, wenn auch nicht vollständig, von einer Seite eines Körpers entfernt, auf der anderen Seite aber belassen wird, der wird sich gewaltig im Irrtum befinden.

## 2. Die Repulsionstheorie*)

von

ISAAC NEWTON

### Zusammenfassung

Das Ziel der Naturphilosophie ist die Aufstellung mathematischer Prinzipien, um aus den beobachteten Bewegungserscheinungen die Kräfte der Natur erforschen und danach aus diesen Kräften andere Phänomene herleiten zu können. NEWTON vermutet, daß alle Naturerscheinungen von gewissen Kräften abhängen könnten, „durch welche die Teilchen der Körper ... entweder gleichzeitig zueinander hingetrieben werden und in regulären Figuren zusammenhängen oder abgestoßen und auseinandergetrieben werden". Ein Beispiel für diese Forschungsmethode ist ein Beweis dessen, daß „... Teilchen, welche mit Kräften auseinanderfliegen, die zum Abstand ihrer Mittelpunkte umgekehrt proportional sind, eine elastische Flüssigkeit bilden, deren Dichte sich wie der Druck verhält". (Auf diese Weise können BOYLES Versuche über die Spannung der Luft unter der Voraussetzung erklärt werden, daß jedes Atom eine abstoßende Kraft auf seine Nachbarn ausübt.)

---

*) Diese Auszüge sind den Philosophiae naturalis principia mathematica, London 1687 (3. Aufl. 1726) von NEWTON entnommen. Der erste Paragraph entstammt dem Vorwort NEWTONS zur 1. Aufl., das weitere dem 2. Buch, Abschnitt V, S. 292–294 der 3. Auflage. Es wurde die von FLORIAN CAJORI stammende Bearbeitung der Übersetzung von ANDREW MOTTE (1729): Sir ISAAC NEWTON's Mathematical Principles of Natural Philosophy and his System of the World. University of California, Berkeley/Calif. 1934, S. XVII bis XVIII und 300–302, verwendet. Eine kritische Diskussion dieser Ausgabe findet man in I. B. COHEN: Isis 54 (1963) 319.

Während die Alten (wie wir durch PAPPUS[1]) wissen) der mechanischen Wissenschaft bei der Erforschung der Naturerscheinungen größte Bedeutung beimaßen und die Modernen sich bemüht haben, die Naturerscheinungen den Gesetzen der Mathematik unterzuordnen, indem sie starre Formen und dunkle Eigenschaften verwarfen, habe ich die Mathematik in dieser Abhandlung insofern kultiviert, als ich sie zur Philosophie in Beziehung gesetzt habe. Die Alten verstanden unter Mechanik zweierlei, nämlich die rationale Mechanik, welche durch exakte Beweise fortschreitet, und die praktische Mechanik. Zur praktischen Mechanik gehören all jene handwerklichen Künste, von denen die Mechanik ihren Namen erhielt ... Ich betrachtete jedoch mehr die Philosophie denn die Künste und schreibe nicht über die manuellen, sondern die natürlichen Kräfte; und ich betrachte in der Hauptsache diejenigen Dinge, die zur Schwerkraft, zur Flüchtigkeit, zur elastischen Kraft, zum Widerstand der Flüssigkeiten und zu den allgemeinen Kräften — Anziehungs- und Abstoßungskräften — in Beziehung stehen. Aus diesem Grunde bezeichne ich dieses Buch als die mathematischen Prinzipien der Philosophie, wobei die volle Macht der Philosophie sich so äußert, daß aus den Bewegungserscheinungen die Kräfte der Natur abgeleitet und danach, von diesen Kräften ausgehend, die anderen Erscheinungen erklärt werden. Auf dieses Ziel sind die allgemeinen Lehrsätze im ersten und zweiten Buch ausgerichtet. Im dritten Buch gebe ich ein Beispiel dafür in der Erläuterung des Gesamtsystems der Welt. Mittels der in den vorangegangenen Büchern mathematisch bewiesenen Lehrsätze leite ich im dritten aus den Himmelserscheinungen die Schwerkraft ab, mit der die Körper zur

[1]) PAPPUS von Alexandrien, ein griechischer Geometer, lebte etwa um 320; vgl. PAPPI Alexandrini collectionis quae supersunt e libris manu scriptis edidit Latina interpretatione et commentariis instruxit FRIDERICUS HULTSCH. Berolini, Weidmannos 1878 (speziell Libri VIII in Bd. 3, Teil I); franz. Übers.: PAPPUS d'Alexandrie: La collection mathématique (Übers., Einführung und Anmerkungen von P. VER EECKE). Brouer, Paris und Bruges 1933.

Sonne und zu den anderen Planeten hingezogen werden. Danach leite ich unter Verwendung von anderen, aber ebenfalls mathematischen Gesetzen die Bewegungen der Planeten, der Kometen, des Mondes und Meeres ab. Ich wünschte, wir könnten die übrigen Naturerscheinungen mit der gleichen Art der Beweisführung aus den mechanischen Prinzipien herleiten, weil ich durch vielerlei Gründe zu der Annahme veranlaßt bin, daß sie alle von gewissen Kräften, die in vielen Fällen bisher unbekannt sind, abhängen können, durch welche die Teilchen der Körper entweder gleichzeitig zueinander hingetrieben werden und in regulären Figuren zusammenhängen oder abgestoßen und auseinandergetrieben werden und sich voneinander entfernen. Da diese Kräfte unbekannt sind, haben die Philosophen bisher vergeblich versucht, dieselben zu erforschen. Ich hoffe aber, durch die hier dargestellten Prinzipien einiges Licht entweder auf diese oder aber eine bessere Methode der Philosophie zu werfen.

### Lehrsatz XXIII, Theorem XVIII

Wenn eine Flüssigkeit aus Teilchen zusammengesetzt ist, die einander fliehen, und wenn sich die Dichte wie der Druck verhält, so sind die Zentrifugalkräfte der Teilchen dem Abstand ihrer Mittelpunkte umgekehrt proportional. Umgekehrt bilden Partikeln, die voneinander mit Kräften fliehen, die zum Abstand ihrer Mittelpunkte umgekehrt proportional sind, eine elastische Flüssigkeit, deren Dichte sich wie der Druck ändert.

Das Gas sei voraussetzungsgemäß in den würfelförmigen Raum $ACE$ eingeschlossen und werde danach durch Kompression auf das ebenfalls würfelförmige kleinere Volumen $ace$ zusammengedrückt. Die Abstände der Teilchen, die in beiden Räumen eine ähnliche gegenseitige Lage behalten, mögen sich wie die Würfelkanten $AB$ beziehungsweise $ab$ verhalten. Die Dichten der Gase seien gleich den Kehrwerten der entsprechenden Volumina $AB^3$, $ab^3$. In der Begrenzungsfläche $ABCD$ des größeren Würfels betrachten wir das Quadrat $DP$, das der Begrenzungsfläche $db$ des kleineren Würfels gleich ist. Nach Voraussetzung verhalten sich die Drücke, die durch das Quadrat $DP$ beziehungsweise $db$ auf die eingeschlossene Flüssigkeit ausgeübt werden, wie die Dichten der Stoffe,

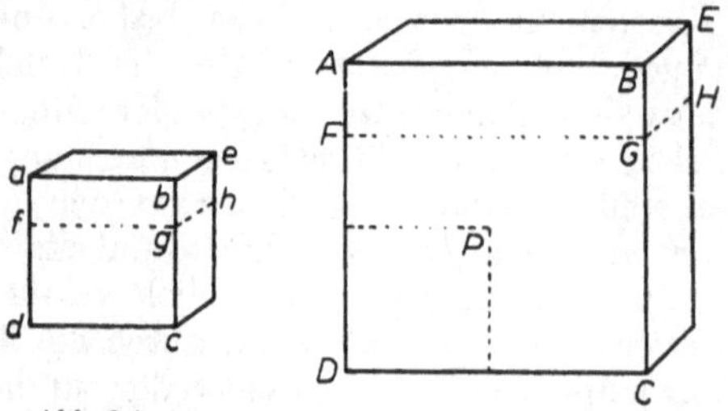


Abb. 2.1

d. h. wie $ab^3$ zu $AB^3$. Der Druck, den das Quadrat $DB$ auf die eingeschlossene Flüssigkeit ausübt, verhält sich jedoch zu dem Druck, den das Quadrat $DP$ auf die gleiche Flüssigkeit ausübt, wie das Quadrat $DB$ zum Quadrat $DP$, d. h. wie $AB^2$ zu $ab^2$. Indem wir einander entsprechende Glieder der Proportionen miteinander multiplizieren, stellen wir fest, daß sich der Druck des Quadrates $DB$ zu dem des Quadrates $db$ auf die eingeschlossene Flüssigkeit wie $ab$ zu $AB$ verhält. Wir wollen die Ebenen $FGH$ und $fgh$ durch das Innere der beiden Würfel zeichnen und die Flüssigkeit in zwei Teile zerlegen. Diese Teile werden aufeinander mit der gleichen Kraft drücken, mit welcher sie selbst durch die Ebenen $AC$ bzw. $ac$ belastet werden, d. h. im Verhältnis $ab$ zu $AB$. Die Zentrifugalkräfte, welche diese Drücke hervorrufen, stehen demnach im gleichen Verhältnis. In beiden Würfeln ist die Anzahl der Teilchen gleich und die Anordnung ähnlich. Die Kräfte, welche jedes Teilchen auf jedes andere ausübt, verhalten sich daher wie die Kräfte, die alle Teilchen auf alle durch die Flächen

*FGH* und *fgh* ausüben. Daher verhalten sich die Kräfte, die jedes Teilchen auf jedes andere durch die Ebene *FGH* im größeren Würfel ausübt, zu den Kräften, die jedes Teilchen auf jedes durch die Ebene *fgh* im kleineren Würfel ausübt, wie *ab* zu *AB*, d. h. aber umgekehrt wie die Abstände der Teilchen voneinander, q. e. d.

Wenn umgekehrt die Kräfte der einzelnen Teilchen sich umgekehrt wie die Abstände verhalten, d. h. umgekehrt wie die Seiten *AB* und *ab* der beiden Würfel, so werden die resultierenden Kräfte im gleichen Verhältnis stehen, und die Drücke auf die Seiten *DB* und *db* werden sich wie die Gesamtkräfte verhalten. Das Verhältnis der Drücke auf das Quadrat *DP* und die Seite *DB* wird gleich $ab^2$ zu $AB^2$ sein. Wenn wir einander entsprechende Glieder der Proportionen miteinander multiplizieren, so ergibt sich, daß sich der Druck des Quadrates *DP* zum Druck der Seite *db* wie $ab^3$ zu $AB^3$ verhält. Das heißt aber, daß sich die Druckkräfte im einen und anderen Würfel wie die Dichten im ersteren und im letzteren Würfel verhalten, q. e. d.

## Scholium

Nach einer ähnlichen Überlegung verhalten sich die Kuben der Druckkräfte wie die vierten Potenzen der Dichten, wenn die Zentrifugalkräfte als umgekehrt proportional zum Quadrat des Abstandes der Teilchenmittelpunkte angenommen werden. Wenn sich die Zentrifugalkräfte umgekehrt wie die dritten oder vierten Potenzen der Abstände verhalten, so verhalten sich die Kuben der Kompressionskräfte wie die fünften oder sechsten Potenzen der Dichten. Allgemein werden sich die Druckkräfte wie die Kubikwurzeln aus der Potenz $E^{n+2}$, deren Exponent die Zahl $n + 2$ ist, verhalten, wenn für den Abstand der Teilchen $D$ und für die Dichte der zusammengepreßten Flüssigkeit $E$ gesetzt ist und sich die Zentrifugalkräfte umgekehrt wie eine gewisse Potenz $D^n$ des Abstandes, deren Exponent *n* ist, verhalten und umgekehrt. All diese Dinge verstehen sich bezüglich der Teilchen, deren Zentrifugalkräfte auf die ihnen zunächst benachbarten Partikeln wirken oder jedenfalls nicht weit darüber hinaus reichen. Ein Beispiel hierfür liefern uns die magnetischen Körper. Ihre Anziehungskraft ist auf Körper der eigenen Art begrenzt, die sich in ihrer unmittelbarer Nähe befinden. Die Kraft eines Magneten wird durch das Dazwischenschieben einer Eisenplatte reduziert und ist wesentlich auf dieselbe begrenzt: weiter entfernte Körper werden durch den Magneten nicht so sehr wie durch die Eisenplatte angezogen. Wenn in dieser Weise Teilchen andere ihrer Art abstoßen, wenn sie ihnen benachbart sind, aber ihre Kraft nicht auf weiter entfernte ausüben, so werden Teilchen dieser Art solche Flüssigkeiten bilden, wie sie in diesem Lehrsatz behandelt worden sind. Wenn sich die Kraft jedes Teilchens überall *in infinitum* ausbreitet, so wird eine größere Kraft nötig sein, um eine gleiche Verdichtung einer größeren Menge von Flüssigkeit zu erzeugen. Ob aber elastische Flüssigkeiten tatsächlich aus Teilchen bestehen, die einander abstoßen, ist eine physikalische Frage. Wir haben hier die Eigenschaften einer Flüssigkeit mathematisch bewiesen, wenn sie aus Teilchen dieser Art zusammengesetzt ist, damit von nun an die Philosophen die Gelegenheit zur Diskussion dieser Frage ergreifen mögen.

# 3. Über die Eigenschaften und Bewegungen elastischer Fluide, insbesondere der Luft*)

von

Daniel Bernoulli

## Zusammenfassung

Die Eigenschaften elastischer Fluide (d. h. von Gasen) hängen insbesondere von folgenden Fakten ab: 1. sie besitzen ein Gewicht; 2. sie dehnen sich in allen Richtungen aus, wenn sie nicht daran gehindert werden; 3. sie lassen sich mit wachsender Kompressionskraft immer mehr verdichten. Diese Erscheinungen können erklärt werden, wenn wir annehmen, daß ein Fluidum aus einer großen Zahl kleiner, rasch bewegter Teilchen besteht. Wenn ein solches Gas in einen zylindrischen Behälter mit beweglichem Kolben, auf dem ein Gewicht $P$ ruht, gebracht wird, dann werden die Teilchen gegen den Kolben stoßen und ihn durch ihre Stöße oben halten. Das Gas wird sich ausdehnen, wenn das Gewicht $P$ bewegt oder verkleinert wird, und seine Dichte wird wachsen, wenn das Gewicht zunimmt. Wir können die Beziehung zwischen der Dichte des Gases und dem Gewicht $P$ finden, wenn wir die Größe der Änderung des Volumens unterhalb des Kolbens berechnen. Wenn das Volumen abnimmt, so wird das Gas eine größere Kraft auf den Kolben ausüben, einmal dadurch, daß nunmehr die Zahl der Partikeln im Verhältnis zum kleineren Raum, in dem sie eingeschlossen sind, größer geworden ist, und zum zweiten dadurch, daß die Stoßhäufigkeit jedes einzelnen Teilchens zugenommen hat. Setzen

*) Aus: Hydrodynamica, sive de vivibus et motibus fluidorum commentarii, Sectio decima: De affectionibus atque motibus fluidorum elasticorum, praecipue autem aëris. Argentorati, Sumptibus Johannes Reinholdi Dulseckeri, 1738, S. 200–204; aus dem Lateinischen ins Englische übersetzt von J. P. Berryman. Teile dieser Arbeit sind der Übersetzung von William Francis Magie (Source Book in Physics. McGraw-Hill Book Co. Inc., New York 1935) ähnlich.

wir zusätzlich voraus, daß die Teilchen selbst vernachlässigbar klein sind, so folgt, daß die Kompressionskraft angenähert umgekehrt proportional zu dem von der Luft eingenommenen Volumen ist, sofern die Temperatur festgehalten wird. Wenn sich aber die Temperatur ändert, so wird sich die Druckkraft ebenfalls ändern, und zwar proportional zum Quadrat der Teilchengeschwindigkeit. Dieses Ergebnis ermöglicht die Messung der Temperatur eines Gases durch den von ihm ausgeübten Druck. Die Normaltemperatur, von der aus die anderen Temperaturen gemessen werden, könnte man am siedenden Regenwasser gewinnen, weil dasselbe zweifellos überall auf der Erde ziemlich gleiche Temperatur besitzt. Es werden Experimente zur Temperaturmessung und zur Messung des Druckes beschrieben. Die Theorie wird auf atmosphärische Phänomene sowie auf den Abschuß von Geschossen aus Kanonen angewendet.

§ 1. Wenn wir nun zur Betrachtung elastischer Fluide übergehen, so können wir voraussetzen, daß diese dieselben Merkmale wie alles bisher von uns Untersuchte besitzen. Wir benötigen daher eine Methode zur Beschreibung anderer Erscheinungen, die bisher nicht in angemessener Weise untersucht worden sind. Die Eigenschaften der elastischen Fluide hängen jedenfalls in der Hauptsache von folgenden Fakten ab: *1.* sie besitzen ein Gewicht; *2.* sie breiten sich nach allen Richtungen gleichmäßig aus, wenn sie nicht daran gehindert werden; *3.* sie können selbst mehr und mehr zusammengepreßt werden, wenn die Druckkraft zunimmt. Diese Eigenschaften besitzt etwa die Luft, welcher wir nunmehr unsere Aufmerksamkeit im einzelnen zuwenden wollen.

§ 2. Denken wir uns zu diesem Zwecke einen zylindrischen Behälter $ACDB$ in vertikaler Lage (Abb.) und in ihm einen beweglichen Kolben $EF$, auf dem ein Gewicht $P$ ruht. Der Raum $ECDF$ enthalte sehr kleine Teilchen in sehr schneller Bewegung; da sie gegen den Kolben $EF$ stoßen und ihn durch ihren Anprall oben halten, stellen sie ein elastisches Fluidum dar, das sich ausdehnt, sobald das Gewicht $P$ entfernt oder verkleinert wird. Wird aber $P$ vergrößert, so nimmt seine Dichte zu, und es drückt auf den horizontalen Boden $CD$ gerade so, als sei es nicht elastisch. Denn ob nun die Teilchen ruhen oder sich bewegen, so ändern sie doch ihr Gewicht nicht, so daß der Gefäßboden gleichzeitig das Gewicht und die

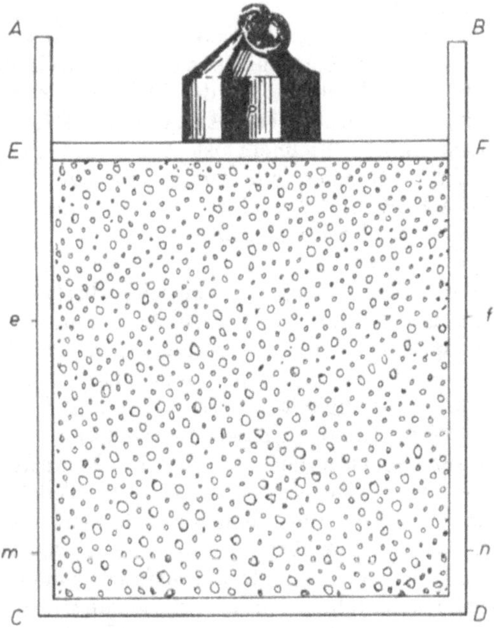

Abb. 3.1

Elastizität des Gases verspürt. Wir wollen deshalb die Luft durch ein Fluidum ersetzen, das die Haupteigenschaften elastischer Fluide besitzt, und werden dadurch einige ihrer Eigenschaften, die bereits beschrieben worden sind, erklären und auf andere, die wir bisher noch nicht betrachtet haben, ein neues Licht werfen.

§ 3. Wir wollen die Zahl der in unserem Hohlzylinder eingeschlossenen Teilchen als unendlich annehmen und wollen sagen, daß sie gewöhnliche Luft bilden, welche unsere Bezugsgröße sein soll, wenn sie den Raum $ECDF$ ausfüllen. Das Gewicht $P$, das den Kolben in die Lage $EF$ herunterdrückt, ist gleich dem Gewicht der aufliegenden Atmosphäre, welches wir im folgenden immer mit $P$ bezeichnen wollen.

Es mag immerhin bemerkt werden, daß dieser Druck keinesfalls nur dem Gewicht des vertikalen Zylinders der Atmosphäre gleich ist, der auf der Oberseite des Kolbens $EF$ ruht, wie verschiedene Autoren oberflächlich angenommen haben. Vielmehr ist der Druck gleich der vierten Proportionalen zur Oberfläche der Erde, der Fläche des Kolbens $EF$ und dem Gewicht der gesamten Atmosphäre auf der Erdoberfläche.

§ 4. Wir wollen nunmehr ein Gewicht $\pi$ bestimmen, das ausreicht, um die Luft $ECDF$ in den Raum $eCDf$ zusammenzupressen, wobei wir voraussetzen, daß die Teilchen der Luft vor und nach dem Zusammendrücken dieselbe Geschwindigkeit besitzen. Es sei $EF = 1$ und $eC = s$. Wenn nun der Kolben $EF$ nach $ef$ bewegt wird, so ist er aus zwei Gründen einer größeren Kraft durch das Fluidum unterworfen: *1.* weil die Zahl der Teilchen nunmehr im Verhältnis zum kleineren Volumen, in dem sie eingeschlossen sind, größer geworden ist, und *2.* weil jedes gegebene Teilchen häufiger Stöße ausführt. Um den durch die erste Ursache gelieferten Zuwachs genau zu berechnen, wollen wir voraussetzen, daß sich die Teilchen in Ruhe befinden und daß die Zahl der am Kolben in seiner Stellung $EF$ anliegenden Teilchen gleich $n$ ist. Diese Zahl wird gleich $n/(eC/EC)^{2/3}$ oder $n/s^{2/3}$ werden, sobald sich der Kolben in der Lage $ef$ befindet.

Es sei bemerkt, daß wir das Fluidum in seinem unteren Teil nicht stärker komprimiert annehmen als in seinem oberen, was sicher gerechtfertigt ist, wenn das Gewicht $P$ gegenüber dem Gewicht des Fluidums unendlich groß ist. Folglich ist klar, daß sich der Druck des Fluidums im Verhältnis $n : n/s^{2/3}$, d. h. im Verhältnis $s^{2/3} : 1$, geändert hat. Wenn wir nun den von der anderen Ursache herrührenden Beitrag ins Auge fassen, so finden wir ihn durch Betrachtung der Bewegung der Teilchen. Offensichtlich wird die Zahl der Stöße dem mittleren Abstand zwischen den Oberflächen der Teilchen umgekehrt proportional sein. Dieser mittlere Abstand wird folgendermaßen bestimmt:

Wir wollen annehmen, daß die Teilchen kugelförmig sind und daß der mittlere Abstand ihrer Zentren bei der Stellung $EF$ des Kolbens gleich $D$ ist. Der Durchmesser eines Teilchens sei $d$; dann beträgt der mittlere Abstand zwischen den Kugeloberflächen $D - d$. Es ist evident, daß der mittlere Abstand zwischen den Zentren bei der Stellung $ef$ des Kolbens gleich $D\sqrt[3]{s}$ und folglich der mittlere Abstand der Oberflächen gleich $D\sqrt[3]{s} - d$ ist. Unter alleiniger Beachtung des zweiten Anteils ist demnach das Verhältnis des Druckes des gewöhnlichen Gases $ECDF$ zu dem des komprimierten Gases $eCDf$ gleich

$$\frac{1}{D-d} : \frac{1}{D\sqrt[3]{s}-d} \quad \text{oder} \quad \left(D\sqrt[3]{s}-d\right) : (D-d).$$

Nehmen wir beide Anteile zusammen, so finden wir als Verhältnis der Drücke

$$s^{2/3}\left(D\sqrt[3]{s}-d\right) : (D-d).$$

Für das Verhältnis $D/d$ können wir eine andere, leichter zugängliche Größe einsetzen. Wenn wir annehmen, daß der Kolben $EF$ unter einem unendlich großen Gewicht bis auf die Stellung $mn$ absinken würde, bei welcher alle Teilchen einander berühren, und wenn wir mit $m$ die Länge der Strecke $mC$ bezeichnen, dann ist $D:d = 1:\sqrt[3]{m}$. Der Luftdruck vor der Kompression wird also schließlich zu dem nach der Kompression — wenn man dieses Verhältnis einsetzt — im Verhältnis

$$s^{2/3}\left(\sqrt[3]{s}-\sqrt[3]{m}\right) : \left(1-\sqrt[3]{m}\right),$$

d. h.

$$\left(s - \sqrt[3]{ms^2}\right) : \left(1 - \sqrt[3]{m}\right),$$

stehen, so daß

$$\pi = \frac{\left(1 - \sqrt[3]{m}\right) P}{s - \sqrt[3]{ms^2}}$$

gilt.

§ 5. Aus allen Beobachtungen können wir den Schluß ziehen, daß gewöhnliche Luft beträchtlich zusammengepreßt und auf ein nahezu infinitesimales Volumen reduziert werden kann. Setzen wir $m = 0$, so erhalten wir $\pi = P/s$, so daß die Druckkraft nahezu umgekehrt proportional zu dem von der Luft eingenommenen Volumen ist. Das ist durch eine Vielzahl von Experimenten untermauert worden. Dieses Gesetz kann mit Sicherheit auf Luft mit geringerer als normaler Dichte angewendet werden, ich habe jedoch nicht entsprechend überprüft, ob es sich auch auf sehr viel dichtere Luft anwenden läßt, und Experimente der nötigen Genauigkeit sind bisher noch nicht ausgeführt worden. Es wird ein Experiment benötigt, welches den Wert $m$ zu bestimmen gestattet, doch muß dasselbe mit sehr großer Genauigkeit durchgeführt werden, gerade wenn die Luft stark zusammengepreßt ist, und die Temperatur muß während des Zusammendrückens sorgfältig konstant gehalten werden.

§ 6. Der Druck der Luft wächst nicht nur bei Volumenverminderung, sondern auch bei Temperaturanstieg. Weil wohlbekannt ist, daß sich die Wärme verstärkt, sobald die innere Bewegung der Teilchen zunimmt, folgt, daß jede Zunahme des Luftdruckes, welche nicht das Volumen vergrößert hat, eine intensivere Teilchenbewegung anzeigt, was mit unserer Hypothese in Übereinstimmung ist; denn es ist klar, daß das Gewicht $P$ größer sein muß, um bei dieser heftigeren Teilchenbewegung die Luft im Volumen $ECDF$ einzuschließen. Es ist darüber hinaus nicht schwer einzusehen, daß sich das Gewicht $P$ wie das Quadrat der Teilchengeschwindigkeit ändern wird, wenn man die Tatsache beachtet, daß sich die Zahl der Stöße durch diese gewachsene Geschwindigkeit gleichzeitig und im gleichen Maße mit der Intensität dieser Stöße vergrößern wird, und in der Tat ist jedes Wachstum für sich dem Gewicht $P$ proportional.

Wenn die Geschwindigkeit der Teilchen mit $v$ bezeichnet wird, so wird deshalb ein Gewicht, welches die Luft in der Kolbenstellung $EF$ zu halten vermag, gleich $v^2 P$ und eines, welches dieselbe in den durch die Stellung $ef$ des Kolbens begrenzten Raum zusammendrückt, gleich

$$\frac{1 - \sqrt[3]{m}}{s - \sqrt[3]{m s^2}} \, v^2 P$$

oder annähernd $v^2 P/s$ sein; letzteres, weil die Zahl $m$, wie wir gesehen haben, im Vergleich zur Zahl 1 oder zu $s$ sehr klein ist.

§ 7. Das im vorigen Paragraphen ausgesprochene Theorem — daß sich nämlich der Druck in Luft beliebiger Dichte, aber gegebener Temperatur wie die Dichte ändert und daß darüber hinaus der durch Temperaturerhöhung verursachte Druckanstieg proportional zur Dichte erfolgt — ist experimentell von Dr. AMONTONS gefunden worden. Er hat einen Bericht darüber in den Mémoires de l'Académie Royale des Sciences zu Paris vom Jahre 1702 gegeben[1]). Der Inhalt des Satzes ist folgender: Wenn z. B.

[1]) G. AMONTONS: Mémoires de l'Académie Royale des Sciences. Paris 1702, S. 155; vgl. auch den Auszug in W. F. MAGIE: Source Book in Physics. McGraw-Hill Book Co. Inc., New York 1935, S. 128–131 (nachgedruckt bei Harvard University Press, 1963). Auf Grund dieser Ableitung möchte man versucht sein, BERNOULLI das Verdienst an der Entdeckung zuzuschreiben, daß der Wärmeinhalt eines Gases die kinetische Energie der Molekularbewegungen ist. Das war jedoch für einen Leser im 18. Jahrhundert keineswegs die zwingende Folgerung. JEAN TREMBLEY beklagt sich z. B. darüber, obgleich er BERNOULLIS Erklärung des Gasdruckes akzeptierte, daß er noch nicht erklärt habe, wie nun die Wärme die Bewegung der Teilchen vergrößere (Mémoires Acad. roy. Sci. [Berlin] (1796), 77–78).

gewöhnliche Luft bei normaler Temperatur ein über eine gegebene Oberfläche verteiltes Gewicht von 100 lb tragen kann und wenn dann ihre Temperatur so lange steigt, bis sie 120 lb, über die gleiche Oberfläche verteilt, bei gleichem Volumen trägt, dann kann die gleiche Luft 200 lb bzw. 240 lb tragen, wenn sie auf das halbe Volumen bei konstanter Temperatur komprimiert wird. Folglich sind die durch die Temperaturerhöhung hervorgerufenen Zuwächse von 20 beziehungsweise 40 lb zur Dichte proportional. Er behauptet darüber hinaus, daß Luft, die er temperiert nennt, einen Druck von nahezu 3/4, genauer 55/73, desjenigen von Luft mit der Temperatur des siedenden Wassers hat. Ich fand aber in von mir durchgeführten Experimenten, daß hier die wärmste Luft im Hochsommer nicht die Elastizität besitzt, die Dr. AMONTONS der „temperierten" Luft zuschreibt, ja ich kann sogar in der Tat nicht einmal glauben, daß am Äquator jemals derart warme Luft existiert. Ich halte meine Experimente für zuverlässiger als die seinigen, weil bei seinen Versuchen das Volumen der Luft nicht konstant blieb, in seinen Berechnungen aber die Volumenänderung nicht berücksichtigt worden ist. Ich habe gefunden, daß die Elastizität der kältesten Luft hier in St. Petersburg am 25. Dezember 1731 (alten Stils) 523/1000 der Elastizität entsprechender Luft bei der Temperatur des siedenden Wassers betrug. Am 21. Januar 1733 war die Kälte noch intensiver, und ich habe festgestellt, daß der entsprechende Druck weniger denn halb so groß wie der bei der Temperatur des siedenden Wassers war. Als aber 1731 die Temperatur der Luft im Schatten ihren höchsten Wert erreichte, hatte sie einen Druck von nahezu 4/3 (genauer von 100/76) desjenigen der sehr kalten Luft und von 2/3 desjenigen von Luft der Temperatur des siedenden Wassers. Somit ist die größte Schwankung der Lufttemperatur in diesen Breiten zwischen Grenzen eingeschlossen, welche zu den Zahlen 3 und 4 proportional sind, und in England sind (wie ich las) die entsprechenden Werte 7 und 8. Ich denke aber, daß Luft, die heiß genug ist, um einen Druck von 3/4 desjenigen von Luft bei der Temperatur des siedenden Wassers zu besitzen, für ein Lebewesen praktisch unverträglich ist.

§ 8. Aus der Kenntnis der Verhältnisse zwischen den verschiedenen Drücken einer gegebenen Gasmenge in einem gegebenen Volumen kann man leicht ein Maß für die Temperatur der Luft herleiten, wenn man in der Definition dessen übereinstimmt, was man unter „doppelte Temperatur", „dreifache Temperatur" usw. verstehen will. Eine solche Definition ist künstlich und der Natur nicht eingeprägt. Dennoch scheint es mir vernünftig zu sein, die Temperatur der Luft unter Bezugnahme auf deren Druck zu bestimmen, vorausgesetzt, sie ist von festgelegter Dichte. Die Standardtemperatur, von welcher aus alles gemessen wird, könnte von siedendem Regenwasser geliefert werden, weil dasselbe ohne Zweifel überall auf der Erde sehr genau die gleiche Temperatur besitzt.

Wenn wir das annehmen, so verhalten sich die Temperaturen des siedenden Wassers, der wärmsten Luft im Sommer und der kältesten Luft im Winter in diesem Lande wie 6:4:3. Ich werde nunmehr darlegen, wie ich diese Zahlen gefunden habe, so daß man sich ein Urteil über die Genauigkeit meiner Experimente machen kann, deren Ergebnisse von denen AMONTONS' verschieden sind ....

Es folgt eine Beschreibung der experimentellen Verfahrensweise zur Messung des Druckes und der Temperatur. Danach betrachtet BERNOULLI den Luftdruck an verschiedenen Stellen der Atmosphäre. Er kommt zu dem Schluß, daß sich, wenn zwei Regionen in gleicher Höhe dem gleichen Druck unterworfen sind, die Dichten in nahezu umgekehrtem Verhältnis wie die Quadrate der Geschwindigkeiten der Teilchen in diesen Gebieten verhalten, und daß „... der Luftdruck an allen Stellen von gleicher Höhe über dem Meeresspiegel gleich sein muß, wenn man die Atmosphäre als im stationären Gleichgewichtszustand befindlich und nicht durch Winde gestört voraussetzt, ungeachtet der verschiedenen Temperaturen in den verschiedenen Teilen der Atmosphäre" (§§ 13, 14). Weitere Betrachtungen des Gleichgewichts von Luftsäulen verschiedener Dichten und Temperaturen führen zu folgendem Schluß: Wenn ein Barometer von einem niedrigeren zu einem höheren Ort gebracht worden ist und die Quecksilbersäule absinkt, so „... folgt nicht, daß die Gewichtsabnahme der Quecksilbersäule gleich dem Gewicht einer Luftsäule gleichen Durchmessers und gleicher Höhe ist, wie von gewissen Autoren geschlossen worden ist". Auf dieser Grundlage kritisiert BERNOULLI die in England im Gebrauch befindliche Methode zur Bestimmung des Verhältnisses der Dichtezahlen von Luft und Quecksilber, wie sie in den Protokollen der Pariser Akademie der Wissenschaften von DUHAMEL beschrieben wurde. Mit dieser Methode bestimmt man nicht die Dichtezahl der Luft am Ort der Versuchsdurchführung, sondern vielmehr die mittlere Dichtezahl der Luft im gesamten die Erde umgebenden Gebiet. Setzt man die Dichtezahl von Quecksilber gleich 1, so ergibt sich die mittlere Dichtezahl der Luft zu 0,000105, was weit höher als erwartet zu sein scheint (§ 16). Es ist festgestellt worden, daß große Änderungen in dem durch ein Barometer angezeigten Druck durch ziemlich kleine Änderungen der lokalen Lufttemperatur verursacht werden können. Barometrische Änderungen können ebenso durch schnelle Änderungen der Temperatur in Hohlräumen unter dem Boden verursacht werden (§ 20). Die meisten der anderen möglichen Ursachen scheinen zu langsam und über die gesamte Masse der Luft verteilt zu sein, um sie für die beobachteten raschen Luftdruckschwankungen verantwortlich machen zu können. Die Veränderungen des Barometerstandes mit der Höhe über dem Meeresspiegel ist ebenfalls erforscht worden. Es werden einige Experimente besprochen, und es wird versuchsweise eine Theorie vorgelegt, welche die Veränderung der Teilchengeschwindigkeit mit der Höhe berücksichtigt. Das Ergebnis der Theorie ist ein Verhältnis des Druckes in der Höhe $x$ zum Druck in Meereshöhe von $22000/(22000 + x)$ ($x$ in Fuß), und das scheint den tatsächlichen Verhältnissen besser angepaßt zu sein als die gebräuchliche logarithmische Regel. Die Formel wird verwendet, um für jede scheinbare Höhe die astronomische Refraktion eines Sternes zu bestimmen (§ 30). Es werden weiterhin verschiedene Probleme im Zusammenhang mit dem Ausströmen von Luft durch ein kleines Loch aus einem Behälter in das Vakuum diskutiert, und es wird der Betrag der dabei frei werdenden Energie berechnet. Ohne Aufwendung derjenigen Energiemenge, die ein Gewicht $P$ beim Absinken um die Strecke $a \lg [a/(a - x)]$ liefert, kann Luft, welche ein Volumen $a$ einnimmt, niemals auf ein Volumen $(a - x)$ zusammengedrückt werden, wie auch immer diese Kompression zustande gekommen ist (§ 39). Wenn man z. B. einen Kubikfuß

Luft von doppelt so großer Dichte als normal hat und dieselbe sich auf die Dichte der umgebenden Luft ausdehnen läßt, so ergibt sich die freiwerdende Energie zu 865 ft · lb. „Aus dieser Übereinstimmung zwischen der Erhaltung der Energie in komprimierter Luft und in Körpern, die aus einer gewissen Höhe herabfallen, folgt eindeutig, daß bei der Planung von Maschinen durch die Idee der Verwendung komprimierter Luft kein besonderer Vorteil zu erwarten ist und daß die im vorangegangenen Teil des Buches entwickelten Prinzipien überall gültig sind. Da jedoch Luft auf viele natürliche Weisen ohne Aufwendung mechanischer Kraft zusammengedrückt wird oder abnorme Elastizität annimmt, besteht gewiß die Aussicht, daß bedeutende Pläne für Arbeitsmaschinen entworfen werden. In dieser Richtung hat Dr. AMONTONS bisher die Verwendung der Energie des Feuers beschrieben. Ich glaube, daß durch die in einem Kubikfuß Kohle enthaltene und durch Verbrennung freigesetzte latente Energie mehr geleistet werden kann, wenn sie in einer solchen Arbeitsmaschine genutzt würde, als durch die tägliche Arbeit von 8 bis 10 Männern. Außerdem erhöht die Verbrennung der Kohle nicht nur beträchtlich die Elastizität der Luft, sondern erzeugt auch eine riesige Menge neuer Luft.“ (§43.) Ferner wird die Kraft der durch das Schießpulver erzeugten komprimierten Luft beim Abschuß von Geschossen aus Kanonen diskutiert, und es wird die optimale Rohrlänge des Geschützes berechnet. Es wird eine Methode zur Berechnung der Stärke der Treibladung unter Beachtung der vom Geschoß erreichten Höhe angegeben. Die Anwendung der Theorie auf die Beobachtung des Fluges von Kanonenkugeln führt zu dem Schluß, daß entweder das durch das brennende Schießpulver erzeugte komprimierte Gas keine gewöhnliche Luft ist oder daß sein Druck unverhältnismäßig größer als seine Dichte ist.

## 4. Die Existenz des Feuers*)

von

George Gregory

### Zusammenfassung

Es werden die von denjenigen Theoretikern vorgetragenen Argumente zusammengefaßt, welche glauben, daß die Wärme lediglich molekulare Bewegung ist. Gleichwohl wird behauptet, daß „... die Hypothese, welche dem Prinzip des Feuers (der Wärme) als einem gesonderten elementaren Prinzip Existenz zuschreibt, durch zahlreichere Fakten und entscheidendere Gründe gestützt wird; es erklärt alle Naturerscheinungen und gerade auch jene Erscheinungen besser, die zur Stützung der gegenteiligen Annahme angeführt werden". Nach der Aufzählung der zur Stützung der Materialität der Wärme geeigneten Gründe gibt Gregory eine kurze Aufzählung der Eigenschaften dieser Substanz und ihrer Wirkungen auf die Materie.

Das Element des Feuers ist uns nur durch seine Erscheinungen bekannt. So subtil und ausweichend ist dieses wunderbare Fluidum, so verschiedenartig sind die Formen, welche es in den verschiedenen Bereichen der Natur annimmt, daß seine eigentliche Existenz von verschiedenen Philosophen, wie wir gesehen haben, in Abrede gestellt wird.

Wärme ist, so sagen jene Theoretiker, nichts weiter denn eine innere Bewegung der kleinsten Partikeln der Körper. Feuer ist nichts anderes als diese auf ein gewisses Maß

*) Aus: The Economy of Nature, explained and illustrated on the Principles of Modern Philosophy, Bd. 1. London, 2. Aufl. 1798, S. 93–96.

angewachsene Bewegung, mit anderen Worten, ein sehr stark erhitzter Körper. Eine Flamme ist schließlich nicht mehr als entzündeter Dampf, d. h. ein Dampf, dessen Teilchen außerordentlich angeregt sind.

Zur Begründung dieser Theorie wird angegeben: *1.* Es ist bekannt, daß jede Form von Bewegung Wärme erzeugt, und wenn sie auf ein gewisses Maß fortgesetzt wird, so tritt tatsächlich eine Entzündung ein, wie die Reibung zweier Holzscheite aneinander zunächst Wärme und danach Feuer hervorbringt und die Bewegung einer Glaskugel auf einem elastischen Reibkissen zur Folge haben wird, daß ein reichlicher Feuerstrom abgesondert wird. *2.* Es werden Körper, die der inneren Bewegung am meisten fähig sind, am schnellsten erwärmt. *3.* Bewegung ist immer mit Feuer oder Wärme verbunden, wie es beim Mischen von Terpentinöl und Schwefelsäure offenkundig wird, und in den meisten Fällen scheint die Wärme einen Anteil am Grad der Bewegung oder Erregung zu haben. Beim Kochen des Wassers und Zischen des erhitzten Eisens, wenn es in eine Flüssigkeit getaucht wird, manifestiert sich diese Bewegung anschaulich. Wenn *4.* die Teilchen irgendeines Körpers bis zu einem gewaltigen Grad der inneren Bewegung angeregt werden, etwa durch Zersetzung oder Gärung usw., so werden sie nun in der Lage sein, mit der größten Leichtigkeit Feuer zu fangen, wenn sie nicht bereits von selbst Flammen aussondern. So werden beim Spiritusbrennen, wenn man den Brennkolbendeckel entfernt, die Dämpfe sofort in Flammen gesetzt, wenn sie mit einer brennenden Kerze oder einem anderen entzündeten Gegenstand in Berührung gebracht worden sind. Schließlich erleiden erwärmte Körper keine Gewichtszunahme, was sicherlich der Fall sein müßte, wenn ein anderer Stoff durch ihre Poren aufgenommen werden würde.

So einleuchtend diese Gründe auf den ersten Blick erscheinen, so ist doch die Hypothese, die dem Prinzip des Feuers als selbständigem elementarem Prinzip Existenz zuschreibt, durch mehr Fakten und entscheidendere Gründe gestützt. Sie erklärt alle Naturerscheinungen besser, darunter auch jene Phänomene, die zur Begründung der gegenteiligen Meinung aufgezählt worden sind.

*1.* Wenn, wie ich es verstehen muß, die Anwälte der Gegenmeinung zugeben, daß nicht alle Teilchen eines Körpers an der inneren Bewegung oder Wärmebewegung, die, wie sie sagen, die Wärme ausmacht, gleichermaßen beteiligt sind, sondern nur die kleineren und feineren und daß diese Teilchen andererseits den Lichteffekt erzeugen, wenn sie danach in einen Stoßzustand geraten, so werden diese Zugeständnisse fast zur Begründung des Prinzips vom Feuer als elementares Prinzip beitragen.

*2.* Daß Feuer tatsächlich eine Substanz und keine Eigenschaft ist, folgt aus den Reaktionen mit anderen Substanzen, deren Realität nie in Zweifel gezogen worden ist. ...

*3.* Alle Anschauungen unserer Sinne und viele unzweideutige Experimente beweisen, daß das Licht, das viele als Feuer im Stoßzustand ansehen, stofflicher Natur ist. Boerhaave[1]) konzentrierte die Sonnenstrahlen mittels eines sehr starken Brennglases auf die Nadel eines Kompasses, wobei diese durch die Kraft der Strahlen in Bewegung gesetzt wurde, wie es etwa durch einen Luftstoß oder einen Schlag durch einen anderen Körper hätte geschehen können. ... Ich denke, daß dieses Experiment ein hinreichender Beweis dafür ist, daß das Licht letztlich eine Substanz ist, wenn ein solcher Beweis überhaupt nötig war. Auf die Identität von Licht, Wärme und Feuer beabsichtige ich an anderer Stelle noch einzugehen.

*4.* Elektrische Funken erzeugen an Körpern einen wirklich körperlichen Schlag[2]); und daß dieser Effekt

---

[1]) Herman Boerhaave (1668–1738) war ein holländischer Physiker und Chemiker und Verfasser eines weithin bekannten Lehrbuches „Elementa Chemiae" (1732).

[2]) (William) Jones: Physiological Disquisitions (or Discourses on the Natural Philosophy of the Elements. Rivington, London 1781).

nicht durch die Schwingung der Luft oder irgendeines anderen Mediums als das des Feuers selbst verursacht worden sein kann, ist durch viele Experimente im Vakuum usw. bewiesen worden. Wenn aber einer Form des Feuers zugestanden wird, materiell zu sein, so scheint es keinen Grund mehr dafür zu geben, dieselbe Eigenschaft den anderen Formen abzusprechen.

*5.* Es ist nicht leicht zu begreifen, wie die Ausdehnung eines Körpers allein durch die Bewegung der Teilchen hervorgerufen werden kann, und es ist wesentlich natürlicher anzunehmen, daß die Körper durch das Eindringen einer extrem aktiven und elastischen Substanz zwischen ihre Teilchen, aus dehnen sie bestehen, ausgedehnt werden.

*6.* Wie allgemein bekannt ist, kann es kein Entzünden und keine Verbrennung, d. h. keinen sehr hohen Grad der Wärme geben, ohne daß Luft anwesend ist. Eine Kerze z. B. wird im Vakuum oder in Luft, deren reiner Anteil durch Verbrennung oder Atmung beseitigt wurde, aufhören zu brennen. Das ist eine Tatsache, die nicht durch das Prinzip, daß alle Wärme nichts anderes als innere Bewegung ist, erklärt werden kann, sie ist aber ganz einfach zu erklären, wenn wir Feuer als selbständige elementare Substanz annehmen, die in reiner Luft enthalten und der Luft durch die Kraft einer stärkeren Anziehung entrissen worden ist.

*7.* Daß Wärme allgemein von Bewegung begleitet wird, ist kein Beweis dafür, daß Wärme und Bewegung identisch sind. Im Gegenteil ist nichts natürlicher, als daß der Eintritt einer außergewöhnlich elastischen Substanz in die Poren eines Körpers ein Anwachsen der inneren Bewegung auslöst, so gut wie die Aussonderung derselben Substanz einen gewissen Grad von Kontraktion zwischen den Partikeln des Körpers auslösen müßte. ... Es gibt kein Anwachsen der Schwere in erwärmten Körpern wegen der großen Elastizität des Wärme- oder Feuerstoffes, welcher die Körper, in die er eindringt, ausdehnt, so daß er eher deren Dichtezahlen verkleinert.

*8.* Alle anderen Naturerscheinungen sind durch die Annahme des Prinzips von der stofflichen Natur der Wärme befriedigender zu erklären als durch die Annahme, daß es sich eher um eine Qualität handelt, die durch das Zittern oder die unsichtbaren Bewegungen der Körper hervorgerufen wird. ...

Ich begreife deshalb das Feuer oder „calorique", wie es die französischen Chemiker nennen, als elementares Prinzip oder als Ursache der Wärme und des Lichtes. Wärmestoff im freien Zustand oder während des Überganges von einem Körper zu einem anderen erzeugt bei uns den Sinneseindruck der Wärme, in einem verdünnten und geschoßartigen Zustand bildet er höchstwahrscheinlich das Material für das Licht. ... Kälte kann ganz allgemein bloß eine negative Eigenschaft sein und braucht nicht mehr zu bedeuten als die Abwesenheit von Feuerstoff oder Feuer ...

Die Teilchen des *Feuers* scheinen *winziger* als diejenigen aller anderen Stoffe zu sein. Es durchdringt alle Stoffe völlig mühelos. ... Der Feuerstoff wird von allen Körpern mehr oder weniger angezogen. ... Es scheint dennoch nicht so zu sein, daß alle Körper eine gleiche Anziehung für den Feuerstoff besitzen. ... Der Grad der Leitung des Feuerstoffes scheint vom Gefüge der Körper, d. h. vom gegenseitigen Kontakt der Teilchen, abzuhängen. Daraus folgt die außerordentliche Langsamkeit, mit der Wärme auf Körper dünner oder schwammiger Konsistenz zu übertragen ist. ...

Der Feuerstoff kann in einem Zustand der Bindung existieren. Ich meine damit keine chemische Verbindung im strengen und wörtlichen Sinne; es genügt, wenn gezeigt werden kann, daß der Wärmestoff in Körpern in einem *latenten* Zustand oder in einem für unsere Sinne nicht wahrnehmbaren Zustand existieren kann. ...

Flüssigkeiten enthalten wegen ihrer besonderen Natur und ihres Aufbaus eine größere Menge von Feuerstoff in latentem Zustand als feste Körper: es ist in der Tat nunmehr allgemein anerkannt und kann einfach bewiesen werden, daß die Fluidität aller Körper lediglich auf die Menge des von ihnen in latenter oder gebundener Form zurückgehaltenen Feuerstoffes zurückzuführen ist, dessen Elastizität die Teilchen voneinander entfernt hält und so ihre Fixierung zu einem festen Körper verhindert. ...

Der Feuerstoff ist elastisch, wie alle seine Eigenschaften augenfällig beweisen. Es besteht in der Tat Veranlassung zu glauben, daß der Wärmestoff das einzige Fluidum ist, das vollständig elastisch ist, und daß dies der Grund für die so geschätzte Elastizität aller Fluide ist.

Die Elastizität dieses Elements hat zur Folge, daß alle Körper der Natur lediglich eine gewisse Menge aufnehmen können, ohne eine Veränderung ihres Zustandes oder ihrer Form zu erleiden. So dehnt etwa eine einem Körper zugeführte mäßige Feuermenge denselben aus, eine etwas größere Menge macht ihn flüssig, und wenn die Menge weiter vergrößert wird, so geht er in ein Gas über.

# 5. Bemerkungen über die Kräfte der unbelebten Natur*)

von

J. Robert Mayer

## Zusammenfassung

Es werden verschiedene Eigenschaften von Kräften angegeben und erläutert. (Unter einer „Kraft" versteht Mayer eine spezielle Energieform, wie wir heute sagen würden.) Kräfte sind Ursachen und müssen deshalb ihren Wirkungen gleich sein, mit anderen Worten, sie sind unzerstörbar; wenn eine Kraft verschwindet, so muß sie durch eine andere ihr gleiche Kraft ersetzt werden. Im Gegensatz zu Materie besitzen Kräfte kein Gewicht. Man sollte eine Kraft nicht mit einer Eigenschaft verwechseln, weil einer Eigenschaft die Einheit von Unzerstörbarkeit und Umwandelbarkeit als wesentliches Attribut der Kraft fehlt. (Demnach ist die Schwere eine Eigenschaft und keine Kraft, während das räumliche Trennen wägbarer Objekte eine Kraft *ist*, die Mayer „Fallkraft" nennt.)

Wir beobachten häufig, wie eine Bewegung endet, ohne daß sie eine neue Bewegung ausgelöst oder ein Gewicht gehoben hat. Weil eine einmal vorhandene Kraft nicht beseitigt werden, sondern lediglich ihre Form ändern kann, so werden wir auf die Frage geführt, ob die Bewegung vielleicht in Wärme verwandelt worden sein kann. Wenn dem so ist, so muß die erzeugte Wärme der verlorenen Bewegung äquivalent sein, und wir haben z. B. zu errech-

*) Mayer faßte seine Ideen erstmals im Jahre 1840; seine erste Arbeit über diesen Gegenstand wurde im Jahre 1841 für die Annalen der Physik eingereicht, aber durch den Herausgeber Poggendorff verworfen. Die erste veröffentlichte Arbeit wurde ein halbes Jahr später, zu Beginn des Jahres 1842, geschrieben und Liebig vorgelegt, der sie für die Annalen der Chemie und Pharmacie annahm. Sie erschien unter dem Titel „Bemerkungen über die Kräfte der unbelebten Natur" im Bd. **42** (1842) 233–240.

nen, wieviel Wärme einer gegebenen Menge von Bewegung oder „Fallkraft" entspricht. Es wurde gefunden, daß die zur Erwärmung eines gegebenen Gewichts Wasser von 0 auf 1 °C benötigte Wärmemenge dem Herabfallen eines gleichen Gewichts aus einer Höhe von nahezu 365 m entspricht, wobei der letzte Ausdruck ein Maß für eine Menge von „Fallkraft" darstellt.

Der Zweck folgender Zeilen ist, die Beantwortung der Frage zu versuchen, was wir unter „Kräften" zu verstehen haben und wie sich solche untereinander verhalten. Während mit der Benennung Materie einem Objekt sehr bestimmte Eigenschaften, als die der Schwere, der Raumerfüllung, zugeteilt werden, knüpft sich an die Benennung Kraft vorzugsweise der Begriff des unbekannten, unerforschlichen, hypothetischen. Ein Versuch, den Begriff von Kraft ebenso präzis als den von Materie aufzufassen, dürfte mit den daraus fließenden Konsequenzen Freunden klarer hypothesenfreier Naturanschauung nicht unwillkommen sein.

Kräfte sind Ursachen, mithin findet auf dieselben volle Anwendung der Grundsatz: *causa aequat effectum*. Hat die Ursache $c$ die Wirkung $e$, so ist $c = e$; ist $e$ wieder die Ursache einer andern Wirkung $f$, so ist $e = f$, u. s. f. $c = e = f \cdots = c$. In einer Kette von Ursachen und Wirkungen kann, wie aus der Natur einer Gleichung erhellt, nie ein Glied oder ein Teil eines Gliedes zu Null werden. Diese erste Eigenschaft aller Ursachen nennen wir ihre *Unzerstörlichkeit*.

Hat die gegebene Ursache $c$ eine ihr gleiche Wirkung $e$ hervorgebracht, so hat eben damit $c$ zu sein aufgehört; $c$ ist zu $e$ geworden; wäre nach der Hervorbringung von $e$, $c$ ganz oder einem Teil nach noch übrig, so müßte dieser rückbleibenden Ursache noch weitere Wirkung entsprechen, die Wirkung von $c$ überhaupt also $> e$ ausfallen, was gegen die Voraussetzung $c = e$. Da mithin $c$ in $e$, $e$ in $f$ usw. übergeht, so müssen wir diese Größen als verschiedene Erscheinungsformen eines und desselben Objektes betrachten. Die Fähigkeit, verschiedene Formen annehmen zu können, ist die zweite wesentliche Eigenschaft aller Ursachen. Beide Eigenschaften zusammengefaßt, sagen wir: Ursachen sind (quantitativ) *unzerstörliche* und (qualitativ) *wandelbare* Objekte.

Zwei Abteilungen von Ursachen finden sich in der Natur vor, zwischen denen erfahrungsmäßig keine Übergänge stattfinden. Die eine Abteilung bilden die Ursachen, denen die Eigenschaft der Ponderabilität und Impenetrabilität zukommt, — Materien; die andere die Ursachen, denen letztere Eigenschaften fehlen, — Kräfte, von der bezeichnenden negativen Eigenschaft auch Imponderabilien genannt. Kräfte sind also: *unzerstörliche, wandelbare, imponderable* Objekte.

Wir wollen zuerst die Materien zur Aufstellung eines Beispiels von Ursachen und Wirkungen benützen. Knallgas, $H + O$, und Wasser $HO$ verhalten sich wie Ursache und Wirkung, also $H + O = HO$. Wird aus $H + O$, $HO$, so kommt außer Wasser noch Wärme, cal., zum Vorschein; diese Wärme muß ebenfalls eine Ursache, $x$, haben; es ist also: $H + O + x = HO + \text{cal.}$; es könnte sich nun fragen, ist wirklich $H + O = HO$, und $x = \text{cal.}$, und nicht etwa $H + O = \text{cal.}$, und $x = HO$, worauf sich aus obiger Gleichung ebenfalls schließen ließe u. dgl. m. Die Phlogistiker erkannten die Gleichung von cal. und $x$, das sie Phlogiston nannten, und taten damit einen großen Schritt vorwärts, verwickelten sich aber wieder dadurch in ein System von Irrtümern, daß sie statt O, $-x$ setzten, also beispielsweise $H = HO + x$ erhielten.

Die Chemie, deren Gegenstand es ist, den zwischen den Materien stattfindenden ursächlichen Zusammenhang in Gleichungen zu entwickeln, lehrt uns, daß einer Materie als Ursache eine Materie als Wirkung zukomme; aber mit gleichem Rechte kann man auch sagen, daß einer Kraft als Ursache eine Kraft als Wirkung entspreche. Da $c = e$, und $e = c$, so ist es naturwidrig, das eine Glied der Gleichung eine Kraft, das andere eine Wirkung von Kraft oder Erscheinung zu nennen und an die Ausdrücke Kraft und Erscheinung verschiedene Begriffe zu knüpfen; kurz also: ist die Ursache eine Materie, so ist auch die Wirkung eine solche; ist die Ursache eine Kraft, so ist auch die Wirkung eine Kraft.

Eine Ursache, welche die Hebung einer Last bewirkt, ist eine Kraft; ihre Wirkung, *die gehobene Last*, ist also ebenfalls *eine Kraft*; allgemeiner ausgedrückt heißt dies: *räumliche Differenz ponderabler Objekte ist eine Kraft*; da diese Kraft den Fall der Körper bewirkt, so nennen wir sie *Fallkraft*. Fallkraft und Fall, und allgemeiner noch Fallkraft und Bewegung sind Kräfte, die sich verhalten wie Ursache und Wirkung, Kräfte, die ineinander übergehen, zwei verschiedene Erscheinungsformen eines und desselben Objektes. Beispiel: eine auf dem Boden ruhende Last ist keine Kraft; sie ist weder Ursache einer Bewegung noch der Hebung einer andern Last, wird dies aber in dem Maße, in welchem sie über den Boden gehoben wird; die Ursache, der Abstand einer Last von der Erde, und die Wirkung, das erzeugte Bewegungsquantum, stehen, wie die Mechanik weiß, in einer beständigen Gleichung.

Indem man die Schwere als Ursache des Falls betrachtet, spricht man von einer Schwerkraft und verwirrt so die Begriffe von Kraft und Eigenschaft; gerade das, was jeder Kraft wesentlich zukommen muß, die Vereinigung von *Unzerstörlichkeit* und Wandelbarkeit, geht jedweder Eigenschaft ab; zwischen einer Eigenschaft und einer Kraft, zwischen Schwere und Bewegung läßt sich deshalb auch nicht die für ein richtig gedachtes Kausalverhältnis notwendige Gleichung aufstellen. Heißt man die Schwere eine Kraft, so denkt man sich damit eine Ursache, welche, ohne selbst abzunehmen, Wirkung hervorbringt, hegt damit also unrichtige Vorstellungen über den ursächlichen Zusammenhang der Dinge. Um daß ein Körper fallen könne, dazu ist seine Erhebung nicht minder notwendig als seine Schwere, man darf daher auch letzterer allein den Fall der Körper nicht zuschreiben.

Es ist der Gegenstand der Mechanik, die zwischen Fallkraft und Bewegung, Bewegung und Fallkraft, und die zwischen den Bewegungen unter sich bestehenden Gleichungen zu entwickeln; wir erinnern hier nur an einen Punkt. Die Größe der Fallkraft $v$ steht — den Erdhalbmesser $= \infty$ gesetzt — mit der Größe der Masse $m$ und mit der ihrer Erhebung $d$ in geradem Verhältnisse; $v = md$. Geht die Erhebung $d = 1$ der Masse $m$ in Bewegung dieser Masse von der Endgeschwindigkeit $c = 1$ über, so wird auch $v = mc$; aus den bekannten zwischen $d$ und $c$ stattfindenden Relationen ergibt sich aber für andere Werte von $d$ oder $c$, $mc^2$ als das Maß der Kraft $v$; also $v = md = mc^2$; das Gesetz der Erhaltung lebendiger Kräfte finden wir in dem allgemeinen Gesetze der Unzerstörbarkeit der Ursachen begründet.

Wir sehen in unzähligen Fällen eine Bewegung aufhören, ohne daß letztere eine andere Bewegung oder eine Gewichtserhebung hervorgebracht hätte; eine einmal vorhandene Kraft kann aber nicht zu Null werden, sondern nur in eine andere Form übergehen, und es fragt sich somit, welche weitere Form die Kraft, welche wir als Fallkraft und Bewegung kennen gelernt, anzunehmen fähig sei? Nur die Erfahrung kann uns hierüber Aufschluß erteilen. Um zweckmäßig zu experimentieren, müssen wir Werkzeuge wählen, welche neben dem, daß sie eine Bewegung wirklich zum Aufhören bringen, von den zu untersuchenden Objekten möglichst wenig verändert werden. Reiben wir z. B. zwei Metallplatten aneinander, so werden wir Bewegung verschwinden, Wärme dagegen auftreten sehen, und es fragt sich jetzt nur, ist die *Bewegung* die Ursache von Wärme? Um uns über dieses Verhältnis zu vergewissern, müssen wir die Frage erörtern, hat nicht in den zahllosen Fällen, in denen unter Aufwand von Bewegung Wärme zum Vorschein kommt, die Bewegung eine andere Wirkung als die Wärmeproduktion und die Wärme eine andere Ursache als die Bewegung?

Ein Versuch, die Wirkungen der aufhörenden Bewegung nachzuweisen, wurde noch nie ernstlich angestellt; ohne die möglicherweise aufzustellenden Hypothesen zum voraus widerlegen zu wollen, machen wir nur darauf aufmerksam, daß diese Wirkung in eine Veränderung des Aggregationszustandes der bewegten, sich reibenden etc. Körper in der Regel nicht gesetzt werden könne. Nehmen wir an, es werde ein gewisses Quantum von Bewegung $v$ dazu verwendet, eine reibende Materie $m$ in $n$ zu verwandeln, so müßte $m + v = n$ und $n = m + v$ sein, und bei der Rückführung von $n$ in $m$ müßte $v$ in irgendeiner Form wieder zu Tage kommen. Durch sehr lange fortgesetztes Reiben zweier Metallplatten können wir nach und nach ein ungeheures Quantum von Bewegung zum Aufhören bringen; kann uns aber beifallen, in dem gesammelten Metallstaub auch nur eine Spur der entschwundenen Kraft wiederfinden und daraus reduzieren zu wollen? Zu nichts, wir wiederholen, kann die Bewegung nicht geworden sein, und entgegengesetzte oder positive und negative Bewegungen können nicht $= 0$ gesetzt werden, so wenig aus 0 entgegengesetzte Bewegungen entstehen können oder eine Last sich von selbsten hebt.

So wenig sich, ohne Anerkennung eines ursächlichen Zusammenhanges zwischen Bewegung und Wärme, von der entschwundenen Bewegung irgend Rechenschaft geben läßt, so wenig läßt sich auch ohne jene die Entstehung der Wärme erklären. Aus der Volumensverminderung der sich reibenden Körper kann dieselbe nicht hergeleitet werden. Man kann bekanntlich durch Zusammenreiben zwei Eisstücke im luftleeren Raum schmelzen; man versuche nun, ob man durch den unerhörtesten Druck Eis in Wasser verwandeln könne? Wasser erfährt, wie der Verfasser fand, durch starkes Schütteln eine Temperaturerhöhung. Das erwärmte Wasser (von 12 und 13 °C) nimmt nach dem Schütteln ein größeres Volumen ein als vor demselben; woher kommt nun die Wärmemenge, welche sich durch wiederholtes Schütteln in demselben Apparate beliebig oft hervorbringen läßt? Die thermische Vibrationshypothese inkliniert zu dem Satze, daß Wärme die Wirkung von Bewegung sei, würdigt aber dieses Kausalverhältnis im vollen Umfange nicht, sondern legt das Hauptgewicht auf unbehagliche Schwingungen.

Ist es nun ausgemacht, daß für die verschwindende Bewegung in vielen Fällen (*exceptio confirmat regulam*) keine andere Wirkung gefunden werden kann als die Wärme, für die entstandene Wärme keine andere Ursache als die Bewegung, so ziehen wir die Annahme, Wärme entsteht aus Bewegung, der Annahme einer Ursache ohne Wirkung und einer Wirkung ohne Ursache vor, wie der Chemiker, statt H und O ohne Nachfrage verschwinden und Wasser auf unerklärte Weise entstehen zu lassen, einen Zusammenhang zwischen H und O einer- und Wasser anderseits statuiert.

Den natürlichen, zwischen Fallkraft, Bewegung und Wärme bestehenden Zusammenhang können wir uns auf folgende Weise anschaulich machen. Wir wissen, daß Wärme zum Vorschein kommt, wenn die einzelnen Massenteile eines Körpers sich näher rücken; Verdichtung erzeugt Wärme; was nun für die kleinsten Massenteile und ihre kleinsten Zwischenräume gilt, muß wohl auch seine Anwendung auf große Massen und meßbare Räume finden. Das Herabsinken einer Last ist eine wirkliche Volumensverminderung des Erdkörpers, muß also gewiß mit der dabei sich zeigenden Wärme im Zusammenhang stehen; diese Wärme wird der Größe der Last und ihrem Abstande genau proportional sein müssen. Von dieser Betrachtung wird man ganz einfach zu der besprochenen Gleichung von Fallkraft, Bewegung und Wärme geführt.

So wenig indessen aus dem zwischen Fallkraft und Bewegung bestehenden Zusammenhange geschlossen werden kann: das Wesen der Fallkraft sei Bewegung, so wenig gilt dieser Schluß für die Wärme. Wir möchten vielmehr das Gegenteil folgern, daß, um zu Wärme werden zu können, die Bewegung, — sei sie eine einfache oder eine vibrierende, wie das Licht, die strahlende Wärme etc., — aufhören müsse, Bewegung zu sein.

Wenn Fallkraft und Bewegung gleich Wärme, so muß natürlich auch Wärme gleich Bewegung und Fallkraft sein. Wie die Wärme als Wirkung entsteht, bei Volumsverminderung und aufhörender Bewegung, so verschwindet die Wärme als Ursache unter dem Auftreten ihrer Wirkungen, der Bewegung, Volumsvermehrung, Lasterhebung.

In den Wasserwerken liefert die auf Kosten der Volumensverminderung, welche der Erdkörper durch den Fall des Wassers beständig erleidet, entstehende und wieder verschwindende Bewegung fortwährend eine bedeutende Menge von Wärme; umgekehrt dienen wieder die Dampfmaschinen zur Zerlegung der Wärme in Bewegung oder Lasterhebung. Die Lokomotive mit ihrem Konvoi ist einem Destillierapparat zu vergleichen; die unter dem Kessel angebrachte Wärme geht in Bewegung über, und diese setzt sich wieder an den Achsen der Räder als Wärme in Menge ab.

Wir schließen unsere Thesen, welche sich mit Notwendigkeit aus dem Grundsatze „*causa aequat effectum*“ ergeben und mit allen Naturerscheinungen im vollkommenen Einklange stehen, mit einer praktischen Folgerung. — Zur Auflösung der zwischen Fallkraft und Bewegung statthabenden Gleichungen mußte der Fallraum für eine bestimmte Zeit, z. B. für die erste Sekunde, durch das Experiment bestimmt werden; gleichermaßen ist zur Auflösung der zwischen Fallkraft und Bewegung einer- und der Wärme anderseits bestehenden Gleichungen die Frage zu beantworten, wie groß das einer bestimmten Menge von Fallkraft oder Bewegung entsprechende Wärmequantum sei. Z. B. wir müssen ausfindig machen, wie hoch ein bestimmtes Gewicht über den Erdboden erhoben werden müsse, daß seine Fallkraft äquivalent sei der Erwärmung eines gleichen Gewichtes Wasser von 0 auf 1 °C. Daß eine solche Gleichung wirklich in der Natur begründet sei, kann als das Resumé des bisherigen betrachtet werden.

Unter Anwendung der aufgestellten Sätze auf die Wärme- und Volumensverhältnisse der Gasarten findet man die Senkung einer ein Gas komprimierenden Quecksilbersäule gleich der durch die Kompression entbundenen Wärmemenge, und es ergibt sich hieraus — den Verhältnisexponenten der Kapazitäten der atmosphärischen Luft unter gleichem Drucke und unter gleichem Volumen = 1,421 gesetzt –, daß dem Herabsinken eines Gewichtsteiles von einer Höhe circa 365 m die Erwärmung eines gleichen Gewichtsteiles Wasser von 0 auf 1 °C entspreche. Vergleicht man mit diesem Resultate die Leistungen unserer besten Dampfmaschinen, so sieht man, wie nur ein geringer Teil der unter dem Kessel angebrachten Wärme in Bewegung oder Lasterhebung wirklich zersetzt werde, und dies könnte zur Rechtfertigung dienen, für die Versuche, Bewegung auf anderem Wege als durch Aufopferung der chemischen Differenz von C und 0, namentlich also durch Verwandlung der auf chemischem Wege gewonnen Elektrizität in Bewegung, auf ersprießliche Weise darstellen zu wollen.

## 6. Über Materie, lebendige Kraft und Wärme*)

von

James Joule

### Zusammenfassung

*Materie*, so kann man sagen, wird durch die Attribute der *Undurchdringlichkeit* und der *Ausdehnung* definiert; sie hat außerdem eine Anzahl von Eigenschaften, wie z. B. Schwere oder Gewicht, Abstoßung, Trägheit und lebendige Kraft (kinetische Energie). Die letzte Eigenschaft ist einfach die Kraft von in Bewegung befindlichen Körpern; diese ist proportional zu deren Gewicht und dem Quadrat ihrer Geschwindigkeit. Lebendige Kraft kann bei Stößen oder durch Anziehung über eine gewisse Entfernung hinweg von einem Körper auf einen anderen übertragen werden. Es erscheint absurd, daß diese lebendige Kraft vernichtet oder zumindest verringert werden könnte, ohne daß dafür ein Äquivalent von Anziehung über eine gewisse Entfernung oder von Wärme entsteht, ungeachtet der Tatsache, daß bis in die jüngste Zeit allgemein die entgegengesetzte Meinung vertreten wurde. Wir haben Grund zu der Annahme, daß sich die Erscheinungen von lebendiger Kraft auf unserem Erdball in der Gegenwart in genauso umfassender Weise manifestieren wie zu allen Zeiten und daß die Bewegungen von Luft und Wasser nicht durch Reibung vernichtet, sondern daß sie nur in Wärme umgewandelt werden. Die dabei erzeugte Wärmemenge steht immer in einem bestimmten Verhältnis zum Betrag der lebendigen Kraft, der absorbiert wird. Die lebendige Kraft, die ein Körper von 817 lb besitzt, wenn er sich

---

*) Vorlesung am 28. April 1847 im St.-Ann's Church Reading-Room zu Manchester, veröffentlicht in: Manchester Courier vom 5. und 12. Mai 1847; nachgedruckt in: The Scientific Papers of James Prescott Joule, The Physical Society, London 1884, S. 265–276.

mit einer Geschwindigkeit von acht Fuß pro Sekunde bewegt, läßt sich in eine Wärmemenge umwandeln, die die Temperatur von 1 lb Wasser um 1 °F erhöhen kann.

Bis in die jüngste Zeit dachte man, daß Wärme ein Stoff sei; wir haben jedoch gezeigt, daß sie in lebendige Kraft und in über räumliche Entfernung wirkende Anziehungskraft umgewandelt werden kann. Somit muß die Wärme entweder aus lebendiger Kraft oder aus räumlicher Anziehungskraft bestehen. Es scheint mir, daß beide Hypothesen wahrscheinlich richtig sind. Es ist vernünftig anzunehmen, daß sich die Partikeln aller Körper in einem Zustand schneller Bewegung befinden; die Geschwindigkeit der Atome des Wassers beträgt z. B. mindestens 1 Meile/s. Analog muß die Wärme, die man benötigt, um Eis zu schmelzen, so groß sein, daß die gegenseitige Anziehung der Teilchen überwunden wird.

In unseren Materiebegriff sind gewöhnlich zwei Vorstellungen eingeschlossen, nämlich die der *Undurchdringlichkeit* und die der *Ausdehnung*. Mit der Ausdehnung der Materie meinen wir den Raum, den sie einnimmt; unter ihrer Undurchdringlichkeit verstehen wir, daß zwei Körper nicht zur gleichen Zeit am gleichen Ort sein können. Undurchdringlichkeit und Ausdehnung können genaugenommen nicht zu den *Eigenschaften* der Materie gerechnet werden, sondern sie sind vielmehr als ihre *Definition* anzusehen, da nichts, das diese beiden Eigenschaften nicht besitzt, den Namen Materie trägt. Wenn wir uns Undurchdringlichkeit und Ausdehnung vorstellen, so denken wir an Materie und nur an Materie.

Materie ist mit einer außerordentlich großen Mannigfaltigkeit wundervoller Eigenschaften ausgestattet, von denen einige aller Materie gemeinsam sind, während andere unterschiedlich vorkommen, so daß man zwischen verschiedenen Körpern unterscheiden kann. Eine der wichtigsten Eigenschaften der ersten Art ist die der Anziehung durch die Schwerkraft. Wir beobachten ihre Gegenwart leicht an allen festen Körpern, deren Bestandteile durch diese Kraft zusammengehalten werden. Wenn man den Körper in Stücke bricht und die einzelnen Stücke in eine gewisse Entfernung voneinander bringt, dann wird man immer noch bemerken, daß sie sich gegenseitig anziehen, wenn auch in einem sehr geringen Maße, was davon herrührt, daß diese Kraft sehr stark abnimmt, wenn die Körper weit voneinander entfernt werden. Je größer die Körper sind, desto stärker ist die zwischen ihnen wirkende Anziehungskraft. Daher wird die Anziehungskraft, die durch einen Körper von sehr großer Ausdehnung, wie z. B. die Erde, verursacht wird, sehr beträchtlich, obwohl man die Anziehungskraft zwischen zwei Körpern, wenn sie sich nicht gerade berühren, nur mittels sehr empfindlicher Apparate nachweisen kann. Diese Anziehung von Körpern durch die Erde ruft das hervor, was ihr *Gewicht* oder ihre *Schwere* genannt wird, und ist zu der Materiemenge genau proportional. Wenn man bei einem Körper ein Gewicht von 2 lb feststellt, während ein anderer nur 1 lb wiegt, so wird somit der erstere genau zweimal so viel Materie enthalten wie der letztere, und zwar unabhängig davon, welche Größe und Gestalt der Körper besitzt. Luft von 2 lb Gewicht enthält genau eine doppelt so große Materiemenge wie 1 lb Blei.

Materie ist manchmal neben der Gravitationsanziehung mit anderen Arten von Anziehung ausgestattet, manchmal besitzt sie auch die Fähigkeit der *Abstoßung*, durch welche Kraft die Teilchen danach streben, sich immer weiter voneinander zu entfernen. Wo auch immer diese Kräfte existieren, heben sie doch die Anziehung der Schwerkraft nicht auf. So wird das Gewicht eines Stückes Eisen oder Stahl in keiner Weise beeinflußt, wenn man es magnetisiert.

Neben der Schwerkraft gibt es noch eine sehr bemerkenswerte Eigenschaft, die sich bei jeder Art von Materie in gleichem Grade zeigt — ihr Verharren in dem Zustand, entweder dem der Ruhe oder dem der Bewegung, in den sie gebracht wurde. Diese Fähigkeit hat den Namen *Trägheit* erhalten, was so viel wie Passivität oder die Unfähigkeit irgendeines Dinges bedeutet, seinen eigenen Zustand zu verändern. Diese Eigenschaft hat zur Folge, daß sich ein in Ruhe befindlicher Körper nicht in Bewegung setzen kann, wenn auf ihn nicht eine gewisse Kraft wirkt, sowie auch, daß der Körper, wenn er sich einmal in Bewegung gesetzt hat, nicht wieder von selbst anhalten kann, sondern fortfährt, sich geradlinig mit konstanter Geschwindigkeit zu bewegen, bis auf ihn eine andere Kraft einwirkt, welche ihn zurücktreibt, wenn sie entgegengesetzt zur Bewegungsrichtung wirkt, ihn bei Wirkung in Bewegungsrichtung beschleunigt und ihn bei seitlicher Einwirkung veranlaßt, sich auf einer krummlinigen Bahn weiterzubewegen. In dem Fall, daß die Kraft in entgegengesetzter Richtung angewandt wird, aber die gleiche Größe hat wie diejenige, die den Körper erst in Bewegung setzte, wird es zu einem gänzlichen Ende der Bewegung kommen, unabhängig davon, welche Zeit seit dem ersten Anstoß vergangen ist und welche Strecke der Körper seitdem zurückgelegt hat.

Auf Grund dieser Tatsachen ist es klar, daß die Kraft, die aufgewendet wurde, um einen Körper in Bewegung zu setzen, von dem Körper selbst während seiner Bewegung mitgeführt wird und mit ihm und in ihm existiert. Diese Kraft, die ein bewegter Körper besitzt, ist von den Gelehrten der Mechanik als *vis viva* oder *lebendige Kraft* bezeichnet worden. Dieser Ausdruck mag von manchen als ungeeignet erachtet werden, insofern, als es sich hier genaugenommen nicht um Leben handelt, er ist aber *nützlich*, um die bewegende Kraft von der zu unterscheiden, die ihrem Charakter nach stationär ist wie die Schwerkraft. Wenn ich deshalb in den folgenden Teilen dieses Vortrages den Ausdruck *lebendige Kraft* benutze, so wollen Sie bitte daran denken, daß ich damit nur die Kraft von in Bewegung befindlichen Körpern meine. Die lebendige Kraft von Körpern wird durch ihr Gewicht und durch die Geschwindigkeit ihrer Bewegung bestimmt. Sie werden leicht einsehen, daß, wenn ein Körper mit einem gewissen Gewicht eine gewisse Menge lebendiger Kraft besitzt, ein Körper von doppeltem Gewicht doppelt so viel lebendige Kraft besitzt, vorausgesetzt, beide Körper bewegen sich mit gleicher Geschwindigkeit. Das Gesetz, nach dem die lebendige Kraft eines Körpers von seiner *Geschwindigkeit* abhängt, ist jedoch nicht so augenscheinlich. Auf den ersten Blick würde man annehmen, daß die lebendige Kraft einfach proportional zur Geschwindigkeit ist, so daß ein Körper, der sich doppelt so schnell bewegt wie ein anderer, auch zweimal so viel Bewegungsgröße oder lebendige Kraft hätte. Dies ist jedoch nicht der Fall; denn wenn sich drei Körper von gleichem Gewicht mit Geschwindigkeiten von 1, 2 und 3 Meilen/h bewegen, so erweist sich ihre lebendige Kraft als proportional zu diesen Zahlen, multipliziert mit sich selbst, nämlich zu $1 \times 1$, $2 \times 2, 3 \times 3$ oder 1, 4 und 9. Dieses bemerkenswerte Gesetz kann auf verschiedene Arten bewiesen werden. Eine Kugel, die von einem Gewehr mit einer gewissen Geschwindigkeit abgeschossen wurde, wird in einen Holzklotz nur ein Viertel so tief eindringen, wie wenn sie sich mit der doppelten Geschwindigkeit fortbewegt hätte. Wenn man ferner findet, daß eine Kanonenkugel mit einer gewissen Geschwindigkeit fliegt, wenn sie mit einer gegebenen Menge Schießpulver abgeschossen wurde, und wenn man fordert, die Kanone so zu laden, daß sie die Kugel mit der doppelten Geschwindigkeit abschießt, so würde man feststellen, daß dazu viermal so viel Schießpulver verwendet werden muß, wie vorher gebraucht wurde. Ebenso wird man finden, daß ein Eisenbahnzug, der mit 70 Meilen/h fährt, hundertmal so viel Bewegungsgröße oder lebendige Kraft besitzt, wie wenn er mit 7 Meilen/h führe.

Einem Körper kann auf verschiedene Weise lebendige Kraft übertragen werden. Er kann sie durch den Stoß von einem anderen Körper erhalten. So wird, wenn man einen ideal elastischen Ball auf einen ähnlichen ruhenden Ball von gleichem Gewicht stoßen läßt, der stoßende Ball seine gesamte lebendige Kraft dem gestoßenen Ball übertragen und wird, während er selbst in Ruhe zurückbleibt, den anderen Ball veranlassen, sich in dieselbe Richtung und mit derselben Geschwindigkeit zu bewegen, die er selbst vor dem Zusammenstoß innehatte. Hier sehen wir ein Beispiel dafür, wie leicht lebendige Kraft von einem Körper auf einen anderen übertragen werden kann. Ein Körper kann auch vermittels der Wirkung der Gravitation über eine gewisse Entfernung hinweg lebendige Kraft erhalten. Wenn ich einen Ball in einer gewissen Höhe halte und ihn dann fallen lasse, so wird er, wenn er am Boden ankommt, eine Menge lebendiger Kraft erhalten haben, die proportional ist zu seinem Gewicht und zu der Höhe, aus der er gefallen ist. Wir sehen somit, daß lebendige Kraft durch die Wirkung der Schwerkraft über eine gewisse Entfernung oder einen gewissen Zwischenraum hinweg erzeugt werden kann. Wir können somit sagen, daß die erstere zu letzterer gleichwertig oder *äquivalent* ist. Wenn ich also ein Gewicht von 1 lb auf die Höhe von einem Fuß hebe, so daß die Schwerkraft darauf über diese Strecke hinweg wirken kann, so teile ich ihm etwas mit, was einer gewissen Menge an lebendiger Kraft gleichwertig oder äquivalent ist. Hebe ich das Gewicht auf die doppelte Höhe, so erteile ich ihm das Äquivalent von der doppelten Menge an lebendiger Kraft. Auch wenn wir eine Sprungfeder zusammendrücken, teilen wir ihr das Äquivalent einer gewissen Größe lebendiger Kraft mit, in diesem Falle erzeugen wir molekulare Anziehungskraft zwischen den Teilchen der Feder über die Entfernung hinweg, um die wir sie auseinandergezogen haben, das ist genau analog der Erzeugung von Anziehung durch die Schwerkraft über eine gewisse Entfernung hinweg.

Sie werden sogleich verstehen, daß die lebendige Kraft, von der wir eben gesprochen haben, eine der wichtigsten Eigenschaften ist, die Materie besitzen kann, und daß es absurd wäre anzunehmen, daß sie als solche zerstört oder zumindest verringert werden könnte, ohne das Äquivalent an Anziehungskraft über eine gewisse Entfernung hinweg zu erzeugen, worüber wir gesprochen haben. Sie werden deshalb verwundert sein zu hören, daß bis in die jüngste Zeit allgemein die Meinung bestand, daß jedermann nach Belieben lebendige Kraft vollständig und unwiderruflich vernichten könne. So wurde allgemein angenommen, daß, wenn ein Gewicht zu Boden fällt, seine lebendige Kraft vollständig vernichtet wird und daß die Arbeit, die aufgewendet wurde, um es auf die Höhe zu heben, von der es herabfiel, völlig vergeudet und wertlos geworden ist, ohne irgendeinen bleibenden Effekt zu erzielen. Wir möchten *a priori* annehmen, daß eine solche völlige Vernichtung lebendiger Kraft vermutlich nicht möglich ist, weil es offensichtlich absurd ist anzunehmen, daß die Fähigkeiten, mit denen Gott die Materie ausgestattet hat, vernichtet werden könnten, ebensowenig wie man annehmen kann, daß sie durch menschliche Tätigkeit erschaffen werden könnten; wir sind jedoch nicht nur auf dieses Argument angewiesen, so ausschlaggebend es auch für jeden unvoreingenommenen Verstand sein muß. Die alltägliche Erfahrung jedes einzelnen zeigt ihm, daß lebendige Kraft bei Reibung oder dem Zusammenstoß von Körpern nicht *vernichtet* wird. Wir haben Grund zu der Annahme, daß sich die Erscheinungen der lebendigen Kraft auf unserem Erdball in der Gegenwart genauso umfassend manifestieren wie zu irgendeiner Zeit seit seiner Erschaffung oder wenigstens seit der Sintflut, daß heutzutage die Winde eben so stark wehen und die Wildbäche mit gleicher Heftigkeit fließen wie in der vergangenen Zeit von 4000 oder sogar 6000 Jahren, und doch sind wir gewiß, daß während dieses ungeheuer großen Zeitraumes die Bewegungen der Luft und des Wassers durch die Reibung unaufhörlich gehemmt und behindert wurden. Wir können mit Sicherheit schließen, daß diese Bewegungen von Luft und Wasser, die lebendige Kraft darstellen, nicht durch Reibung *vernichtet* werden. Wir verlieren sie allerdings für eine Zeit aus dem Auge, aber wir finden sie wieder erneuert. Es liegt auf der Hand, daß die ganze Natur schon lange zu einem tödlichen Stillstand gekommen wäre, wenn dies nicht der Fall wäre. Was ist dann, so können wir fragen, der Grund dieser scheinbaren Unregelmäßigkeit? Wie kommt es zustande, daß wir, obwohl wir in fast allen Naturerscheinungen die Hemmung von Bewegung und die scheinbare Vernichtung von lebendiger

Kraft bestätigen, finden, daß tatsächlich kein Verlust und keine Einbuße an lebendiger Kraft vorkommt? Das Experiment hat uns in die Lage versetzt, diese Fragen in einer befriedigenden Art zu beantworten; es hat gezeigt, daß, wann immer lebendige Kraft *scheinbar* vernichtet wird, ein Äquivalent erzeugt wird, welches im Verlauf der Zeit in lebendige Kraft zurückverwandelt werden kann. Dieses Äquivalent ist Wärme. Das Experiment hat gezeigt, daß immer, wenn lebendige Kraft scheinbar vernichtet oder absorbiert wird, Wärme erzeugt wird. Der häufigste Weg, auf dem lebende Kraft in Wärme umgewandelt wird, ist der über die Reibung. Holz an Holz oder an einem anderen harten Körper gerieben, Metall an Metall oder an einem anderen Körper gerieben, kurzum, alle Körper, seien sie nun fest oder flüssig, erwärmen sich beständig, wenn man sie aneinander reibt, manchmal sogar so sehr, daß man die Erwärmung durch den Raum hindurch spürt. Alle drei, nämlich Wärme, lebendige Kraft und Anziehungskraft durch den Raum hindurch (wozu ich auch noch das *Licht* zählen würde, wenn es in den Rahmen dieses Vortrages passen würde), sind daher wechselseitig ineinander umwandelbar. Bei diesen Umwandlungen geht niemals etwas verloren. Die gleiche Wärmemenge wird immer in die gleiche Menge lebendiger Kraft umgewandelt. Wir können somit die Äquivalenz in fest bestimmten Worten ausdrücken, die zu allen Zeiten und unter allen Umständen gültig sind. So ist die Anziehungskraft, die auf 817 lb über eine Entfernung von einem Fuß wirkt, äquivalent zu der lebendigen Kraft und in diese umwandelbar, die ein Körper mit dem gleichen Gewicht von 817 lb besitzt, wenn er sich mit der Geschwindigkeit von 8 Fuß pro Sekunde bewegt, und diese lebendige Kraft läßt sich wiederum in eine Wärmemenge umwandeln, die die Temperatur von 1 lb Wasser um 1 °F erhöhen kann. Die Kenntnis der Äquivalenz von Wärme und mechanischer Kraft ist bei der Lösung einer großen Zahl von interessanten und wichtigen Fragen von hohem Wert. Im Falle der Dampfmaschine können wir, wenn wir die

Wärmemenge ermitteln, die bei der Verbrennung der Kohle erzeugt wird, feststellen, wieviel von dieser in mechanische Kraft umgewandelt wird, und auf diese Weise schließen, wie weit die Dampfmaschine noch verbessert werden kann. In diesem Sinne durchgeführte Rechnungen haben ergeben, daß mindestens zehnmal so viel Kraft erzeugt werden könnte, wie jetzt durch die Verbrennung der Kohle erhalten wird. Eine andere interessante Schlußfolgerung ist die, daß der tierische Körper, obwohl er bestimmt ist, einen so völlig anderen Zweck zu erfüllen, eine Maschine darstellt, die vollkommener ist als die bestersonnene Dampfmaschine, d. h., er ist bei gleichem Aufwand an Brennstoffen fähig zu mehr Arbeit.

Betrachten Sie nun die wundervollen Anordnungen der Schöpfung. Die Erde in ihrer raschen Bewegung um die Sonne herum besitzt eine so gewaltige Menge an lebendiger Kraft, daß ihre Temperatur bei deren Umwandlung in das Äquivalent an Wärme mindestens 1000mal größer als die von rotglühendem Eisen wäre, und der Erdball, auf dem wir schreiten, würde dadurch nach aller Wahrscheinlichkeit an Helligkeit der Sonne selbst gleich. Und es kann nicht bezweifelt werden, daß die Sonne, wenn die Erde durch eine Änderung ihres Laufes in die Sonne fiele, sich nicht etwa durch die Berührung mit einem vergleichsweise kalten Körper abkühlen würde, sondern vielmehr infolge der lebendigen Kraft, mit der die Erde auf die Sonne stoßen würde und die in ihr Äquivalent an Wärme umgewandelt würde, heller leuchten würde als zuvor. Hier sehen wir, daß unsere Existenz von der *Erhaltung* der lebendigen Kraft der Erde abhängt. Andererseits hängt unsere Sicherheit gleichermaßen in mancher Hinsicht von der *Umwandlung* von lebendiger Kraft in Wärme ab. Sie haben ohne Zweifel ab und zu die sogenannten *Sternschnuppen* beobachtet, wie sie aus dem dunklen Nachthimmel aufzutauchen scheinen, einen kurzen und jähen Lauf haben, platzen und in leuchtende Bruchstücke zerfallen. Der Geschwindigkeit nach, mit der diese Körper fliegen, besteht wenig Zweifel, daß sie kleine Planeten darstellen, die während ihres Umlaufs rund um die Sonne von der Erde angezogen werden und sich ihr zuwenden. Überlegen Sie für einen Augenblick die Folgen, die entstehen würden, wenn ein fester Meteorstein in diesen Raum, in dem wir versammelt sind, mit einer Geschwindigkeit einschlüge, die sechsmal so groß wie die einer Kanonenkugel ist. Die gräßlichen Wirkungen solcher Zusammenstöße werden durch die Atmosphäre rund um den Erdball wirksam verhütet, durch die die Geschwindigkeit der Meteore gebremst und ihre lebendige Kraft in Wärme umgewandelt wird, die mindestens so intensiv wie die Schmelzwärme des Körpers wird und ihn in Teile zerspaltet, die wahrscheinlich zu klein sind, um bei ihrem Fall zum Erdboden bemerkt zu werden. Das hat zur Folge, daß trotz der Vielzahl von Sternschnuppen, die jede Nacht erscheinen, nur wenig Meteorsteine gefunden wurden, und diese wenigen bestätigen die Wahrheit unserer Hypothese durch die Spuren starker Hitze, die sie auf ihrer Oberfläche tragen.

Wenn wir vom Planetenraum und dem Firmament zur Oberfläche unserer Erde herabsteigen, finden wir eine unendliche Mannigfaltigkeit von Erscheinungen, die mit der Umwandlung von lebendiger Kraft und Wärme ineinander verbunden sind, welche in unmißverständlichen Worten von der Weisheit und Wohltätigkeit des großen Architekten Natur sprechen. Die Bewegung der Luft, die wir *Wind* nennen, entsteht hauptsächlich durch die starke Wärme der heißen Zone im Vergleich zur Temperatur der gemäßigten und der kalten Zone. Hier haben wir ein Beispiel von Wärme, die in die lebendige Kraft von Luftströmungen umgewandelt wird. Diese Strömungen der Luft, die während ihres Fortschreitens über See die Wellen erheben und die Schiffe antreiben, schütteln beim Überstreichen des Landes die Bäume und bewegen jeden Grashalm. Die Wellen in ihrer gewaltigen Bewegung, die Schiffe bei ihrer Fahrt durch ein widerstrebendes Mittel, die Bäume beim Scheuern der Äste aneinander und bei der Reibung ihrer Blätter aneinander und an der Luft, alles dies erzeugt Wärme, die der Verminderung der lebendigen Kraft der Luft, welche dieses verursacht, äquivalent ist. Die Wärme, die so wieder entsteht, kann wiederum dazu beitragen, neue Strömungen der Luft auftreten zu lassen; und so können sich die Phänomene in endloser Folge und Abwechslung wiederholen.

Wenn wir unseren eigenen Leib betrachten, „sorglich und wunderbar bereitet", so beobachten wir in der Bewegung unserer Glieder eine fortwährende Umwandlung von Wärme in lebendige Kraft, die entweder wieder in Wärme zurückverwandelt werden kann oder verwendet wird, Anziehungskraft durch den Raum zu erzeugen, wenn man z. B. einen Berg besteigt. In der Tat bestehen die Phänomene der Natur, seien sie mechanisch, chemisch oder das Leben betreffend, fast gänzlich in einer stetigen Umwandlung von Anziehungskraft durch den Raum, lebendiger Kraft und Wärme ineinander. Das ist so, damit Ordnung im Universum aufrechterhalten wird, nichts wird verwirrt, nichts geht jemals verloren, sondern die ganze Maschinerie, so kompliziert sie auch ist, arbeitet ruhig und harmonisch. Und so, wie in der erhabenen Vision Hesekiels, „als wäre ein Rad im anderen", mag jedes Ding kompliziert und verwickelt erscheinen in der scheinbaren Verwirrung und Kompliziertheit einer fast endlosen Vielfalt von Ursachen, Wirkungen, Umwandlungen und Anordnungen, dennoch bleibt die vollkommenste Ordnung erhalten, das Ganze wird gelenkt durch den unumschränkten Willen Gottes.

Schließlich sollen noch einige Worte über die wirkliche Natur der Wärme gesagt werden. Die am weitesten verbreitete Meinung bis in unsere Zeit war die, daß sie eine *Substanz* ist und wie alle andere Materie Undurchdringlichkeit und Ausdehnung besitzt. Wir haben jedoch gezeigt, daß Wärme in lebendige Kraft und in Anziehungskraft durch den Raum umgewandelt werden kann. Es ist deshalb vollständig klar, wenn nicht Materie in Anziehungskraft durch den Raum umgewandelt werden kann, was eine zu absurde Idee ist, um sie auch nur für einen Augenblick aufrechtzuerhalten, daß dann die Hypothese, daß Wärme eine Substanz ist, fallen gelassen werden muß. Wärme muß deshalb entweder aus lebendiger Kraft oder aus Anziehungskraft durch den Raum bestehen. Im ersten Fall können wir annehmen, daß die die erwärmten Körper bildenden Teilchen entweder ganz oder teilweise im Zustand der Bewegung sind. Im zweiten Fall können wir voraussetzen, daß die Teilchen im Verlaufe der Erwärmung fortbewegt werden und damit über einen größeren Abstand Anziehungskraft zeigen. Ich neige dazu anzunehmen, daß beide Hypothesen für gut befunden werden, daß in einigen Beispielen, speziell im Falle der *fühlbaren* Wärme oder der, die durch das Thermometer angezeigt wird, gefunden wird, daß die Wärme aus der lebendigen Kraft der Teilchen des Körpers besteht, in welchem sie erzeugt worden ist; während in anderen Fällen, besonders in dem der *latenten* Wärme, die Phänomene durch die Trennung der Teilchen voneinander erzeugt werden, wodurch diese veranlaßt werden, sich über einen größeren Zwischenraum anzuziehen. Wir können dann annehmen, daß die Übertragung von Wärme auf einen Körper tatsächlich in der Übertragung von Bewegungsgröße oder lebendiger Kraft auf seine Teilchen besteht. Es wird einigen von Ihnen sicherlich etwas seltsam vorkommen, daß ein scheinbar bewegungsloser Körper in Wirklichkeit der Sitz von Bewegungen von großer Heftigkeit sein soll; während Sie beobachten werden, daß von den Körpern selbst, als Ganzes genommen, nicht vorausgesetzt wird, sie seien in Bewegung. Die Teilchen oder Atome der Körper sollen also in Bewegung sein, ohne eine große Bewegung der ganzen Masse zu erzeugen. Diese Teilchen oder Atome sind bei weitem zu klein, um selbst auch mit Hilfe des stärksten Mikroskopes gesehen zu werden, und es ist kein Wunder, daß wir ihre Bewegungen nicht beobachten können. Da die Erscheinungen nicht anders erklärt werden können, besteht deshalb Grund zu der Annahme, daß die Teilchen aller Körper, nämlich die sie aufbauenden Atome, in einem Zustand der Bewegung sind, die fast zu schnell ist, um von uns bemerkt zu werden. Die Geschwindigkeit der Atome des Wassers ist z. B. mindestens gleich 1 Meile/s. Wenn einige Teilchen in Ruhe sind, wie man Grund anzunehmen hat, während die anderen in Bewegung sind, so wird die Geschwindigkeit der letzteren entsprechend größer sein. Ein Anwachsen der Umlaufsgeschwindigkeit der Teilchen wird ein Anwachsen der Temperatur veranlassen, die auf die benachbarten Körper durch das, was *Leitung* genannt wird, verteilt werden kann, d. h. nach der vorliegenden Hypothese durch die Übertragung der vergrößerten Bewegung der Teilchen des einen Körpers auf die der anderen. Wird die Geschwindigkeit der Teilchen weiter erhöht, so werden sie danach streben, auseinanderzufliegen, da die Zentrifugalkraft die zwischen ihnen bestehende Anziehung überwindet. Diese Entfernung der Teilchen voneinander wird eine neue Bedingung für den Körper schaffen, er wird in den Zustand des Schmelzens übergehen und flüssig werden. Auf Grund dessen, was wir bereits dargelegt haben, werden Sie verstehen, daß der Aufwand einer gewissen Menge lebendiger Kraft oder Wärme notwendig ist, um die Teilchen auseinander zu bringen, die sich gegenseitig kräftig anziehen. Das ist also die Wärme, die stets absorbiert wird, wenn ein Körper vom festen zum flüssigen oder vom flüssigen zum gasförmigen Zustand übergeht. Nehmen Sie z. B. einen auf 0 °F abgekühlten Eisblock, führen Sie ihm Wärme zu, so daß er allmählich 32 °F erreicht, mit welcher Zahl herkömmlicherweise die Temperatur bezeichnet wird, bei der Eis zu schmelzen beginnt. Wenn das Eis diese Temperatur erreicht hat und Sie fahren fort, es weiter zu erwärmen, so wird es flüssig werden, aber seine Temperatur wird nicht über 32 °F steigen, bevor nicht das Ganze in Wasser umgewandelt worden ist. Die Erklärung dieser Tatsachen ist von unserer Hypothese her klar. Bevor das Eis die Temperatur von 32 °F erreicht hat, vergrößert die Zuführung von Wärme die Rotationsgeschwindigkeit der Teilchen, aus denen es besteht; aber in dem Augenblick, da es diesen Punkt erreicht, erzeugt die Geschwindigkeit ein solches Anwachsen der Zentrifugalkraft der Teilchen, daß sie gezwungen werden, sich voneinander zu trennen. Es ist im wesentlichen diese Trennung der Teilchen, die sich stark anziehen, und nicht das Anwachsen der Geschwindigkeit der Teilchen, die die zugeführte Wärme *dann* verbraucht. Sobald jedoch die Trennung ausgeführt und das flüssige Wasser erzeugt worden ist, wird eine weitere Wärmezufuhr ein weiteres Anwachsen der Teilchengeschwindigkeit bewirken, was wiederum ein Anwachsen der Temperatur zur Folge hat, wodurch das Thermometer sofort über 32 °F ansteigen wird. Wenn das Wasser eine Temperatur von 212 °F oder den Siedepunkt erreicht, wird sich eine ähnliche Erscheinung wiederholen, denn man findet dann, daß es unmöglich ist, die Temperatur über diesen Punkt zu erhöhen, weil die dann zugeführte Wärme verwendet wird, um die Teilchen des Wassers zu trennen und Dampf zu bilden, und nicht, um ihre Geschwindigkeit und ihre lebendige Kraft zu vergrößern. Wenn wir durch Anwendung von Kälte den Dampf wieder zu Wasser kondensieren und bei weiterer Abführung von Wärme das Wasser in den festen Zustand von Eis bringen, so erleben wir die Wiederholung ähnlicher Phänomene in umgekehrter Reihenfolge. Die Dampfteilchen, die die Beschaffenheit von Wasser annehmen, fallen durch einen gewissen Zwischenraum aufeinander zu. Die lebendige Kraft, die damit erzeugt wird, wird in Wärme umgewandelt, welche abgeführt werden muß, bevor etwas mehr Dampf in Wasser umgewandelt werden kann. Somit ist es stets notwendig, eine große Wärmemenge abzuführen, um Dampf in Wasser umzuwandeln, obwohl die Temperatur während dieser Zeit genau bei 212 °F verbleibt; aber in dem Augenblick, da aller Dampf kondensiert ist, wird die weitere Abführung von Wärme eine Verminderung der Temperatur bewirken, weil sie sich nur in einer Verminderung der Umlaufgeschwindigkeit der Atome des Wassers äußern kann. Was bezüglich der Kondensation des Dampfes gesagt worden ist, gilt gleichermaßen für die Erstarrung des Wassers.

Ich könnte fortfahren, diese Theorie auf die Phänomene der Verbrennung, deren Wärme in der lebendigen Kraft besteht, welche durch die starke Anziehung des Brennstoffes durch den Raum auf den Sauerstoff verursacht wird, und auf eine Vielzahl anderer thermochemischer Erscheinungen anzuwenden, aber Sie werden zweifellos selbst in der Lage sein, dieses Thema in Ihren Mußestunden weiter zu verfolgen.

Ich versichere Ihnen, daß die Prinzipien, die ich sehr unvollständig an diesem Abend vorgetragen habe, sehr weit in der Aufklärung vieler Punkte der Wissenschaft, sowohl der dunklen als auch der einfachen, angewendet werden können und daß beharrlichen Erkundungen auf dieser Grundlage kaum ein reicher Lohn versagt sein wird.

## 7. Über die Erhaltung der Kraft*)

*Eine physikalische Abhandlung*

von

HERMANN VON HELMHOLTZ

### Zusammenfassung

Als die Grundprinzipien, auf denen die Behauptungen dieser Abhandlung beruhen, kann man jedes der beiden folgenden ansehen: *1.* Es ist unmöglich, auf irgendeine Weise eine unbegrenzte Menge mechanischer Kraft zu erzeugen; *2.* alle Wirkungen in der Natur können als Ausdrücke von anziehenden oder abstoßenden Kräften zwischen Punkten erklärt werden, die von den Abständen zwischen diesen Punkten abhängen. Die beiden Prinzipien sind im wesentlichen äquivalent.

Das Ziel der theoretischen Physik besteht darin, alle Naturphänomene auf Bewegungen materieller Teilchen zurückzuführen, welche aufeinander Kräfte ausüben. Das erste dabei angewendete Prinzip ist das von der Erhaltung der *vis viva* (lebendige Kraft). Zum Beispiel ist die Arbeit, die man braucht, um einen Körper mit dem Gewicht $m$ entgegen der Schwerkraft auf die Höhe $h$ zu heben, gleich $mgh$; ein Körper, der um die gleiche Strecke gefallen ist, hat die Geschwindigkeit $v = \sqrt{2gh}$, somit ist seine *vis viva* gleich $1/2\, mv^2 = mgh$. Das gleiche ist im allgemeinen gültig, wenn Teilchen mit irgendeiner Kraft, welche nur von ihrem Abstand abhängt, aufeinander wirken. Im allgemeinen bleibt die Summe der „Spannungen" (potentiellen Energien) und der *vires vivae* (kinetischen Energien) in jedem System von Teilchen konstant, und dies wollen wir das *Prinzip von der Erhaltung der Kraft* nennen. Es wird die Anwendung dieses Prinzips auf mechanische

---

*) Vorgetragen in der Sitzung der physikalischen Gesellschaft zu Berlin am 28. Juli 1847; erschien zu Berlin bei G. Reimer 1847.

Theoreme diskutiert; zum Beispiel werden die Bewegungen vollständig elastischer Körper und die Ausbreitung von Wellen untersucht.

Können wir die Wärme als ein Äquivalent von Kraft betrachten? Die Experimente von RUMFORD, JOULE u. a. zeigen, daß Wärme durch Bewegungen erzeugt wird, und wir folgern, daß Wärme tatsächlich eine Art molekularer Bewegung ist, so daß auf sie die gleichen Prinzipien angewendet werden können.

### *Einleitung*

Vorliegende Abhandlung mußte ihrem Hauptinhalte nach hauptsächlich für Physiker bestimmt werden, ich habe es daher vorgezogen, die Grundlagen derselben unabhängig von einer philosophischen Begründung rein in der Form einer physikalischen Voraussetzung hinzustellen, deren Folgerungen zu entwickeln und dieselben in den verschiedenen Zweigen der Physik mit den erfahrungsmäßigen Gesetzen der Naturerscheinungen zu vergleichen. Die Herleitung der aufgestellten Sätze kann von zwei Ausgangspunkten angegriffen werden, entweder von dem Satze, daß es nicht möglich sein könne, durch die Wirkungen irgendeiner Kombination von Naturkörpern aufeinander in das Unbegrenzte Arbeitskraft zu gewinnen, oder von der Annahme, daß alle Wirkungen in der Natur zurückzuführen seien auf anziehende und abstoßende Kräfte, deren Intensität nur von der Entfernung der aufeinander wirkenden Punkte abhängt. Daß beide Sätze identisch sind, ist im Anfange der Abhandlung selbst gezeigt worden. Indessen haben dieselben noch eine wesentlichere Bedeutung für den letzten und eigentlichen Zweck der physikalischen Naturwissenschaften überhaupt, welchen ich in dieser abgesonderten Einleitung darzulegen versuchen werde.

Aufgabe der genannten Wissenschaften ist es einmal, die Gesetze zu suchen, durch welche die einzelnen Vorgänge in der Natur auf allgemeine Regeln zurückgeleitet und aus den letzteren wieder bestimmt werden können. Diese Regeln, z. B. das Gesetz der Brechung oder Zurückwerfung des Lichts, das von MARIOTTE und GAY LUSSAC für das Volum der Gasarten, sind offenbar nichts als allgemeine Gattungsbegriffe, durch welche sämtliche dahin gehörige Erscheinungen umfaßt werden. Die Aufsuchung derselben ist das Geschäft des experimentellen Teils unserer Wissenschaften. Der theoretische Teil derselben sucht dagegen, die unbekannten Ursachen der Vorgänge aus ihren sichtbaren Wirkungen zu finden; er sucht dieselben zu begreifen nach dem Gesetze der Kausalität.[1]) Wir werden genötigt und berechtigt zu diesem Geschäfte durch den Grundsatz, daß jede Veränderung in der Natur eine zureichende Ursache haben *müsse*. Die nächsten Ursachen, welche wir den Naturerscheinungen unterlegen, können selbst unveränderlich sein oder veränderlich; im letzteren Falle nötigt uns derselbe Grundsatz, nach anderen Ursachen wiederum dieser Veränderung zu suchen, und so fort, bis wir zuletzt zu letzten Ursachen gekommen sind, welche nach einem unveränderlichen Gesetz wirken, welche folglich zu jeder Zeit unter denselben äußeren Verhältnissen dieselbe Wirkung hervorbringen. Das endliche Ziel der theoretischen Naturwissenschaften ist also, die letzten unveränderlichen Ursachen der Vorgänge in der Natur aufzufinden. Ob nun wirklich alle Vorgänge auf solche zurückzuführen seien, ob also die Natur vollständig begreiflich sein müsse oder ob es Veränderungen in ihr gebe, die sich dem Gesetze einer notwendigen Kausalität entziehen, die also in das Gebiet einer Spontaneität, Freiheit, fallen, ist hier nicht der Ort zu entscheiden; jedenfalls ist es klar, daß die Wissenschaft, deren Zweck es ist, die Natur zu begreifen, von der Voraussetzung ihrer Begreiflichkeit ausgehen müsse und dieser Voraussetzung gemäß schließen und untersuchen, bis sie vielleicht durch unwiderlegliche Fakten zur Anerkenntnis ihrer Schranken genötigt sein sollte.

---

[1]) Siehe Zusatz 1.

Die Wissenschaft betrachtet die Gegenstände der Außenwelt nach zweierlei Abstraktionen: einmal ihrem bloßen Dasein nach, abgesehen von ihren Wirkungen auf andere Gegenstände oder unsere Sinnesorgane; als solche bezeichnet sie dieselben als *Materie*. Das Dasein der Materie an sich ist uns also ein ruhiges, wirkungsloses; wir unterscheiden an ihr die räumliche Verteilung und die Quantität (Masse), welche als ewig unveränderlich gesetzt wird. Qualitative Unterschiede dürfen wir der Materie an sich nicht zuschreiben, denn wenn wir von verschiedenartigen Materien sprechen, so setzen wir ihre Verschiedenheit immer nur in die Verschiedenheit ihrer Wirkungen, d. h. in ihre Kräfte. Die Materie an sich kann deshalb auch keine andere Veränderung eingehen als eine räumliche, d. h. Bewegung. Die Gegenstände der Natur sind aber nicht wirkungslos, ja wir kommen überhaupt zu ihrer Kenntnis nur durch die Wirkungen, welche von ihnen aus auf unsere Sinnesorgane erfolgen, indem wir aus diesen Wirkungen auf ein Wirkendes schließen. Wenn wir also den Begriff der Materie in der Wirklichkeit anwenden wollen, so dürfen wir dies nur, indem wir durch eine zweite Abstraktion demselben wiederum hinzufügen, wovon wir vorher abstrahieren wollten, nämlich das Vermögen, Wirkungen auszuüben, d. h. indem wir derselben Kräfte zuerteilen. Es ist einleuchtend, daß die Begriffe von Materie und Kraft in der Anwendung auf die Natur nie getrennt werden dürfen. Eine reine Materie wäre für die übrige Natur gleichgültig, weil sie nie eine Veränderung in dieser oder in unseren Sinnesorganen bedingen könnte; eine reine Kraft wäre etwas, was dasein sollte und doch wieder nicht dasein, weil wir das Daseiende Materie nennen. Ebenso fehlerhaft ist es, die Materie für etwas Wirkliches, die Kraft für einen bloßen Begriff erklären zu wollen, dem nichts Wirkliches entspräche; beides sind vielmehr Abstraktionen von dem Wirklichen, in ganz gleicher Art gebildet; wir können ja die Materie eben nur durch ihre Kräfte, nie an sich selbst, wahrnehmen.

Wir haben oben gesehen, daß die Naturerscheinungen

auf unveränderliche letzte Ursachen zurückgeführt werden sollen; diese Forderung gestaltet sich nun so, daß als letzte Ursachen der Zeit nach unveränderliche Kräfte gefunden werden sollen. Materien mit unveränderlichen Kräften (unvertilgbaren Qualitäten) haben wir in der Wissenschaft (chemische) Elemente genannt. Denken wir uns aber das Weltall zerlegt in Elemente mit unveränderlichen Qualitäten, so sind die einzigen noch möglichen Änderungen in einem solchen System räumliche, d. h. Bewegungen, und die äußeren Verhältnisse, durch welche die Wirkung der Kräfte modifiziert wird, können nur noch räumliche sein, also die Kräfte nur Bewegungskräfte, abhängig in ihrer Wirkung nur von den räumlichen Verhältnissen.

Also näher bestimmt: Die Naturerscheinungen sollen zurückgeführt werden auf Bewegungen von Materien mit unveränderlichen Bewegungskräften, welche nur von den räumlichen Verhältnissen abhängig sind.

Bewegung ist Änderung der räumlichen Verhältnisse. Räumliche Verhältnisse sind nur möglich gegen abgegrenzte Raumgrößen, nicht gegen den unterschiedslosen leeren Raum. Bewegung kann deshalb in der Erfahrung nur vorkommen als Änderung der räumlichen Verhältnisse wenigstens zweier materieller Körper gegeneinander; Bewegungskraft, als ihre Ursache, also auch immer nur erschlossen werden für das Verhältnis mindestens zweier Körper gegeneinander, sie ist also zu definieren als das Bestreben zweier Massen, ihre gegenseitige Lage zu wechseln. Die Kraft aber, welche zwei ganze Massen gegeneinander ausüben, muß aufgelöst werden in die Kräfte aller ihrer Teile gegeneinander; die Mechanik geht deshalb zurück auf die Kräfte der materiellen Punkte, d. h. der Punkte des mit Materie gefüllten Raumes.[1]) Punkte haben aber keine räumliche Beziehung gegeneinander als ihre Entfernung, denn die Richtung ihrer Verbindungslinie kann nur im Verhältnis gegen mindestens noch zwei andere

[1]) Siehe Zusatz 2.

Punkte bestimmt werden. Eine Bewegungskraft, welche sie gegeneinander ausüben, kann deshalb auch nur Ursache zur Änderung ihrer Entfernung sein, d. h. eine anziehende oder abstoßende. Dies folgt auch sogleich aus dem Satze vom zureichenden Grunde. Die Kräfte, welche zwei Massen aufeinander ausüben, müssen notwendig ihrer Größe und Richtung nach bestimmt sein, sobald die Lage der Massen vollständig gegeben ist. Durch zwei Punkte ist aber nur eine einzige Richtung vollständig gegeben, nämlich die ihrer Verbindungslinie; folglich müssen die Kräfte, welche sie gegeneinander ausüben, nach dieser Linie gerichtet sein, und ihre Intensität kann nur von der Entfernung abhängen.

Es bestimmt sich also endlich die Aufgabe der physikalischen Naturwissenschaften dahin, die Naturerscheinungen zurückzuführen auf unveränderliche, anziehende und abstoßende Kräfte, deren Intensität von der Entfernung abhängt. Die Lösbarkeit dieser Aufgabe ist zugleich die Bedingung der vollständigen Begreiflichkeit der Natur. Die rechnende Mechanik hat bis jetzt diese Beschränkung für den Begriff der Bewegungskraft nicht angenommen, einmal weil sie sich über den Ursprung ihrer Grundsätze nicht klar war, und dann, weil es ihr darauf ankommt, auch den Erfolg zusammengesetzter Bewegungskräfte berechnen zu können in solchen Fällen, wo die Auflösung derselben in einfache noch nicht gelungen ist. Doch gilt ein großer Teil ihrer allgemeinen Prinzipien der Bewegung zusammengesetzter Systeme von Massen nur für den Fall,[1]) daß dieselben durch unveränderliche anziehende oder abstoßende Kräfte aufeinander wirken; nämlich das Prinzip der virtuellen Geschwindigkeiten, das von der Erhaltung der Bewegung des Schwerpunktes, von der Erhaltung der Hauptrotationsebene und des Moments der Rotation freier Systeme, das von der Erhaltung der lebendigen Kraft. Für irdische Verhältnisse finden von diesen Prinzipien hauptsächlich

[1]) Besser: „ist zu beweisen nur für den Fall“ (1881).

nur das erste und letzte Anwendung, weil sich die anderen nur auf vollkommen freie Systeme beziehen, das erste ist wieder, wie wir zeigen werden, ein spezieller Fall des letzteren, welches deshalb als die allgemeinste und wichtigste Folgerung der gemachten Herleitung erscheint.

Die theoretische Naturwissenschaft wird daher, wenn sie nicht auf halbem Wege des Begreifens stehen bleiben will, ihre Ansichten mit der aufgestellten Forderung über die Natur der einfachen Kräfte und deren Folgerungen in Einklang setzen müssen. Ihr Geschäft wird vollendet sein, wenn einmal die Zurückleitung der Erscheinungen auf einfache Kräfte vollendet ist und zugleich nachgewiesen werden kann, daß die gegebene die einzig mögliche Zurückleitung sei, welche die Erscheinungen zulassen. Dann wäre dieselbe als die notwendige Begriffsform der Naturauffassung erwiesen; es würde derselben alsdann also auch objektive Wahrheit zuzuschreiben sein.

## *I. Das Prinzip von der Erhaltung der lebendigen Kraft*

Wir gehen aus von der Annahme, daß es unmöglich sei, durch irgendeine Kombination von Naturkörpern bewegende Kraft fortdauernd aus nichts zu erschaffen. Aus diesem Satze haben schon CARNOT und CLAPEYRON[1]) eine Reihe teils bekannter, teils noch nicht experimentell nachgewiesener Gesetze über die spezifische und latente Wärme der verschiedensten Naturkörper theoretisch hergeleitet. Zweck der vorliegenden Abhandlung ist es, ganz in derselben Weise das genannte Prinzip in allen Zweigen der Physik durchzuführen, teils um die Anwendbarkeit desselben nachzuweisen in allen denjenigen Fällen, wo die Gesetze der Erscheinungen schon hinreichend erforscht sind, teils um mit seiner Hilfe, unterstützt durch die vielfältige Analogie der bekannteren Fälle, auf die

---

[1]) Poggendorff's Ann. 59, S. 446 und 566.

Gesetze der bisher nicht vollständig untersuchten weiterzuschließen und dadurch dem Experiment einen Leitfaden an die Hand zu geben.

Das erwähnte Prinzip kann folgendermaßen dargestellt werden: Denken wir uns ein System von Naturkörpern, welche in gewissen räumlichen Verhältnissen zueinander stehen und unter dem Einflusse ihrer gegenseitigen Kräfte in Bewegung geraten, bis sie in bestimmte andere Lagen gekommen sind: so können wir ihre gewonnenen Geschwindigkeiten als eine gewisse mechanische Arbeit betrachten und in solche verwandeln. Wollen wir nun dieselben Kräfte zum zweiten Male wirksam werden lassen, um dieselbe Arbeit noch einmal zu gewinnen, so müssen wir die Körper auf irgendeine Weise in die anfänglichen Bedingungen durch Anwendung anderer uns zu Gebote stehender Kräfte zurückversetzen; wir werden dazu also eine gewisse Arbeitsgröße der letzteren wieder verbrauchen. In diesem Falle fordert nun unser Prinzip, daß die Arbeitsgröße, welche gewonnen wird, wenn die Körper des Systems aus der Anfangslage in die zweite, und verloren wird, wenn sie aus der zweiten in die erste übergehen, stets dieselbe sei, welches auch die Art, der Weg oder die Geschwindigkeit dieses Übergangs sein mögen. Denn wäre dieselbe auf irgendeinem Wege größer als auf dem anderen, so würden wir den ersteren zur Gewinnung der Arbeit benutzen können, den zweiten zur Zurückführung, zu welcher wir einen Teil der soeben gewonnenen Arbeit anwenden könnten, und würden so ins Unbestimmte mechanische Kraft gewinnen, ein Perpetuum mobile gebaut haben, welches nicht nur sich selbst in Bewegung erhielte, sondern auch noch imstande wäre, nach außen Kraft abzugeben.

Suchen wir nach dem mathematischen Ausdrucke dieses Prinzips, so finden wir ihn in dem bekannten Gesetze von der Erhaltung der lebendigen Kraft. Die Arbeitsgröße, welche gewonnen und verbraucht wird, kann bekanntlich ausgedrückt werden als ein auf eine bestimmte Höhe $h$ gehobenes Gewicht $m$; sie ist dann $mgh$, wo $g$ die Intensität der Schwerkraft. Um senkrecht frei in die Höhe $h$ emporzusteigen, braucht der Körper $m$ die Geschwindigkeit $v = \sqrt{2gh}$; und erlangt dieselbe wieder beim Herabfallen. Es ist also $1/2\, mv^2 = mgh$; folglich kann die Hälfte des Produktes $mv^2$, welches in der Mechanik bekanntlich „die Quantität der lebendigen Kraft des Körpers $m$" genannt wird, auch an die Stelle des Maßes der Arbeitsgröße gesetzt werden. Der besseren Übereinstimmung wegen, mit der jetzt gebräuchlichen Art, die Intensität der Kräfte zu messen, schlage ich vor, gleich die Größe $1/2\, mv^2$ als Quantität der lebendigen Kraft zu bezeichnen, wodurch sie identisch wird mit dem Maße der Arbeitsgröße. Für die bisherige Anwendung des Begriffes der lebendigen Kraft, der nur auf das besprochene Prinzip beschränkt war, ist diese Abänderung ohne Bedeutung, während sie uns im Folgenden wesentliche Vorteile gewähren wird. Das Prinzip von der Erhaltung der lebendigen Kraft sagt nun bekanntlich aus: Wenn sich eine beliebige Zahl beweglicher Massenpunkte nur unter dem Einflusse solcher Kräfte bewegt, welche sie selbst gegeneinander ausüben oder welche gegen feste Zentren gerichtet sind: so ist die Summe der lebendigen Kräfte aller zusammengenommen zu allen Zeitpunkten dieselbe, in welchen alle Punkte dieselben relativen Lagen gegeneinander und gegen die etwa vorhandenen festen Zentren einnehmen, wie auch ihre Bahnen und Geschwindigkeiten in der Zwischenzeit gewesen sein mögen. Denken wir die lebendigen Kräfte angewendet, um die Teile des Systems oder ihnen äquivalente Massen auf gewisse Höhen zu heben, so folgt aus dem, was wir eben gezeigt haben, daß auch die so dargestellten Arbeitsgrößen unter den genannten Bedingungen gleich sein müssen. Dieses Prinzip gilt aber nicht für alle möglichen Arten von Kräften; es wird in der Mechanik gewöhnlich angeknüpft an das Prinzip der virtuellen Geschwindigkeiten, und dies kann nur für materielle Punkte mit anziehenden und abstoßenden Kräften bewiesen werden. Wir wollen hier zunächst zeigen, daß das Prinzip von der Erhaltung der lebendigen

Kräfte ganz allein da gilt, wo die wirkenden Kräfte[1]) sich auflösen lassen in Kräfte materieller Punkte, welche in der Richtung der Verbindungslinie wirken, und deren Intensität nur von der Entfernung abhängt; in der Mechanik sind solche Kräfte gewöhnlich Zentralkräfte genannt worden. Es folgt daraus wiederum auch rückwärts, daß bei allen Wirkungen von Naturkörpern aufeinander, wo das besprochene Prinzip ganz allgemein auch auf alle kleinsten Teilchen dieser Körper angewendet werden kann, als einfachste Grundkräfte solche Zentralkräfte anzunehmen seien.

Betrachten wir zunächst einen materiellen Punkt von der Masse $m$, der sich bewegt unter dem Einfluß der Kräfte von mehreren zu einem festen System $A$ verbundenen Körpern, so zeigt uns die Mechanik die Mittel an, für jeden einzelnen Zeitpunkt die Lage und Geschwindigkeit dieses Punktes bestimmen zu können. Wir würden also die Zeit $t$ als die Urvariable betrachten und von ihr abhängen lassen die Ordinaten $x$, $y$, $z$ von $m$ in Beziehung auf ein gegen das System $A$ festbestimmtes Koordinatensystem, seine Tangentialgeschwindigkeit $q$, die den Achsen parallelen Komponenten derselben $u = \mathrm{d}x/\mathrm{d}t$, $v = \mathrm{d}y/\mathrm{d}t$, $w = \mathrm{d}z/\mathrm{d}t$, und endlich die Komponenten der wirkenden Kräfte:

$$X = m\frac{\mathrm{d}u}{\mathrm{d}t}, \quad Y = m\frac{\mathrm{d}v}{\mathrm{d}t}, \quad Z = m\frac{\mathrm{d}w}{\mathrm{d}t}.$$

Unser Prinzip fordert nun, daß $1/2\, mq^2$, also auch $q^2$, stets dasselbe sei, wenn $m$ dieselbe Lage gegen $A$ hat, also nicht allein als Funktion der Urvariablen $t$, sondern auch als bloße Funktion der Koordinaten $x$, $y$, $z$ hingestellt werden könne, d. h. daß:

$$\mathrm{d}(q^2) = \frac{\mathrm{d}(q^2)}{\mathrm{d}x}\mathrm{d}x + \frac{\mathrm{d}(q^2)}{\mathrm{d}y}\mathrm{d}y + \frac{\mathrm{d}(q^2)}{\mathrm{d}z}\mathrm{d}z. \tag{1}$$

[1]) D. h. „ihre Auflösbarkeit in Punktkräfte vorausgesetzt" (1881).

Da $q^2 = u^2 + v^2 + w^2$, so ist $\mathrm{d}(q^2) = 2u\mathrm{d}u + 2v\mathrm{d}v + 2w\mathrm{d}w$. Wird statt $u$ hier $\mathrm{d}x/\mathrm{d}t$, statt $\mathrm{d}u$ aber $X\mathrm{d}t/m$ aus den oben hingestellten Werten gesetzt, ebenso für $v$ und $w$ die analogen Werte, so erhalten wir:

$$\mathrm{d}(q^2) = \frac{2X}{m}\mathrm{d}x + \frac{2Y}{m}\mathrm{d}y + \frac{2Z}{m}\mathrm{d}z. \qquad (2)$$

Da die Gleichungen (1) und (2) für jedes beliebige $\mathrm{d}x$, $\mathrm{d}y$, $\mathrm{d}z$ zusammen stattfinden müssen, so folgt, daß auch einzeln:

$$\frac{\mathrm{d}(q^2)}{\mathrm{d}x} = \frac{2X}{m}, \quad \frac{\mathrm{d}q^2}{\mathrm{d}y} = \frac{2Y}{m} \quad \text{und} \quad \frac{\mathrm{d}q^2}{\mathrm{d}z} = \frac{2Z}{m}.$$ [1])

Ist aber $q^2$ bloße Funktion von $x$, $y$, $z$, so folgt hieraus, daß auch $X$, $Y$ und $Z$, d. h. Richtung und Größe der wirkenden Kraft, nur Funktionen der Lage von $m$ gegen $A$ seien.

Denken wir uns nun auch statt des Systems $A$ einen einzelnen materiellen Punkt $a$, so folgt aus dem oben Bewiesenen, daß die Richtung und Größe der Kraft, welche von $a$ auf $m$ einwirke, nur bestimmt werde durch die relative Lage von $m$ gegen $a$. Da nun die Lage von $m$ durch seine Beziehung zu dem einzelnen Punkt $a$ nur noch der Entfernung $ma$ nach bestimmt ist, so würde in diesem Falle das Gesetz dahin zu modifizieren sein, daß Richtung und Größe der Kraft Funktionen dieser Entfernung $r$ sein müssen. Denken wir uns die Koordinaten auf irgendein beliebiges Achsensystem bezogen, dessen Anfangspunkt in $a$ liegt, so muß hiernach:

$$m\mathrm{d}(q^2) = 2X\mathrm{d}x + 2Y\mathrm{d}y + 2Z\mathrm{d}z = 0 \qquad (3)$$

sein, so oft:

$$\mathrm{d}(r^2) = 2x\mathrm{d}x + 2y\mathrm{d}y + 2z\mathrm{d}z = 0$$

---

[1]) Dieser Schluß erfordert eine Beschränkung (1881). S. Zusatz 3.

ist, d. h. so oft:

$$\mathrm{d}z = -\frac{x\mathrm{d}x + y\mathrm{d}y}{z}.$$

Dieser Wert in Gleichung (3) gesetzt, gibt:

$$\left(X - \frac{x}{z}Z\right)\mathrm{d}x + \left(Y - \frac{y}{z}Z\right)\mathrm{d}y = 0$$

für jedes beliebige $\mathrm{d}x$ und $\mathrm{d}y$, also auch einzeln:

$$X = \frac{x}{z}Z \quad \text{und} \quad Y = \frac{y}{z}Z,$$

d. h., die Resultante muß nach dem Anfangspunkte der Koordinaten, nach dem wirkenden Punkte $a$, gerichtet sein.

Es müssen folglich in Systemen, welche ganz allgemein dem Gesetz von der Erhaltung der lebendigen Kraft[1]) Folge leisten, die einfachen Kräfte der materiellen Punkte Zentralkräfte sein.

## *II. Das Prinzip von der Erhaltung der Kraft*

Wir wollen dem besprochenen Gesetze für die Fälle, wo Zentralkräfte wirken, nun noch einen allgemeineren Ausdruck geben.

Ist $\varphi$ die Intensität der Kraft, welche in der Richtung von $r$ wirkt, wenn sie anzieht, als positiv, wenn sie abstößt, als negativ gesetzt, also:

$$X = -\frac{x}{r}\varphi; \quad Y = -\frac{y}{r}\varphi; \quad Z = -\frac{z}{r}\varphi, \qquad (1)$$

so ist gemäß der Gleichung (2) des vorigen Abschnittes:

$$m\mathrm{d}(q^2) = -2\frac{\varphi}{r}(x\mathrm{d}x + y\mathrm{d}y + z\mathrm{d}z);$$

[1]) Und der Gleichheit der Aktion und Reaktion (1881).

also:

$$1/2\, m \mathrm{d}(q^2) = -\varphi \mathrm{d}r.$$

Oder wenn $Q$ und $R$, $q$ und $r$ zusammengehörige Tangentialgeschwindigkeiten und Entfernungen vorstellen:

$$1/2\, mQ^2 - 1/2\, mq^2 = -\int_r^R \varphi \mathrm{d}r. \tag{2}$$

Betrachten wir diese Gleichung näher, so finden wir auf der linken Seite den Unterschied der lebendigen Kräfte, welche $m$ bei zwei verschiedenen Entfernungen hat. Um die Bedeutung der Größe $\int_r^R \varphi \mathrm{d}r$ zu finden, denken wir uns die Intensitäten von $\varphi$, welche zu verschiedenen Punkten der Verbindungslinie von $m$ und $a$ gehören, durch rechtwinkelig aufgesetzte Ordinaten dargestellt: so würde die genannte Größe den Flächeninhalt bezeichnen, den die Kurve zwischen den zu $R$ und $r$ gehörigen Ordinaten mit der Abszissenachse einschließt. Wie man sich nun diesen Flächenraum als die Summe aller der unendlich vielen in ihm liegenden Abszissen vorstellen kann, so ist jene Größe der Inbegriff aller Kraftintensitäten, welche in den zwischen $R$ und $r$ liegenden Entfernungen wirken. Nennen wir nun die Kräfte, welche den Punkt $m$ zu bewegen streben, solange sie eben noch nicht Bewegung bewirkt haben, *Spannkräfte*, im Gegensatz zu dem, was die Mechanik *lebendige Kraft* nennt, so würden wir die Größe $\int_r^R \varphi \mathrm{d}r$ als die *Summe der Spannkräfte* zwischen den Entfernungen $R$ und $r$ bezeichnen können und das obige Gesetz würde auszusprechen sein: Die Zunahme der lebendigen Kraft eines Massenpunktes bei seiner Bewegung unter dem Einfluß einer Zentralkraft ist gleich der Summe der zu der betreffenden Änderung seiner Entfernung gehörigen Spannkräfte.

Denken wir uns zwei Punkte unter der Wirkung einer anziehenden Kraft stehend in einer bestimmten Entfernung $R$, so werden sie durch Wirkung der Kraft selbst nach den kleineren Entfernungen $r$ hingetrieben, und dabei wird ihre Geschwindigkeit, ihre lebendige Kraft, zunehmen; sollen sie aber nach größeren Entfernungen $r$ gelangen, so muß ihre lebendige Kraft abnehmen und endlich ganz verbraucht werden; wir können deshalb bei anziehenden Kräften die Summe der Spannkräfte für die Entfernungen zwischen $r = 0$ und $r = R \int_0^R \varphi \mathrm{d}r$ als die noch vorhandenen, die aber zwischen $r = R$, und $r = \infty$ als die verbrauchten bezeichnen; die ersteren können unmittelbar, die letzteren erst nach einem äquivalenten Verlust an lebendiger Kraft in Wirksamkeit treten. Umgekehrt ist es bei abstoßenden Kräften. Befinden sich die Punkte in der Entfernung $R$, so werden sie bei ihrer Entfernung lebendige Kraft gewinnen, und als die vorhandenen Spannkräfte werden die zu bezeichnen sein zwischen $r = R$ und $r = \infty$, als die verlorenen die zwischen $r = 0$ und $r = R$.

Um nun unser Gesetz ganz allgemein durchzuführen, denken wir uns eine beliebige Anzahl materieller Punkte von den Massen $m_1$, $m_2$, $m_3$ usw. allgemein bezeichnet mit $m_a$, deren Koordinaten $x_a$, $y_a$, $z_a$; die den Achsen parallelen Komponenten der darauf wirkenden Kräfte seien $X_a$, $Y_a$, $Z_a$, die nach den Achsen zerlegten Geschwindigkeiten $u_a$, $v_a$, $w_a$, die Tangentialgeschwindigkeiten $q_a$; die Entfernung zwischen $m_a$ und $m_b$ sei $r_{ab}$, die Zentralkraft zwischen beiden $\varphi_{ab}$. Es ist nun für einen einzelnen Punkt $m_n$ analog der Gleichung (1)

$$X_n = \sum \left[ (x_a - x_n) \frac{\varphi_{an}}{r_{an}} \right] = m_n \frac{\mathrm{d}u_n}{\mathrm{d}t},$$

$$Y_n = \sum \left[ (y_a - y_n) \frac{\varphi_{an}}{r_{an}} \right] = m_n \frac{\mathrm{d}v_n}{\mathrm{d}t},$$

$$Z_n = \sum \left[ (z_a - z_n) \frac{\varphi_{an}}{r_{an}} \right] = m_n \frac{\mathrm{d}w_n}{\mathrm{d}t},$$

wo das Summationszeichen $\sum$ sich auf alle die Glieder bezieht, welche entstehen, wenn man nacheinander für den Index $a$ alle einzelnen Indizes 1, 2, 3, ... mit Ausnahme von $n$ setzt.

Multiplizieren wir die erste Gleichung mit $\mathrm{d}x_n = u_n \mathrm{d}t$, die zweite mit $\mathrm{d}y_n = v_n \mathrm{d}t$, die dritte mit $\mathrm{d}z_n = w_n \mathrm{d}t$, und denken wir uns die drei dann entstehenden Gleichungen für alle einzelnen Punkte $m_b$ aufgestellt, wie es hier für $m_n$ geschehen ist, und alle addiert, so erhalten wir:

$$\sum \left[(x_a - x_b)\,\mathrm{d}x_b \frac{\varphi_{ab}}{r_{ab}}\right] = \sum \left[1/2\, m_a \mathrm{d}(u_a^2)\right],$$

$$\sum \left[(y_a - y_b)\,\mathrm{d}y_b \frac{\varphi_{ab}}{r_{ab}}\right] = \sum \left[1/2\, m_a \mathrm{d}(v_a^2)\right],$$

$$\sum \left[(z_a - z_b)\,\mathrm{d}z_b \frac{\varphi_{ab}}{r_{ab}}\right] = \sum \left[1/2\, m_a \mathrm{d}(w_a^2)\right].$$

Die Glieder der Reihe links werden erhalten, wenn man erst statt $a$ alle einzelnen Indizes 1, 2, 3, ... setzt, und bei jedem einzelnen auch für $b$ alle größeren und alle kleineren Werte, als $a$ schon hat. Die Summen zerfallen also in zwei Teile, in deren einem $a$ stets größer ist als $b$, im andern stets kleiner, und es ist klar, daß für jedes Glied des einen Teils:

$$(x_p - x_q)\,\mathrm{d}x_q \frac{\varphi_{pq}}{r_{pq}}$$

in dem anderen eines vorkommen muß:

$$(x_q - x_p)\,\mathrm{d}x_p \frac{\varphi_{pq}}{r_{pq}},$$

beide addiert geben:

$$-(x_p - x_q)\,(\mathrm{d}x_p - \mathrm{d}x_q) \frac{\varphi_{pq}}{r_{pq}}.$$

Machen wir diese Zusammenziehung in den Summen, addieren sie alle drei und setzen:

$$1/2\,\mathrm{d}[(x_a - x_b)^2 + (y_a - y_b)^2 + (z_a - z_b)^2] = r_{ab}\,\mathrm{d}\,r_{ab},$$

so erhalten wir:

$$-\sum [\varphi_{ab}\,\mathrm{d}\,r_{ab}] = \sum [1/2\, m_a\,\mathrm{d}\,(q_a{}^2)] \tag{3}$$

oder:

$$-\sum \left[\int_{r_{ab}}^{R_{ab}} \varphi_{ab}\,\mathrm{d}\,r_{ab}\right] = \sum [1/2\, m_a Q_a^2] - \sum [1/2\, m_a q_a^2], \tag{4}$$

wenn $R$ und $Q$ sowie $r$ und $q$ zusammengehörige Werte bezeichnen.

Wir haben hier links wieder die Summe der verbrauchten Spannkräfte, rechts die der lebendigen Kräfte des ganzen Systems, und wir können das Gesetz jetzt so aussprechen: In allen Fällen der Bewegung freier materieller Punkte unter dem Einfluß ihrer anziehenden und abstoßenden Kräfte, deren Intensitäten nur von der Entfernung abhängig sind, ist der Verlust an Quantität der Spannkraft stets gleich dem Gewinn an lebendiger Kraft und der Gewinn der ersteren dem Verlust der letzteren. *Es ist also stets die Summe der vorhandenen lebendigen und Spannkräfte konstant.* In dieser allgemeinsten Form können wir unser Gesetz als das *Prinzip von der Erhaltung der Kraft* bezeichnen.

In der gegebenen Ableitung des Gesetzes ändert sich nichts, wenn ein Teil der Punkte, welche wir mit dem durchlaufenden Buchstaben $d$ bezeichnen wollen, fest gedacht wird, so daß $q_d$ konstant $= 0$; es ist dann die Form des Gesetzes:

$$\sum [\varphi_{ab}\,\mathrm{d}\,r_{ab}] + \sum [\varphi_{ad}\,\mathrm{d}\,r_{ad}] = -\sum [1/2\, m_b\,\mathrm{d}\,(q_b^2)]. \tag{5}$$

Es bleibt noch übrig zu bemerken, in welchem Verhältnis das Prinzip von der Erhaltung der Kraft zu dem allgemeinsten Gesetze der Statik, dem sogenannten Prinzip der virtuellen Geschwindigkeiten, steht. Dieses folgt nämlich unmittelbar aus unseren Gleichungen (3) und (5). Soll Gleichgewicht stattfinden bei einer bestimmten Lagerung der Punkte $m_a$, d. h., soll für den Fall, daß diese Punkte ruhen, also $q_a = 0$, dieser Zustand der Ruhe auch bestehen bleiben, also alle $dq_a = 0$, so folgt aus der Gleichung (3):

$$\sum [\varphi_{ab} \mathrm{d} r_{ab}] = 0, \tag{6}$$

oder wenn auch Kräfte von Punkten $m_d$ außerhalb des Systems einwirken, aus Gleichung (5):

$$\sum [\varphi_{ab} \mathrm{d} r_{ab}] + \sum [\varphi_{ad} \mathrm{d} r_{ad}] = 0. \tag{7}$$

In diesen Gleichungen sind unter $\mathrm{d}r$ Änderungen der Entfernung zu verstehen, welche bei beliebigen, durch die anderweitigen Bedingungen des Systems zugelassenen, kleinen Verschiebungen der Punkte $m_a$ eintreten. Wir haben in den früheren Deduktionen gesehen, daß eine Vermehrung der lebendigen Kraft, also auch ein Übergang aus Ruhe in Bewegung, nur durch einen Verbrauch von Spannkraft erzeugt werden kann; die letzten Gleichungen sagen dementsprechend aus, daß unter solchen Bedingungen, wo durch keine einzige der möglichen Bewegungsrichtungen in dem ersten Augenblicke Spannkraft verbraucht wird, das System, wenn es einmal in Ruhe ist, auch in Ruhe bleiben muß.

Daß aus den hingestellten Gleichungen sämtliche Gesetze der Statik hergeleitet werden können, ist bekannt. Die für die Natur der wirkenden Kräfte wichtigste Folgerung ist diese: Denken wir uns statt der beliebigen kleinen Verschiebungen der Punkte $m$ solche gesetzt, wie sie stattfinden könnten, wenn das System in sich fest verbunden wäre, so daß in Gleichung (7) alle $\mathrm{d}r_{ab} = 0$, so folgt einzeln:

$$\sum [\varphi_{ad} \mathrm{d} r_{ad}] = 0$$

und

$$\sum [\varphi_{ab} \mathrm{d} r_{ab}] = 0 .$$

Dann müssen also sowohl die äußeren wie die inneren Kräfte für sich der Gleichgewichtsbedingung genügen. Wird demnach ein beliebiges System von Naturkörpern durch äußere Kräfte in eine bestimmte Gleichgewichtslage gebracht, so wird das Gleichgewicht nicht aufgehoben, 1. wenn wir die einzelnen Punkte des Systems in ihrer jetzigen Lage unter sich fest verbunden denken und 2. wenn wir dann die Kräfte wegnehmen, welche dieselben gegeneinander ausüben. Daraus folgt nun aber weiter: Werden die Kräfte, welche zwei Massenpunkte aufeinander ausüben, durch zwei an dieselben angebrachte äußere Kräfte in Gleichgewicht gesetzt, so müssen sich diese auch das Gleichgewicht halten, wenn statt der Kräfte der Punkte gegeneinander eine feste Verbindung derselben substituiert wird. Kräfte, welche zwei Punkte einer festen geraden Linie angreifen, halten sich aber nur im Gleichgewicht, wenn sie in dieser Linie selbst liegen, gleich und entgegengesetzt gerichtet sind. Es folgt also auch für die Kräfte der Punkte selbst, welche den äußeren gleich und entgegengesetzt sind, daß dieselben in der Richtung der verbindenden Linie liegen, also anziehende oder abstoßende sein müssen.

Wir können die aufgestellten Sätze folgendermaßen zusammenfassen:

1. So oft Naturkörper vermöge anziehender oder abstoßender Kräfte, welche von der Zeit und Geschwindigkeit unabhängig sind, aufeinander einwirken, muß die Summe ihrer lebendigen und Spannkräfte eine konstante sein; das Maximum der zu gewinnenden Arbeitsgröße also ein bestimmtes, endliches.

2. Kommen dagegen in den Naturkörpern auch Kräfte vor, welche von der Zeit und Geschwindigkeit abhängen oder nach anderen Richtungen wirken als der Verbindungslinie je zweier wirksamer materieller Punkte, also

z. B. rotierende, so würden Zusammenstellungen solcher Körper möglich sein, in denen entweder in das Unendliche Kraft verlorengeht, oder gewonnen wird.[1])

3. Beim Gleichgewicht eines Körpersystems unter der Wirkung von Zentralkräften müssen sich die inneren und die äußeren Kräfte für sich im Gleichgewicht halten, sobald wir die Körper des Systems unter sich unverrückbar verbunden denken, und nur das ganze System gegen außer ihm liegende Körper beweglich. Ein festes System solcher Körper wird deshalb nie durch die Wirkung seiner inneren Kräfte in Bewegung gesetzt werden können, sondern nur durch Einwirkung äußerer Kräfte. Gäbe es dagegen andere als Zentralkräfte, so würden sich feste Verbindungen von Naturkörpern herstellen lassen, welche sich von selbst bewegten, ohne einer Beziehung zu anderen Körpern zu bedürfen.

## *III. Die Anwendung des Prinzips in den mechanischen Theoremen*

Wir gehen jetzt zu den speziellen Anwendungen des Gesetzes von der Konstanz der Kraft über. Zuerst haben wir diejenigen Fälle kurz zu erwähnen, in denen das Prinzip von der Erhaltung der lebendigen Kraft bisher schon benutzt und anerkannt ist.

1. *Alle Bewegungen, welche unter dem Einflusse der allgemeinen Gravitationskraft vor sich gehen,* also die der himmlischen und der schweren irdischen Körper. Bei jenen spricht sich das Gesetz aus in der Zunahme ihrer Geschwindigkeit, sobald sie sich in ihrer Bahn dem Zentralkörper nähern, in der Unveränderlichkeit ihrer großen Bahnachsen, ihrer Umlaufs- und Rotationszeit; bei diesen in dem bekannten Gesetze, daß die Endgeschwindigkeit des Falles nur von der Fallhöhe, nicht von der Richtung

[1]) Siehe Zusatz 4.

und Form der durchlaufenen Bahn abhängt, und daß diese Geschwindigkeit, wenn sie nicht durch Reibung oder unelastischen Stoß vernichtet wird, gerade hinreicht, die gefallenen Körper wieder zu derselben Höhe emporzutreiben, aus der sie herabgefallen sind. Daß die Fallhöhe eines bestimmten Gewichtes als Maß der Arbeitsgrößen unserer Maschinen benutzt wird, ist schon erwähnt worden.

2. *Die Übertragung der Bewegungen durch die inkompressiblen festen und flüssigen Körper*, sobald nicht Reibung oder Stoß unelastischer Stoffe stattfindet. Unser allgemeines Prinzip wird für diese Fälle gewöhnlich als die Regel ausgesprochen, daß eine durch mechanische Potenzen fortgepflanzte und abgeänderte Bewegung stets in demselben Verhältnis an Kraftintensität abnimmt, als sie an Geschwindigkeit zunimmt. Denken wir uns also durch eine Maschine, in welcher durch irgendeinen Vorgang gleichmäßig Arbeitskraft erzeugt wird, das Gewicht $m$ mit der Geschwindigkeit $c$ gehoben, so wird durch eine andere mechanische Einrichtung das Gewicht $nm$ gehoben werden können, aber nur mit der Geschwindigkeit $c/n$, so daß in beiden Fällen die Quantität der von der Maschine in der Zeiteinheit erzeugten Spannkraft durch $mgc$ darzustellen ist, wo $g$ die Intensität der Schwerkraft darstellt.

3. *Die Bewegungen vollkommen elastischer fester und flüssiger Körper*. Als Bedingung der vollkommenen Elastizität müssen wir nur der gewöhnlich hingestellten, daß der in seiner Form oder seinem Volumen veränderte Körper dieselben vollständig wiedererlange, auch noch hinzufügen, daß in seinem Innern keine Reibung der Teilchen stattfinde. Bei den Gesetzen dieser Bewegungen ist unser Prinzip am frühesten erkannt, und am häufigsten benutzt worden. Als die gewöhnlichsten Fälle der Anwendung bei den festen Körpern sind zu erwähnen der elastische Stoß, dessen Gesetze sich leicht aus unserem Prinzip und dem von der Erhaltung des Schwerpunktes herleiten lassen, und die mannigfaltigen elastischen Vibrationen, welche fortdauern auch ohne neuen Anstoß, bis sie durch die

Reibung im Innern und die Abgabe der Bewegung an äußere Medien vernichtet sind. Bei den flüssigen Körpern, sowohl tropfbaren (offenbar auch elastisch, nur mit sehr hohem Elastizitätsmodulus und mit einer Gleichgewichtslage der Teilchen versehen) als auch gasigen (mit niedrigem Elastizitätsmodulus und ohne Gleichgewichtslage) setzen sich im allgemeinen alle Bewegungen bei ihrer Ausbreitung in Wellenform um. Dazu gehören die Wellen der Oberfläche tropfbarer Flüssigkeiten, die Bewegung des Schalls, und wahrscheinlich die des Lichts und der strahlenden Wärme.

Die lebendige Kraft eines einzelnen Teilchens $\Delta m$ in einem von einem Wellenzuge durchzogenen Medium ist offenbar zu bestimmen durch die Geschwindigkeit, welche dasselbe in der Gleichgewichtslage hat. Die allgemeine Wellengleichung bestimmt die Geschwindigkeit $u$ bekanntlich, wenn $a^2$ die Intensität, $\lambda$ die Wellenlänge, $\alpha$ die Fortpflanzungsgeschwindigkeit, $x$ die Abszisse und $t$ die Zeit ist, folgendermaßen:

$$u = a \cos \left[\frac{2\pi}{\lambda}(x - \alpha t)\right].$$

Für die Gleichgewichtslage ist $u = a$, folglich die lebendige Kraft des Teilchens $\Delta m$ während der Wellenbewegung $1/2\, \Delta m a^2$, proportional der Intensität. Breiten sich Wellen von einem Zentrum kugelförmig aus, so setzen sie immer größere Massen in Bewegung, folglich muß die Intensität abnehmen, wenn die lebendige Kraft dieselbe bleiben soll. Da nun die von der Welle umfaßten Massen zunehmen wie die Quadrate der Entfernung, so folgt das bekannte Gesetz, daß die Intensitäten im umgekehrten Verhältnisse abnehmen.[1])

Die Gesetze der Zurückwerfung, Brechung und Polarisation des Lichtes an der Grenze zweier Medien von verschiedener Wellengeschwindigkeit sind bekanntlich schon

[1]) Hier wäre zu erwähnen, daß bei fortschreitenden ebenen Wellen die Quantität der Spannkraft des komprimierten oder verschobenen elastischen Medium einen zweiten, ebenso großen Teil der Energie bildet, wie die lebendige Kraft (1881).

von FRESNEL hergeleitet worden aus der Annahme, daß die Bewegung der Grenzteilchen in beiden Mitteln dieselbe sei, und aus der Erhaltung der lebendigen Kraft. Bei der Interferenz zweier Wellenzüge findet keine Vernichtung der lebendigen Kraft statt, sondern nur eine andere Verteilung. Zwei Wellenzüge von den Intensitäten $a^2$ und $b^2$, welche nicht interferieren, geben allen getroffenen Punkten die Intensität $a^2 + b^2$; interferieren sie, so haben die Maxima $(a + b)^2$, um $2ab$ größer, die Minima $(a - b)^2$, um ebenso viel kleiner als $a^2 + b^2$.

Vernichtet wird die lebendige Kraft der elastischen Wellen erst bei denjenigen Vorgängen, welche wir als Absorption derselben bezeichnen. Die Absorption der Schallwellen finden wir hauptsächlich durch das Gegenstoßen gegen nachgiebige unelastische Körper, z. B. Vorhänge, Decken befördert, dürfen sie also wohl hauptsächlich für einen Übergang der Bewegung an die getroffenen Körper und Vernichtung in diesen durch Reibung halten; ob die Bewegung auch durch Reibung der Luftteilchen gegeneinander vernichtet werden könne, möchte noch nicht zu entscheiden sein.[1]) Die Absorption der Wärmestrahlen wird von einer proportionalen Wärmeentwicklung begleitet; inwiefern die letztere einem gewissen Kraftäquivalent entspreche, werden wir im nächsten Abschnitt behandeln. Die Erhaltung der Kraft würde stattfinden, wenn so viel Wärme, als in dem ausstrahlenden Körper verschwindet, in dem bestrahlten wiedererscheint, vorausgesetzt, daß keine Ableitung stattfinde, und kein Teil der Strahlung anderswohin gelangt. Das Theorem ist bei den Versuchen über Wärmestrahlung bisher wohl vorausgesetzt worden, doch sind mir keine Versuche zu seiner Begründung bekannt. Bei der Absorption der Lichtstrahlen durch die unvollkommen oder gar nicht durchsichtigen Körper kennen wir dreierlei Vorgänge. Zuerst nehmen die phosphoreszierenden Körper das Licht in solcher Weise in sich auf, daß sie es nachher wieder als Licht entlassen

[1]) Ist jetzt freilich nachgewiesen (1881).

können. Zweitens scheinen die meisten, vielleicht alle Lichtstrahlen Wärme zu erregen. Der Annahme von der Identität der wärmenden, leuchtenden und chemischen Strahlen des Spektrums sind in der neueren Zeit die scheinbaren Hindernisse immer mehr aus dem Wege geräumt[1]), nur scheint das Wärmeäquivalent der chemischen und leuchtenden Strahlen ein höchst geringes zu sein im Vergleich zu ihrer intensiven Wirkung auf das Auge. Sollte sich die Gleichartigkeit dieser verschieden wirkenden Strahlungen aber nicht bestätigen, so würden wir allerdings das Ende der Lichtbewegung für ein unbekanntes erklären müssen. In vielen Fällen drittens erzeugt das absorbierte Licht chemische Wirkungen. In bezug auf die Kraftverhältnisse werden hier zweierlei Arten solcher Wirkungen unterschieden werden müssen, einmal diejenigen, wo es nur den Anstoß zur Tätigkeit der chemischen Verwandtschaft gibt, ähnlich den katalytisch wirkenden Körpern, z. B. die Wirkung auf ein Gemenge von Chlor und Wasserstoff; und zweitens diejenigen, wo es den chemischen Verwandtschaften entgegenwirkt, z. B. bei der Zersetzung der Silbersalze, bei der Einwirkung auf grüne Pflanzenteile. Bei den meisten dieser Vorgänge sind aber die Resultate der Lichteinwirkung noch so wenig bekannt, daß wir über die Größe der dabei auftretenden Kräfte noch gar nicht urteilen können; bedeutend durch ihre Quantität und Intensität scheinen dieselben nur bei der Einwirkung auf die grünen Pflanzenteile zu sein.

## *IV. Das Kraftäquivalent der Wärme*

Diejenigen mechanischen Vorgänge, bei welchen man bisher einen absoluten Verlust von Kraft angenommen hat, sind:

1. *Der Stoß unelastischer Körper.* Derselbe ist meist

[1]) S. MELLONI: Poggendorff's Ann. 57, S. 300; BRÜCKE: Poggendorff's Ann. 65, S. 593.

mit einer Formveränderung und Verdichtung der gestoßenen Körper verbunden, also mit Vermehrung der Spannkräfte; dann finden wir bei oft wiederholten Stößen der Art eine beträchtliche Wärmeentwicklung, z. B. beim Hämmern eines Metallstückes; endlich wird ein Teil der Bewegung als Schall an die anstoßenden festen und luftförmigen Körper abgegeben.

2. *Die Reibung* sowohl an den Oberflächen zweier sich übereinander hinbewegender Körper als im Innern derselben bei Formveränderungen, durch die Verschiebung der kleineren Teilchen aneinander hervorgebracht. Auch bei der Reibung finden meistens geringe Veränderungen in der molekulären Konstitution der Körper, namentlich im Anfang ihres Aneinanderreibens, statt; späterhin pflegen sich die Oberflächen einander so zu akkomodieren, daß diese Veränderungen bei fernerer Bewegung als verschwindend klein zu setzen sein möchten. In manchen Fällen fehlen dieselben wohl ganz, z. B. wenn Flüssigkeiten sich an festen Körpern oder untereinander reiben. Außerdem finden aber stets auch thermische und elektrische Änderungen statt.

Man pflegt in der Mechanik die Reibung als eine Kraft darzustellen, welche der vorhandenen Bewegung entgegenwirkt und deren Intensität eine Funktion der Geschwindigkeit ist. Offenbar ist diese Auffassung nur ein zum Behuf der Rechnungen gemachter, höchst unvollständiger Ausdruck des komplizierten Vorganges, bei welchem die verschiedensten Molekularkräfte in Wechselwirkung treten. Aus jener Auffassung folgte, daß bei der Reibung lebendige Kraft absolut verlorenginge, ebenso nahm man es beim elastischen Stoße an. Dabei ist aber nicht berücksichtigt worden, daß, abgesehen von der Vermehrung der Spannkräfte durch die Kompression der reibenden oder gestoßenen Körper, uns sowohl die gewonnene Wärme eine Kraft repräsentiert, durch welche wir mechanische Wirkungen erzeugen können, als auch die meistenteils erzeugte Elektrizität entweder direkt durch ihre anziehenden und abstoßenden Kräfte oder indirekt dadurch, daß sie Wärme entwickelt. Es bliebe also zu fragen übrig, ob die Summe dieser Kräfte immer der verlorenen mechanischen Kraft entspricht. In den Fällen, wo die molekularen Änderungen und die Elektrizitätsentwickelung möglichst vermieden sind, würde sich diese Frage so stellen, ob für einen gewissen Verlust an mechanischer Kraft jedesmal eine bestimmte Quantität Wärme entsteht und inwiefern eine Wärmequantität einem Äquivalent mechanischer Kraft entsprechen kann. Zur Lösung der ersteren Frage sind erst wenige Versuche angestellt. JOULE[1]) hat die Wärmemengen untersucht, welche bei der Reibung des Wassers in engen Röhren und in einem Gefäße entwickelt werden, wo es durch ein nach Art einer Turbine konstruiertes Rad in Bewegung gesetzt wurde; er hat im ersteren Falle gefunden, daß die Wärme, welche 1 kg Wasser um 1 °C erwärmt, 452 kg um ein Meter hebt, im zweiten 521 kg. Indessen entsprechen seine Messungsmethoden zu wenig der Schwierigkeit der Untersuchung, als daß diese Resultate irgendwie auf Genauigkeit Anspruch machen könnten[2]); wahrscheinlich sind diese Zahlen zu hoch, weil bei seinem Verfahren wohl leicht Wärme für die Beobachtung verloren werden konnte, dagegen der notwendige Verlust der mechanischen Kraft in den übrigen Maschinenteilen von dieser nicht in Abrechnung gebracht ist.

Wenden wir uns nun zu der ferneren Frage, inwieweit Wärme einem Kraftäquivalent entsprechen könne. Die materielle Theorie der Wärme muß notwendig die Quantität des Wärmestoffs als konstant ansehen; mechanische Kraft kann er nach ihr nur durch sein Streben sich auszudehnen erzeugen. Für sie kann das Kraftäquivalent der

---

[1]) J. P. JOULE: On the Existence of an Equivalent Relation between Heat and the Ordinary Forms of Mechanical Power. Philos. Mag. (3) 27 (1845) 205.

[2]) Dieses Urteil bezieht sich nur auf die allerersten damals bekannt gewordenen Versuche JOULEs. Die späteren mit vollendeter Sachkenntnis und eiserner Energie durchgeführten Versuche desselben Forschers verdienen die höchste Bewunderung; diese ergeben 425 kg (1881).

Wärme also auch nur in der Arbeit bestehen, welche dieselbe bei ihrem Übergang aus einer höheren in eine niedere Temperatur leistet; in diesem Sinne haben CARNOT und CLAPEYRON die Aufgabe bearbeitet, und alle Folgerungen aus der Annahme eines solchen Äquivalents wenigstens für Gase und Dämpfe bestätigt gefunden.

Um die Reibungswärme zu erklären, muß die materielle Theorie entweder annehmen, daß dieselbe von außen zugeleitet sei, nach W. HENRY[1]) oder daß dieselbe nach BERTHOLLET[2]) durch Kompression der Oberflächen und der abgeriebenen Teile entstehe. Der ersteren Annahme fehlt bisher noch jede Erfahrung, daß in der Umgegend geriebener Teile eine der oft gewaltigen Wärmemenge entsprechende Kälte entwickelt werde; die zweite, abgesehen davon, daß sie eine ganz unwahrscheinlich große Wirkung der durch die hydrostatische Waage meist nicht wahrnehmbaren Verdichtung annehmen muß, scheitert ganz bei der Reibung von Flüssigkeiten und bei den Versuchen, wo Eisenkeile durch Hämmern glühend und weich gemacht, Eisstücke durch Reibung geschmolzen werden,[3]) da doch das weichgewordene Eisen und das durch Schmelzung entstandene Wasser nicht in dem komprimierten Zustande geblieben sein können. Außerdem beweist uns aber auch die Erzeugung von Wärme durch elektrische Bewegungen, daß die Quantität der Wärme in der Tat absolut vermehrt werden könne. Wenn wir auch die Reibungselektrizität und die voltaische übergehen, weil man annehmen könnte, durch irgendeine Verbindung und Beziehung der Elektrizitäten zum Wärmestoff werde in diesen Fällen derselbe nur von der Ursprungsstelle fortgeführt und in dem erwärmten Leitungsdraht abgesetzt: so bleiben uns noch zwei Wege übrig, elektrische Spannungen auf rein mechanischem Wege hervorzubringen, wobei nirgends Wärme vorhanden ist,

---

[1]) W. HENRY: Mem. Lit. philos. Soc. Manchester **5** (1802) 603.

[2]) C. L. BERTHOLLET: Statique chimique, Bd. 1. Paris 1803, S. 247.

[3]) H. DAVY: Essay on Heat, Light and the Combinations of Light (in: Contributions to Physical and Medical Knowledge. Bristol 1799).

welche fortgeführt werden könnte, nämlich durch Verteilung und durch Bewegung von Magneten. Haben wir einen positiv elektrischen vollkommen isolierten Körper, der seine Elektrizität nicht verlieren kann, so wird ein angenäherter isolierter Leiter $+ E$ zeigen, wir werden diese auf die Innenseite einer Batterie entladen können, den Leiter entfernen, worauf er freie $- E$ enthält, welche in die Außenseite der ersten oder in eine zweite Batterie entladen wird. Wir werden durch Wiederholung dieses Verfahrens offenbar eine beliebig große Batterie beliebig oft laden und durch ihre Entladung Wärme erzeugen können, ohne daß dieselbe irgendwo verschwindet. Dagegen werden wir eine gewisse mechanische Kraftgröße verbraucht haben, weil bei jeder Entfernung des negativ geladenen Leiters von dem positiven verteilenden Körper die Anziehung zwischen beiden überwunden werden muß. Im wesentlichen wird dieses Verfahren offenbar ausgeführt bei dem Gebrauche des Elektrophors zur Ladung einer Leydner Flasche. Derselbe Fall findet bei den magnetelektrischen Maschinen statt; solange Magnet und Anker gegeneinander bewegt werden, entstehen elektrische Ströme, welche im Schließungsdraht Wärme erzeugen, und indem sie der Bewegung des Ankers gegen den Magneten fortdauernd entgegenwirken, dafür einen gewissen Teil der mechanischen Kraft zerstören. Es kann hier offenbar aus den die Maschine konstituierenden Körpern in das Unendliche Wärme entwickelt werden, ohne daß dieselbe irgendwo verschwände. Daß der magnetelektrische Strom auch in dem direkt unter dem Einfluß des Magneten stehenden Teil der Spirale Wärme, und nicht Kälte, erzeugt, hat direkt durch das Experiment JOULE[1]) zu beweisen gesucht. Aus diesen Tatsachen folgt nun, daß die Quantität der Wärme absolut vermehrt werden könne durch mechanische Kräfte, daß deshalb die Wärmeerscheinungen nicht hergeleitet werden können von einem Stoffe, welcher durch sein bloßes Vor-

---

[1]) Philos. Mag. 1844.

handensein dieselben bedinge, sondern daß sie abzuleiten seien von Veränderungen, von Bewegungen, sei es eines eigentümlichen Stoffes, sei es der schon sonst bekannten ponderablen und imponderablen Körper, z. B. der Elektrizitäten oder des Lichtäthers. Das, was bisher Quantität der Wärme genannt worden ist, würde hiernach der Ausdruck sein erstens für die Quantität der lebendigen Kraft der Wärmebewegung und zweitens für die Quantität derjenigen Spannkräfte in den Atomen, welche bei einer Veränderung ihrer Anordnung eine solche Bewegung hervorbringen können; der erstere Teil würde dem entsprechen, was bisher freie, der zweite dem, was latente Wärme genannt ist. Wenn es erlaubt ist, einen Versuch zu machen, den Begriff dieser Bewegung noch bestimmter zu fassen, so scheint im allgemeinen eine der Ansicht von AMPÈRE sich anschließende Hypothese dem jetzigen Zustand der Wissenschaft am besten zu entsprechen. Denken wir uns die Körper aus Atomen gebildet, welche selbst aus differenten Teilchen bestehen (chemischen Elementen, Elektrizitäten etc.), so können an einem solchen Atom dreierlei Arten von Bewegungen unterschieden werden, nämlich 1. Verschiebung des Schwerpunktes, 2. Drehung um den Schwerpunkt, 3. Verschiebungen der Teilchen des Atoms gegeneinander. Die beiden ersteren würden durch die Kräfte der Nachbaratome ausgeglichen werden und sich deshalb auf diese in Wellenform fortpflanzen, eine Fortpflanzungsart, welche wohl der Strahlung, nicht aber der Leitung der Wärme entspricht. Bewegungen der einzelnen Teile des Atoms gegeneinander würden sich durch die innerhalb des Atoms befindlichen Kräfte ausgleichen und die Nachbaratome nur langsam in Mitbewegung setzen können, wie eine schwingende Saite die andere, dafür aber selbst eine gleiche Quantität Bewegung verlieren; diese Art der Fortpflanzung scheint der der geleiteten Wärme ähnlich zu sein. Auch ist im allgemeinen klar, daß solche Bewegungen in den Atomen Änderungen in den Molekularkräften, also Ausdehnung und Änderung des Aggregatzustandes, hervorbringen können; welcher Art aber diese Bewegungen seien, zu bestimmen, dazu fehlen uns alle Anhaltspunkte; auch ist für unseren Zweck die Einsicht der Möglichkeit hinreichend, daß die Wärmeerscheinungen als Bewegungen gefaßt werden können. Die Erhaltung der Kraft würde bei dieser Bewegung so weit stattfinden, als bisher die Erhaltung der Quantität des Wärmestoffes erkannt ist, nämlich bei allen Erscheinungen der Leitung und Strahlung aus einem Körper zu dem andern, bei der Bindung und Entbindung von Wärme durch Änderung des Aggregatzustandes.

Von den verschiedenen Entstehungsweisen der Wärme haben wir die durch Einstrahlung und durch mechanische Kräfte besprochen, die durch Elektrizität werden wir unten durchgehen. Es bleibt die Wärmeentwicklung durch chemische Prozesse. Man hat dieselbe bisher für ein Freiwerden von Wärmestoff erklärt, welcher in den sich verbindenden Körpern latent vorhanden sei. Da man hiernach jedem einfachen Körper und jeder chemischen Verbindung, die noch weitere Verbindungen höherer Ordnung eingehen kann, eine bestimmte Quantität latenter Wärme beilegen mußte, welche notwendig mit zu ihrer chemischen Konstitution gehörte: so folgte hieraus das Gesetz, welches man auch teilweise in der Erfahrung bewahrheitet hat, daß nämlich bei der chemischen Verbindung mehrerer Stoffe zu gleichen Produkten stets gleich viel Wärme hervorgebracht werde, in welcher Ordnung und in welchen Zwischenstufen auch die Verbindung vor sich gehen möge.[1]) Nach unserer Vorstellungsweise würde die bei chemischen Prozessen entstehende Wärme die Quantität der lebendigen Kraft sein, welche durch die bestimmte Quantität der chemischen Anziehungskräfte hervorgebracht werden kann, und das obige Gesetz würde der Ausdruck für das Prinzip von der Erhaltung der Kraft in diesem Falle werden.

Ebensowenig, als man die Bedingungen und Gesetze

[1]) H. HESS: Ann. Phys. (2) **50** (1840) 392; **56** (1842) 598.

der Erzeugung von Wärme untersucht hat, obgleich eine solche unzweifelhaft stattfindet, ist dies für das Verschwinden derselben geschehen. Bisher kennt man nur die Fälle, wo chemische Verbindungen aufgehoben wurden oder dünnere Aggregatzustände eintraten und dadurch Wärme latent wurde. Ob bei der Erzeugung mechanischer Kraft Wärme verschwinde, was ein notwendiges Postulat der Erhaltung der Kraft sein würde, ist noch niemals gefragt worden. Ich kann dafür nur einen Versuch von JOULE[1]) anführen, der ziemlich zuverlässig zu sein scheint. Derselbe fand nämlich, daß die Luft bei dem Ausströmen aus einem Behälter von 136,5 Kubikzollen, in welchem sie unter 22 Atmosphären Druck stand, das umgebende Wasser um 4,085 °F erkältete, sobald sie in die Atmosphäre ausströmte, also deren Widerstand zu überwinden hatte. Dagegen trat keine Temperaturveränderung ein, wenn dieselbe in ein luftleeres, ebenso großes Gefäß überströmte, welches in demselben Wassergefäß stand, wo sie also keinen Widerstand zu überwinden hatte und keine mechanische Kraft ausübte.

Zum Schluß dieses Abschnitts vergleicht Helmholtz die früheren Arbeiten von CLAPEYRON und HOLTZMANN mit seinen eigenen Ansichten. In Abschnitt V wird das Kraftäquivalent elektrischer Vorgänge einschließlich Galvanismus und Thermoelektrizität diskutiert. In Abschnitt VI diskutiert er den Magnetismus und Elektromagnetismus und schlußfolgert, daß das allgemeine Prinzip der Erhaltung der Kraft auf alle physikalischen Prozesse angewandt werden kann.

---

[1]) J. P. JOULE: Philos. Mag. (3) 26 (1845) 369.

# 8. Über die Art der Bewegung, welche wir Wärme nennen*

von

RUDOLF CLAUSIUS

## Zusammenfassung

Vor kurzem hat KRÖNIG angenommen, daß die Gasmoleküle nicht um eine bestimmte Gleichgewichtslage oszillieren, sondern sich geradlinig mit konstanter Geschwindigkeit fortbewegen, bis sie gegen andere Gasmoleküle oder gegen die Wand des Behälters stoßen. Diese Ansicht teile ich, aber ich nehme an, daß sowohl rotierende Bewegungen als auch fortschreitende Bewegungen vorhanden sind, da die *vis viva* der fortschreitenden Bewegung zu gering ist, um die ganze in dem Gase vorhandene Wärme darzustellen. Ich nehme an, daß die fortschreitende Bewegung der Moleküle und die Bewegungen der Bestandteile der Moleküle untereinander in einem konstanten Verhältnis zueinander stehen, weil der Übergang der *vis viva* von der fortschreitenden zur inneren Bewegung und umgekehrt durch Stöße schließlich ein Gleichgewicht erreichen muß.

Der Molekularzustand, der vorliegen muß, damit ein Gas als *ideales* Gas angesprochen werden kann, wird dargelegt. Arten der Bewegung der Moleküle, die im festen, flüssigen und im gasförmigen Zustand stattfinden, werden beschrieben, und es wird eine qualitative Theorie der Verdampfung gegeben.

Um die Verhältnisse der Volumina von Gasen, die chemisch miteinander reagieren, zu erklären, wird angenommen, daß in den einfachen Gasen zwei oder mehr Atome zu einem Molekül verbunden sind.

Bei Betrachtung von Stößen der Moleküle der Masse $m$ gegen die Wand eines Gefäßes mit dem Volumen $v$ zeigt CLAUSIUS unter

---

*) Ursprünglich veröffentlicht in: Ann. Phys. **100** (1857) 353–380.

der Annahme, daß sich alle $n$ Moleküle mit der Geschwindigkeit $u$ bewegen, daß der Gasdruck gleich $(mnu^2/3v)$ ist. Die tatsächlichen Geschwindigkeiten der Gasmoleküle können auf diese Art berechnet werden; zum Beispiel ergibt sich bei der Temperatur des Gefrierpunktes für die Geschwindigkeit von Sauerstoffmolekülen im Mittel 461 m/s.

Das Verhältnis der *vis viva* der fortschreitenden Bewegung zu der ganzen im Gas vorhandenen *vis viva* ergibt sich zu $3(\gamma' - \gamma)/2\gamma$, wobei $\gamma$ die spezifische Wärme des Gases bei konstantem Volumen (pro Volumeneinheit) und $\gamma'$ die spezifische Wärme bei konstantem Druck ist. Für Luft ist $\gamma'/\gamma = 1{,}421$ und somit dieses Verhältnis gleich 0,6315.

**1.** Schon bevor ich meine erste, im Jahre 1850 veröffentlichte Abhandlung über die Wärme schrieb, in welcher vorausgesetzt ist, daß die Wärme eine Bewegung sei, hatte ich mir über die Art dieser Bewegung eine bestimmte Vorstellung gebildet, welche ich auch schon zu verschiedenen Untersuchungen und Rechnungen angewandt hatte. Ich habe diese Vorstellung in meinen bisherigen Abhandlungen absichtlich unerwähnt gelassen, weil es mein Wunsch war, die Schlüsse, welche sich aus gewissen allgemeinen Prinzipien ableiten lassen, von denjenigen, welche eine bestimmte Art der Bewegung voraussetzen, zu trennen, und weil ich hoffte, meine Ansicht über die letztere und die daraus hervorgehenden speziellen Folgerungen später in einer besonderen Abhandlung zusammenfassen zu können. Die Ausführung dieses Planes hat sich aber länger verzögert, als ich anfangs glaubte, indem ich, teils wegen der Schwierigkeit des Gegenstandes, teils wegen anderer Arbeiten, der Entwicklung noch nicht den Grad von Vollständigkeit geben konnte, welcher mir für die Publikation notwendig zu sein schien.

In neuerer Zeit ist nun von Krönig eine Abhandlung unter dem Titel „Grundzüge einer Theorie der Gase“[1]) veröffentlicht, in welcher ich einen Teil meiner eigenen Ansichten wiedergefunden habe. Ich bin weit davon ent-

[1]) Zuerst als besondere Schrift gedruckt in Berlin bei A. W. Hayn, und dann in diesen Annalen, Bd. 99, S. 315.

fernt, KRÖNIG gegenüber, welcher auf diese Ansichten ebenso selbständig wie ich gekommen ist und sie vor mir veröffentlicht hat, irgendein Prioritätsrecht zu beanspruchen. Da indessen der Gegenstand durch diese Abhandlung einmal angeregt ist, so glaube ich nun auch den Teil meiner Ansichten, welchen ich in ihr noch nicht gefunden habe, veröffentlichen zu müssen. Ich beschränke mich dabei aber für jetzt auf die kurze Anführung einiger Hauptpunkte, indem ich mir eine vollständigere Auseinandersetzung für später vorbehalte.[1])

2. KRÖNIG nimmt an, daß die Gasmoleküle nicht um bestimmte Gleichgewichtslagen oszillieren, sondern sich in gerader Linie mit konstanter Geschwindigkeit fortbewegen, bis sie gegen andere Gasmoleküle oder gegen eine für sie undurchdringliche Wand stoßen. Diese Ansicht teile ich vollkommen und glaube ebenfalls, daß durch diese Bewegung die Expansivkraft des Gases entsteht. Dagegen halte ich diese Bewegung nicht für die einzig vorhandene.

Zunächst liegt es nahe, neben der fortschreitenden Bewegung auch eine rotierende Bewegung der Moleküle anzunehmen, da bei jedem Stoße zweier Körper gegen einander, wenn er nicht zufällig zentral und gerade ist, außer der fortschreitenden Bewegung auch eine rotierende entsteht.

Ferner glaube ich, daß innerhalb der einzelnen in fortschreitender Bewegung begriffenen Massen auch eine Vibration stattfindet. Solche Vibrationen sind in verschiedener Weise denkbar. Selbst wenn man sich auf die

---

[1]) Ich darf hier nicht unerwähnt lassen, daß ich schon vor längerer Zeit in einer Unterhaltung mit Hrn. WILLIAM SIEMENS aus London, als dieser in Berlin zum Besuche war, erfahren habe, daß auch Hr. JOULE in den Abhandlungen der Lit. and Philos. Soc. of Manchester ähnliche Ideen ausgesprochen hat. Es war dieses ein Grund mehr für mich, mit der Publikation meiner Ansichten, da sie doch nicht mehr vollständig neu waren, weniger zu eilen, als ich sonst vielleicht getan hätte. Die betreffende Abhandlung von JOULE habe ich mir bis jetzt nicht verschaffen können und weiß daher nicht, wie weit er die Sache verfolgt hat und ob seine Ansichten mit den meinigen in allen Punkten übereinstimmen. Es wäre zu wünschen, daß Hr. JOULE seine Abhandlung auch in einer mehr verbreiteten Zeitschrift bekannt machte.

Betrachtung der Massenatome allein beschränkt und diese als absolut starr ansieht, so bleibt es doch noch möglich, daß ein Molekül, welches aus mehreren Atomen besteht, nicht ebenfalls eine absolut starre Masse bildet, sondern daß in ihm die einzelnen Atome innerhalb gewisser Grenzen beweglich sind und daher gegeneinander schwingen können.

Zugleich will ich noch bemerken, daß dadurch, daß man den Massenatomen selbst eine Bewegung zuschreibt, nicht ausgeschlossen ist, daß jedes Massenatom noch mit einer Quantität eines feineren Stoffes begabt und dieser, ohne sich von dem Atom zu trennen, doch in seiner Nähe beweglich sein könne.

Durch eine am Schlusse dieser Abhandlung mitgeteilte mathematische Betrachtung läßt sich nachweisen, daß die lebendige Kraft der fortschreitenden Bewegung zu gering ist, um allein die ganze in dem Gase vorhandene Wärme darzustellen, so daß man schon dadurch, ohne auf die sonstigen Wahrscheinlichkeitsgründe einzugehen, genötigt ist, noch eine oder mehrere andere Bewegungen anzunehmen. Der Überschuß der gesamten lebendigen Kraft über diejenige der fortschreitenden Bewegung allein ist nach dieser Rechnung besonders bedeutend bei den Gasen von komplizierter chemischer Zusammensetzung, bei denen eine große Anzahl von Atomen zu einem Molekül gehört.

**3.** Die fortschreitende Bewegung der ganzen Moleküle und die verschiedenen Bewegungen, welche die einzelnen Bestandteile der Moleküle noch außerdem haben und welche ich kurz die *Bewegungen der Bestandteile* nennen will, werden bei einem bestimmten Gase immer in einem konstanten Verhältnisse zueinander stehen.

Denkt man sich eine Anzahl von Molekülen, deren Bestandteile in lebhafter Bewegung sind, die aber keine fortschreitende Bewegung haben, so wird diese von selbst entstehen, indem zwei sich berührende Moleküle durch die Bewegung der Bestandteile voneinander gestoßen werden, wobei natürlich die Bewegung der Bestandteile einen entsprechenden Verlust an lebendiger Kraft erleiden muß. Umgekehrt, wenn eine Anzahl in fortschreitender Bewegung begriffener Moleküle in ihren Bestandteilen keine Bewegung hätte, so würde diese bald durch die Stöße der Moleküle gegeneinander und gegen die festen Wände erzeugt werden. Erst wenn alle Bewegungen, welche überhaupt entstehen können, ein gewisses von der Beschaffenheit der Moleküle abhängiges Verhältnis zueinander haben, werden sie sich gegenseitig nicht weiter vermehren oder vermindern.

Wenn zwei Moleküle, deren Bestandteile in Bewegung sind, gegeneinander stoßen, so werden sie nicht nach den gewöhnlichen Elastizitätsgesetzen, wie zwei elastische Kugeln, voneinander abprallen, sondern die Geschwindigkeiten und Richtungen, in welchen sie auseinander fliegen, werden außer von der Bewegung, welche die ganzen Moleküle vor dem Stoße hatten, noch von der augenblicklich stattfindenden Bewegung derjenigen Bestandteile, welche sich beim Stoße am nächsten kommen, abhängen. Wenn aber die verschiedenen Bewegungen sich einmal so ausgeglichen haben, daß die fortschreitende Bewegung durch die Bewegungen der Bestandteile durchschnittlich nicht vermehrt oder vermindert wird, so kann man bei der Untersuchung der Gesamtwirkung einer großen Anzahl von Molekülen die bei den einzelnen Stößen vorkommenden Unregelmäßigkeiten vernachlässigen und annehmen, daß die Moleküle in bezug auf die fortschreitende Bewegung den gewöhnlichen Elastizitätsgesetzen folgen.

**4.** Die Erklärung der Expansivkraft des Gases und ihrer Abhängigkeit von Volumen und Temperatur, wie sie KRÖNIG gegeben hat, erleidet durch das Hinzukommen der anderen Bewegungen keine wesentliche Änderung. Der Druck des Gases gegen eine feste Wand hat seinen Grund darin, daß die Moleküle fortwährend in großer Zahl gegen die Wand fliegen und von ihr abprallen. Die Kraft, welche dadurch entstehen muß, ist erstens bei gleicher Bewegungsgeschwindigkeit dem Volumen der gegebenen Gasmenge umgekehrt proportional und zweitens bei gleichem Volumen der lebendigen Kraft der fortschreitenden Bewegung proportional, ohne daß die anderen Bewegungen dabei unmittelbar in Betracht kommen.

Andrerseits weiß man nach dem Gay-Lussacschen Gesetze, daß der Druck eines vollkommenen Gases bei konstantem Volumen in gleichem Verhältnisse mit der von $-273\,°C$ an gerechneten Temperatur, welche wir die absolute Temperatur nennen, wächst, und es folgt also aus dem eben Gesagten, daß die absolute Temperatur der lebendigen Kraft der fortschreitenden Bewegung der Moleküle proportional ist. Da nun ferner, wie oben erwähnt, bei einem bestimmten Gase die verschiedenen Bewegungen in einem konstanten Verhältnis zueinander stehen, so bildet die lebendige Kraft der fortschreitenden Bewegung einen aliquoten Teil der ganzen lebendigen Kraft, und die absolute Temperatur ist also auch der ganzen im Gase vorhandenen lebendigen Kraft proportional.

Diese Betrachtungen, nebst einigen anderen damit zusammenhängenden, welche weiter unten folgen, waren es, welche mich veranlaßten, in meiner Abhandlung „Über die bewegende Kraft der Wärme" die mit den damals bekannten Versuchen im Widerspruche stehende Ansicht auszusprechen,[1]) daß die spezifische Wärme der Gase unveränderlich sei. Die Wärmemenge, welche man einem Gase bei konstantem Volumen mitteilen muß, um seine Temperatur zu erhöhen, ist, da in diesem Falle keine Arbeit getan wird, wozu Wärme verbraucht werden könnte, als die Zunahme der im Gase vorhandenen lebendigen Kraft zu betrachten. Die spezifische Wärme *bei konstantem Volumen* ist daher bei einem vollkommenen Gase die Größe, welche Rankine die *wahre* spezifische Wärme nennt. Wenn nun gesagt wird, die wahre spezifische Wärme der Gase ist unveränderlich, so heißt das weiter nichts, als: *die ganze im Gase vorhandene lebendige Kraft steht zu der lebendigen Kraft der fortschreitenden Bewegung,*

---

[1]) Diese Annalen Bd. **79**, S. 393.

*welche uns als Maß der Temperatur dient, in einem unveränderlichen Verhältnisse.* Was die spezifische Wärme bei konstantem Drucke anbetrifft, so habe ich in der vorher erwähnten Abhandlung mit Hilfe einer aus denselben Betrachtungen hervorgegangenen Annahme nachgewiesen, daß sie von der wahren spezifischen Wärme nur um eine konstante Größe verschieden ist.

**5.** Das bisher Gesagte gilt nur von den permanenten Gasen, und auch von diesen nur angenähert. Der Grund der vorkommenden kleinen Abweichungen läßt sich, wenigstens im allgemeinen, ohne Schwierigkeit einsehen.

Damit das MARIOTTEsche und GAY-LUSSACsche Gesetz und die mit ihm in Verbindung stehenden Gesetze streng gültig seien, muß das Gas in bezug auf seinen Molekularzustand folgenden Bedingungen genügen.

1. Der Raum, welchen die Moleküle des Gases wirklich ausfüllen, muß gegen den ganzen Raum, welchen das Gas einnimmt, verschwindend klein sein.

2. Die Zeit eines Stoßes, d. h. die Zeit, welche ein Molekül, indem es gegen ein anderes Molekül oder eine feste Wand stößt, bedarf, um seine Bewegung in der Weise zu ändern, wie es durch den Stoß geschieht, muß gegen die Zeit, welche zwischen zwei Stößen vergeht, verschwindend klein sein.

3. Der Einfluß der Molekularkräfte muß verschwindend klein sein. Hierin liegt zweierlei. Zunächst wird gefordert, daß die Kraft, mit welcher die sämtlichen Moleküle sich in ihren mittleren Entfernungen noch gegenseitig anziehen, gegen die aus der Bewegung entstehende Expansivkraft verschwindet. Nun befinden sich aber die Moleküle nicht immer in ihren mittleren Entfernungen voneinander, sondern bei der Bewegung kommt oft ein Molekül in unmittelbare Nähe eines anderen oder einer ebenfalls aus wirksamen Molekülen bestehenden festen Wand, und in solchen Momenten treten natürlich die Molekularkräfte in Tätigkeit. Die zweite Forderung besteht daher darin, daß

die Teile des von einem Molekül beschriebenen Weges, auf welchen diese Kräfte von Einfluß sind, indem sie die Bewegung des Moleküls in Richtung oder Geschwindigkeit merklich ändern, gegen die Teile des Weges, auf welchen die Kräfte als unwirksam betrachtet werden können, verschwinden.

Wenn diese Bedingungen nicht erfüllt sind, so treten nach verschiedenen Richtungen hin Abweichungen von den einfachen Gesetzen der Gase ein, welche um so bedeutender werden, je weniger der Molekularzustand des Gases diesen Bedingungen entspricht.

Als ich die berühmten Untersuchungen von REGNAULT über die Abweichungen der Gase von dem MARIOTTEschen und GAY-LUSSACschen Gesetze kennenlernte, versuchte ich mit Hilfe der eben angedeuteten Prinzipien aus der Art der Abweichungen, welche REGNAULT bei den einzelnen Gasen gefunden hat, einige Schlüsse über den Molekularzustand derselben zu ziehen. Die Auseinandersetzung dieses Verfahrens würde aber zu weitläufig werden, und die Resultate sind auch wegen mancher Schwierigkeiten, auf die man bei der wirklichen Ausführung der Rechnung stößt, zu unzuverlässig, um hier darauf einzugehen. Ich werde daher auch im folgenden, wie bisher, wenn von einem Gase die Rede ist, immer ein solches darunter verstehen, welches die vorigen Bedingungen *vollkommen* erfüllt und welches REGNAULT, da alle wirklich vorhandenen Gase nur eine Annäherung an diese Zustände zeigen, ein *ideelles* Gas nennt.

**6.** Nach diesen Betrachtungen über den *gasförmigen* Zustand bietet sich von selbst die Frage dar, wie sich der *feste* und *flüssige* Zustand vom gasförmigen unterscheiden. Obwohl eine in allen Einzelheiten genügende Definition dieser Zustände eine viel vollständigere Kenntnis des Zustandes der einzelnen Moleküle erfordern würde, als wir bis jetzt besitzen, so glaube ich doch, daß sich einige Hauptunterschiede mit ziemlicher Wahrscheinlichkeit angeben lassen.

Eine Bewegung der Moleküle findet in allen drei Zuständen statt.

Im *festen* Zustande ist die Bewegung der Art, daß sich die Moleküle um gewisse Gleichgewichtslagen bewegen, ohne diese, so lange nicht fremde Kräfte auf sie einwirken, ganz zu verlassen. Die Bewegung läßt sich also bei festen Körpern als eine vibrierende bezeichnen. Indes kann sie doch noch von sehr komplizierter Art sein. Erstens können die Bestandteile eines Moleküls unter sich und zweitens die ganzen Moleküle als solche vibrieren, und die letzteren Vibrationen können wieder in Hin- und Herbewegungen des Schwerpunktes und in Drehungsschwingungen um den Schwerpunkt bestehen. In solchen Fällen, wo äußere Kräfte auf den Körper wirken, z. B. bei Erschütterungen, können die Moleküle auch bleibend in andere Lagen kommen.

Im *flüssigen* Zustande haben die Moleküle keine bestimmte Gleichgewichtslage mehr. Sie können sich um ihren Schwerpunkt ganz herumdrehen, und auch der Schwerpunkt kann sich ganz aus seiner Lage fortbewegen. Die auseinandertreibende Wirkung der Bewegung ist aber im Verhältnis zu der gegenseitigen Anziehung der Moleküle nicht stark genug, um die Moleküle ganz voneinander zu trennen. Es haftet zwar nicht mehr ein Molekül an bestimmten Nachbarmolekülen, aber es verläßt diese doch nicht von selbst, sondern nur unter Mitwirkung der Kräfte, welche es von anderen Molekülen erleidet, zu denen es dann in dieselbe Lage kommt wie zu seinen bisherigen Nachbarmolekülen. Es findet also in der Flüssigkeit eine schwingende, wälzende und fortschreitende Bewegung der Moleküle statt, aber so, daß die Moleküle dadurch nicht auseinandergetrieben werden, sondern sich auch ohne äußeren Druck innerhalb eines gewissen Volumens halten.

Im *gasförmigen* Zustande endlich sind die Moleküle durch die Bewegung ganz aus den Sphären ihrer gegenseitigen Anziehung herausgekommen und fliegen nun nach den gewöhnlichen Bewegungsgesetzen geradlinig fort.

Wenn zwei solcher Moleküle in ihrer Bewegung zusammenstoßen, so fliegen sie im allgemeinen mit derselben Heftigkeit wieder auseinander, mit der sie zusammengeflogen sind, was um so leichter geschehen kann, als ein Molekül von einem einzelnen anderen Molekül mit viel geringerer Kraft angezogen wird als von der ganzen Menge von Molekülen, welche es im flüssigen oder festen Zustand in seiner Nähe hat.

**7.** Von besonderem Interesse schien mir nun der Vorgang der *Verdampfung* zu sein, und ich habe mir in folgender Weise von demselben Rechenschaft zu geben gesucht.

Es ist im Vorigen gesagt, daß in Flüssigkeiten ein Molekül bei seiner Bewegung in der Anziehungssphäre seiner Nachbarmoleküle bleibt oder diese nur verläßt, um dafür zu anderen Nachbarmolekülen in eine entsprechende Lage zu kommen. Dieses gilt aber nur von dem Mittelwerte der Bewegungen, und es ist, da die Bewegungen ganz unregelmäßig sind, anzunehmen, daß die Geschwindigkeiten der einzelnen Moleküle von dem Mittelwerte nach beiden Seiten innerhalb weiter Grenzen abweichen.

Betrachten wir nun zunächst die Oberfläche einer Flüssigkeit, so nehme ich an, daß in der Mannigfaltigkeit der Bewegungen hin und wieder der Fall eintritt, daß ein Molekül durch ein günstiges Zusammentreffen der fortschreitenden, schwingenden und drehenden Bewegung mit solcher Heftigkeit von seinen Nachbarmolekülen fortgeschleudert wird, daß es, bevor es durch die zurückziehende Kraft derselben diese Geschwindigkeit ganz verloren hat, schon aus ihrer Wirkungssphäre heraus ist und dann in dem über der Flüssigkeit befindlichen Raume weiterfliegt.

Denken wir uns diesen Raum begrenzt und anfänglich leer, so wird er sich mit den fortgeschleuderten Molekülen allmählich mehr und mehr füllen. Diese Moleküle verhalten sich nun in dem Raume ganz wie ein Gas und stoßen daher in ihrer Bewegung gegen die Wände. Eine dieser

Wände wird aber von der Flüssigkeit selbst gebildet, und diese wird, wenn ein Molekül gegen sie stößt, dasselbe im allgemeinen nicht wieder zurücktreiben, sondern durch die Anziehung, welche die übrigen Moleküle bei der Annäherung sogleich wieder ausüben, festhalten und in sich aufnehmen. Der Gleichgewichtszustand wird also eintreten, wenn so viel Moleküle in dem oberen Raume verbreitet sind, daß durchschnittlich während einer Zeiteinheit ebenso viele Moleküle gegen die Flüssigkeitsoberfläche stoßen und von dieser festgehalten werden, als andere Moleküle von ihr ausgesandt werden. Der eintretende Gleichgewichtszustand ist demnach nicht ein Ruhezustand, in welchem die Verdampfung aufgehört hat, sondern ein Zustand, in welchem fortwährend Verdampfung und Niederschlag stattfinden, die beide gleich stark sind und sich daher kompensieren.

Die Dichtigkeit des Dampfes, welche zu dieser Kompensation nötig ist, hängt davon ab, wie viele Moleküle während der Zeiteinheit von der Flüssigkeitsoberfläche ausgesandt werden, und diese Anzahl wiederum ist offenbar von der Lebhaftigkeit der Bewegung innerhalb der Flüssigkeit, d. h. von ihrer Temperatur, abhängig. Aus diesen Betrachtungen das Gesetz abzuleiten, nach welchem der Dampfdruck mit der Temperatur wachsen muß, ist mir bis jetzt nicht gelungen.

Was vorher von dem Verhalten der Flüssigkeitsoberfläche gegen den darüber befindlichen Dampf gesagt ist, gilt in ähnlicher Weise auch von den übrigen Wänden, welche den mit Dampf gefüllten Raum umgrenzen. Es schlägt sich zuerst etwas Dampf an ihnen nieder, dieser ist dann selbst wieder der Verdampfung unterworfen, und es muß auch hier zuletzt der Zustand eintreten, in welchem Verdampfung und Niederschlag einander gleich sind. Die Menge des auf der Oberfläche kondensierten Dampfes, welche dazu nötig ist, hängt ab von der Dichtigkeit des Dampfes in dem umschlossenen Raume, von der Temperatur des Dampfes und der Wand und von der Kraft, mit welcher die Dampfmoleküle von der Wand angezogen werden. Das Maximum, welches in dieser Beziehung eintreten kann, besteht darin, daß die Wand ganz von der niedergeschlagenen Flüssigkeit benetzt wird, und nachdem dieses geschehen ist, verhält sich die Wand gerade so wie eine Oberfläche der gleichen Flüssigkeit.

**8.** Hieraus erklärt sich nun sogleich, weshalb eine andere über der Flüssigkeit befindliche Gasart die Verdampfung der Flüssigkeit nicht verhindern kann.

Der Druck des Gases auf die Flüssigkeit besteht nur darin, daß bald hier, bald dort einzelne Gasmoleküle gegen die Flüssigkeitsoberfläche stoßen. Übrigens aber ist der Raum über der Flüssigkeit, da die Gasmoleküle selbst nur einen sehr kleinen Teil desselben wirklich ausfüllen, als leer und für die Moleküle der Flüssigkeit frei durchdringlich zu betrachten. Im allgemeinen werden diese erst in verhältnismäßig weiten Entfernungen von der Oberfläche gegen Gasmoleküle stoßen und sich dann zu ihnen verhalten wie die Moleküle irgendeines anderen beigemischten Gases. Man muß also schließen, daß die Flüssigkeit auch in den mit Gas erfüllten Raum ihre Moleküle aussendet und daß die Menge des dadurch dem Gase beigemischten Dampfes auch in diesem Falle so lange wächst, bis durchschnittlich ebenso viele Dampfmoleküle gegen die Oberfläche stoßen und von ihr aufgenommen werden, als sie selbst aussendet, und die dazu für die Raumeinheit erforderliche Anzahl von Dampfmolekülen ist dieselbe, mag der Raum außerdem noch ein Gas enthalten oder nicht.

Einen anderen Einfluß übt aber der Druck des Gases auf das Innere der Flüssigkeit aus. Auch hier, oder an den Stellen, wo die Flüssigkeitsmasse von einer Gefäßwand begrenzt wird, kann es vorkommen, daß die Moleküle sich mit solcher Kraft voneinander werfen, daß für den Augenblick der Zusammenhang der Masse gelöst wird. Der dadurch entstehende kleine leere Raum ist aber von allen Seiten von Massen umgeben, welche den bewegten Molekülen keinen Durchgang verstatten, und er wird sich daher nur dann zu einer Dampfblase vergrößern und als solche erhalten können, wenn fortwährend von den inneren Flüssigkeitswänden so viel Moleküle fortgeschleudert werden, daß der dadurch entstehende innere Dampfdruck dem Drucke, welcher von außen wirkt und die entstandene Blase wieder zusammenzudrücken sucht, das Gleichgewicht halten kann. Die Expansivkraft des eingeschlossenen Dampfes muß demnach um so größer sein, je größer der Druck ist, unter dem die Flüssigkeit steht, und es erklärt sich daraus die Abhängigkeit der Siedetemperatur vom Drucke.

Wenn das über der Flüssigkeit befindliche Gas selbst kondensierbar ist und eine Flüssigkeit bildet, welche sich mit der gegebenen Flüssigkeit mischt, so werden natürlich dadurch, daß das Bestreben beider Stoffe, sich zu mischen, als eine neue Kraft hinzutritt, die Verhältnisse komplizierter. Auf diese Erscheinungen will ich aber hier nicht eingehen.

Ähnlich wie bei flüssigen läßt sich auch bei festen Körpern die Möglichkeit einer Verdampfung einsehen; indessen folgt daraus nicht umgekehrt, daß an der Oberfläche aller Körper eine Verdampfung stattfinden *müsse*. Es ist wohl denkbar, daß die Moleküle eines Körpers so fest untereinander zusammenhängen, daß, solange die Temperatur des Körpers eine gewisse Grenze nicht überschreitet, selbst die günstigste Kombination der verschiedenen Molekularbewegungen nicht fähig ist, den Zusammenhang zu lösen.

9. Die Erklärung der *Wärmeerzeugung* und des *Wärmeverbrauchs* bei Änderungen des Aggregatzustandes und des Volumens der Körper ergibt sich nach den vorigen Auseinandersetzungen von selbst aus der Betrachtung der von den wirksamen Kräften getanen positiven oder negativen Arbeit.

Wir betrachten zunächst die *innere* Arbeit.

Wenn die Moleküle eines Körpers ihre Lage zueinander ändern, so kann dieses entweder in dem Sinne geschehen, in welchem die den Molekülen innewohnenden Kräfte sie zu bewegen suchen, oder im entgegengesetzten Sinne. Im ersteren Falle wird den Molekülen während des Überganges aus der einen Lage in die andere von den Kräften eine gewisse Geschwindigkeit mitgeteilt, deren lebendige Kraft sich sogleich in Wärme verwandelt; im letzteren Falle ist es, sofern wir von fremden außergewöhnlichen Kräften für jetzt absehen, die Wärme, durch welche die Moleküle sich in Richtungen bewegen, die den inneren Kräften entgegengesetzt sind, und die Verzögerung, welche die Moleküle dabei durch die entgegenwirkenden Kräfte erleiden, kommt als Verminderung der Wärmebewegung zum Vorschein.

Beim Übergange aus dem festen in den flüssigen Zustand entfernen sich die Moleküle zwar nicht aus den Sphären ihrer gegenseitigen Einwirkung, aber sie gehen der obigen Annahme nach aus einer bestimmten, den Molekularkräften angemessenen Lage in andere unregelmäßige Lagen über, wobei die Kräfte, welche sie in jener Lage zu erhalten suchen, überwunden werden müssen. Bei der Verdampfung findet die vollständige Trennung einzelner Moleküle von der übrigen Masse statt, was offenbar wiederum die Überwindung entgegenwirkender Kräfte nötig macht.

In bezug auf die gasförmigen Körper ist es nach dem, was oben über die Erfordernisse des vollkommen gasförmigen Zustandes gesagt ist, wohl ersichtlich, daß, wenn ein Gas diesen Zustand einmal erreicht hat, dann bei noch weiterer Ausdehnung keine Molekularanziehungen mehr zu überwinden sind und daß somit bei den Volumenänderungen eines ideellen Gases keine innere Arbeit getan wird.

**10.** Neben der inneren Arbeit ist ferner die *äußere* Arbeit und die ihr entsprechende Änderung der Wärmemenge zu betrachten.

Was zunächst die Wärmeänderungen eines permanenten Gases betrifft, welches zusammengedrückt wird oder sich unter Überwindung eines Gegendruckes ausdehnt, so hat schon KRÖNIG am Schlusse seiner Abhandlung angeführt, daß, wenn eine der Wände, gegen welche die Gasmoleküle stoßen, selbst in Bewegung ist, dann von dieser die Moleküle nicht mit denselben Geschwindigkeiten zurückgeworfen werden, mit denen sie herankamen. Wenn die Wand den Molekülen entgegenkommt, so ist die Geschwindigkeit der Moleküle beim Verlassen der Wand im allgemeinen größer als vorher, und wenn die Wand zurückweicht, kleiner. Es läßt sich durch spezielle mathematische Betrachtungen ohne Schwierigkeiten nachweisen, daß die dadurch entstehende Vermehrung oder Verminderung der lebendigen Kraft gerade der von der Expansivkraft des Gases getanen äußeren Arbeit entsprechen muß; indessen ist es nicht einmal notwendig, diesen Satz besonders zu beweisen, da er eine unmittelbare Folge des allgemeinen Gesetzes von der Äquivalenz von lebendiger Kraft und Arbeit ist.

Wenn die Wand sich so langsam bewegt, daß der Druck des Gases gegen die bewegte Wand ebenso groß ist wie gegen eine ruhende Wand, so kommt bei der Bestimmung der Arbeit die Geschwindigkeit der Wand nicht in Betracht, sondern nur der im ganzen von ihr zurückgelegte Weg. Ist dagegen die Geschwindigkeit der Wand so groß, daß dadurch eine merkliche Verdichtung oder Verdünnung des Gases in der Nähe der Wand eintritt, so muß man immer den während der Bewegung von dem Gase wirklich ausgeübten Druck in Rechnung bringen.

Wenn zwischen zwei Gefäßen, welche mit Gas von verschiedener Dichtigkeit gefüllt sind oder von denen das eine anfangs leer ist, ein Überströmen stattfindet, so wird dabei im ganzen genommen keine Arbeit getan, und es kann daher auch keine Änderung der im ganzen vorhandenen Wärmemenge eintreten. Damit ist aber nicht gesagt, daß nicht in jedem der beiden Gefäße für sich eine Änderung der Wärmemenge stattfinden könne, denn eine Gasmasse, deren Moleküle Bewegungen haben, unter denen eine bestimmte Richtung vorwaltet, verhält sich zu angrenzenden Gasmassen ähnlich wie eine bewegte Wand, und wenn die bewegte Gasmasse gegen ruhende Wände stößt, so kommt dabei ebenso viel, wie die der ganzen Masse gemeinsame fortschreitende Bewegung an lebendiger Kraft verliert, als Wärmebewegung zum Vorschein.

Ebenso wie bei den Volumenänderungen gasförmiger Körper, muß man auch in anderen Fällen die äußere Arbeit in Betracht ziehen, z. B. die Arbeit, welche bei der Verdampfung einer Flüssigkeit darauf verwandt wird, daß der Dampf sich bei seiner Entstehung durch Zurückdrängen des äußeren Widerstandes Raum schaffen muß. Bei festen und flüssigen Körpern, welche nur geringe Volumenänderungen erleiden, ist meistens auch die äußere Arbeit gering, indessen kommen auch hier Fälle vor, in welchen ihr Einfluß erheblich wird.

**11.** Endlich muß ich noch eine Erscheinung erwähnen, deren Erklärung mir von großer Wichtigkeit zu sein scheint, nämlich die, *daß wenn zwei Gase sich untereinander oder ein Gas sich mit einem anderen Körper verbindet und die Verbindung ebenfalls gasförmig ist, dann das Volumen des zusammengesetzten Gases zu den Volumen der einzelnen Bestandteile, soweit diese gasförmig sind, in einem einfachen Verhältnisse steht.*

Es ist schon von Krönig nachgewiesen, daß der Druck, welchen ein Gas auf die Flächeneinheit seiner Umhüllung ausübt, proportional sein muß der Anzahl der in der Volumeneinheit enthaltenen Moleküle und der lebendigen Kraft, welche die einzelnen Moleküle durch diejenige Bewegung haben, welche Krönig allein betrachtet hat, nämlich die fortschreitende Bewegung.

Wendet man dieses auf die einfachen Gase an und macht die aus anderen Gründen sehr wahrscheinliche Annahme, daß sie, wenn Druck und Temperatur dieselben sind, in gleichen Volumen gleich viel Atome enthalten, so folgt, daß die Atome verschiedener Gase in bezug auf ihre fortschreitende Bewegung gleiche lebendige Kraft haben müssen.

Wir wollen nun sehen, in welcher Weise dieser Satz gültig bleibt, wenn man ihn auf die Moleküle zusammengesetzter Gase anwendet.

**12.** Vergleichen wir zunächst die zusammengesetzten Gase untereinander, z. B. zwei Gase, deren Zusammensetzung nach den Volumenverhältnissen 1:1 und 1:2 stattgefunden hat, wie Stickstoffoxid und Stickstoffoxidul.

Bekanntlich nehmen von diesen beiden Gasen solche Mengen, welche gleich viel Sauerstoff enthalten, gleichen Raum ein. Es befinden sich also auch bei diesen Gasen, obwohl die Moleküle des einen aus je zwei und die des anderen aus je drei Atomen bestehen, in gleichen Räumen gleich viel Moleküle, und daraus muß man weiter schließen, daß auch diese verschiedenartig zusammengesetzten Moleküle in bezug auf ihre fortschreitende Bewegung gleiche lebendige Kraft haben.

Zu demselben Schlusse kommt man bei den meisten andern zusammengesetzten Gasen, und in den Fällen, welche sich dieser Regel nicht fügen, scheint es mir nicht unmöglich, die Abweichungen darauf zurückzuführen, daß entweder das betreffende Gas bei der Bestimmung seines Volumens noch nicht weit genug von seinem Kondensationspunkte entfernt war oder daß die bisher gebräuchliche chemische Formel die Art, wie die Atome zu Molekülen verbunden sind, nicht richtig darstellt.

Vergleicht man dagegen die zusammengesetzten Gase mit den einfachen, so zeigt sich eine unzweifelhafte Abweichung von der vorigen Regel, indem auf ein Atom des einfachen Gases nicht derselbe Raum kommt, wie auf ein Molekül des zusammengesetzten Gases. Wenn sich zwei einfache Gase nach gleichem Volumen verbinden, so findet dabei bekanntlich keine Volumenverminderung statt, während nach jener Regel das Volumen sich im Verhältnis von 2:1 vermindern müßte. Wenn sich ein Volumen eines Gases mit zwei oder drei Volumen eines anderen verbindet, so nimmt die Verbindung zwei Volumen ein, während sie nach jener Regel nur ein Volumen einnehmen dürfte; usf.

**13.** Indem ich nach einem Erklärungsgrunde für diese merkwürdige Erscheinung und überhaupt nach einem gemeinsamen Gesetze für die Volumenverhältnisse der Gase suchte, bin ich endlich bei folgender Ansicht als der wahrscheinlichsten stehen geblieben, welche ich dem wissenschaftlichen Publikum wenigstens als eine Hypothese, die der weiteren Prüfung wert ist, glaube vorlegen zu dürfen.

Ich nehme an, daß die Kraft, welche die Entstehung chemischer Verbindungen verursacht und welche wahrscheinlich in einer Art von Polarität der Atome besteht, auch schon in den einfachen Stoffen wirksam ist und *daß auch in diesen mehrere Atome zu einem Moleküle verbunden sind.*

Der einfachste und daher wahrscheinlichste Fall einer solchen Verbindung würde der sein, daß zwei Atome ein Molekül bilden, und dieser Fall liefert die Erklärung jener Volumenverhältnisse, welche vorher als von der Regel abweichend angeführt wurden.

Es mögen z. B. gleiche Volumen Sauerstoff und Stickstoff gegeben sein. Bilden diese Gase eine Mischung, so ist darin eine gewisse Anzahl von Molekülen enthalten, welche entweder aus zwei Atomen Sauerstoff oder aus zwei Atomen Stickstoff bestehen. Denkt man sich nun, daß die Mischung in eine chemische Verbindung übergeht, so enthält diese ebenso viele Moleküle, welche nur anders zusammengesetzt sind, indem jedes aus einem Atom Sauerstoff und einem Atom Stickstoff gebildet ist. Es ist also kein Grund zu einer Volumenänderung vorhanden. Sind dagegen ein Volumen Sauerstoff und zwei Volumen Stickstoff gegeben, so besteht in der Mischung jedes Molekül aus zwei Atomen und in der Verbindung jedes Molekül aus drei Atomen. Die Anzahl der Moleküle hat also durch das Eintreten der chemischen Verbindung im Verhältnis von 3:2 abgenommen, und in demselben

Verhältnis mußte sich daher auch das Volumen verringern.

Es gibt bekanntlich einige einfache Stoffe, welche im gasförmigen Zustande nicht dasjenige Volumen einnehmen, welches man nach ihrem Atomgewichte und nach dem Volumen ihrer Verbindungen erwarten sollte, sondern ein anderes in den meisten Fällen kleineres, welches zu jenem in einem einfachen Verhältnis steht. Eine speziellere Betrachtung dieser Stoffe würde hier um so weniger an ihrem Orte sein, als zwei derselben, Schwefel und Phosphor, auch in anderer Beziehung, durch die Mannigfaltigkeit der Zustände, welche sie annehmen können, ein so auffälliges Verhalten zeigen, daß man wohl von der Chemie noch besondere Aufschlüsse über diese Körper erwarten darf, welche dann zugleich mit den anderen Unregelmäßigkeiten vielleicht auch diejenigen des Dampfvolumens erklären. Indessen möchte ich doch an einen Umstand erinnern, der möglicherweise in einigen Fällen zur Erklärung beitragen kann, nämlich den, daß die obige Annahme, daß die Moleküle der einfachen Stoffe aus je *zwei* Atomen bestehen, zwar die einfachste, aber nicht die einzig mögliche ist.

Vergleicht man alle Fälle von einfachen und zusammengesetzten Gasen untereinander, so ist es nicht zu erwarten, daß man überall sogleich eine vollkommene Übereinstimmung finde; aber ich glaube, daß man bei der Unsicherheit, welche über die innere Konstitution mancher Körper, besonders solcher von komplizierter chemischer Zusammensetzung, noch herrscht, kein zu großes Gewicht auf einzelne Ausnahmefälle legen darf, und ich halte es für wahrscheinlich, daß mit Hilfe der über die Moleküle der einfachen Stoffe gemachten Hypothese sämtliche Volumenverhältnisse der Gase sich auf den Satz zurückführen lassen, *daß die einzelnen Moleküle aller Gase in bezug auf ihre fortschreitende Bewegung gleiche lebendige Kraft haben.*

*Mathematische Zusätze*

**14.** Es soll zuerst der Ausdruck abgeleitet werden, welcher angibt, wie der Druck eines Gases gegen die Gefäßwände von der Bewegung seiner Moleküle abhängt.

Da es auf die Gestalt des Gefäßes nicht ankommt, so wollen wir die Gestalt so wählen, wie es für die Betrachtung am bequemsten ist. Wir nehmen an, daß Gefäß sei sehr flach, indem zwei ebene parallele Wände sich so nahe gegenüberstehen, daß ihr Abstand gegen die übrigen Dimensionen des Gefäßes verschwindend klein ist. Dann braucht man die Fälle, in welchen die Moleküle gegen eine der kleinen Seitenwände stoßen, nicht besonders zu berücksichtigen und kann annehmen, jedes Molekül bewege sich so lange geradlinig fort, bis es entweder gegen ein anderes Molekül oder gegen eine der großen parallelen Wände stößt. Übrigens würde die Berücksichtigung der Seitenwände an dem Endresultat gar nichts ändern und nur die Entwicklung weitläufiger machen.

Betrachten wir eine der beiden großen Wände allein, so erleidet diese während der Zeiteinheit eine gewisse Anzahl von Stößen, und zwar von Molekülen, deren Bewegungen alle möglichen Richtungen haben können, bei denen überhaupt noch eine Annäherung an die Fläche stattfindet. Es muß nun zunächst bestimmt werden, wie groß diese Anzahl von Stößen ist und wie viel davon durchschnittlich auf jede Richtung kommen.

**15.** Wenn das Gas ein *ideelles* ist, was wir im folgenden immer voraussetzen wollen, indem wir von den Unregelmäßigkeiten, welche durch den unvollkommenen Gaszustand entstehen, absehen, so kann man bei der Bestimmung des Druckes, wie es schon Krönig getan hat, statt die Bewegung ganz so zu betrachten, wie sie wirklich stattfindet, einige Vereinfachungen einführen.

Die Gesamtzahl der Stöße, welche die Wand erleidet, bleibt ungeändert, wenn man annimmt, daß sich die Moleküle untereinander in ihrer Bewegung nicht stören, sondern jedes Molekül so lange geradlinig fortfliegt, bis es eine Wand trifft.

Ferner ist es zwar in der Wirklichkeit nicht nötig, daß ein Molekül, wie es nach den gewöhnlichen Elastizitätsgesetzen bei elastischen Kugeln an einer vollkommen ebenen Wand sein müßte, unter demselben Winkel und mit derselben Geschwindigkeit von der Wand zurückfliegt, welche es beim Heranfliegen hatte; nach den Regeln der Wahrscheinlichkeit kann man aber annehmen, daß es ebenso viele Moleküle gibt, deren Zurückwerfungswinkel in ein gewisses Intervall, z. B. zwischen 60° und 61°, fällt, als solche, deren Einfallswinkel in dieses Intervall fällt, und auch an der Geschwindigkeit der Moleküle wird im ganzen genommen durch die Wand nichts geändert. Es kann daher in dem Endresultat keinen Unterschied hervorbringen, wenn man annimmt, daß für jedes Molekül der Winkel und die Geschwindigkeit der Zurückwerfung gleich denen des Einfalls seien. Hiernach würde ein Molekül in denselben Richtungen, welche ein Lichtstrahl zwischen ebenen Spiegeln wählt, so oft zwischen den beiden großen Wänden hin- und hergehen, bis es einmal eine Seitenwand träfe, von dieser zurückgeworfen, würde es eine ähnliche Reihe von Hin- und Hergängen beginnen usf.

Endlich findet in der Wirklichkeit gewiß die mannigfaltigste Verschiedenheit in den Geschwindigkeiten der einzelnen Moleküle statt. Bei der Betrachtung aber kann man allen Molekülen eine gewisse mittlere Geschwindigkeit zuschreiben. Diese mittlere Geschwindigkeit muß, wie aus den folgenden Formeln ersichtlich ist, um einen gleichen Druck zu erhalten, so gewählt werden, daß die lebendige Kraft aller Moleküle bei der mittleren Geschwindigkeit dieselbe ist, wie bei den wirklich stattfindenden Geschwindigkeiten.

**16.** Nach diesen Voraussetzungen kann man leicht angeben, wie oft ein Molekül während der Zeiteinheit gegen die zur Betrachtung ausgewählte Wand stoßen muß. Nämlich so oft, wie es bei der ihm eigentümlichen Bewegungsrichtung während der Zeiteinheit von dieser Wand zur anderen und wieder zur ersten zurückfliegen kann. Bezeichnen wir mit $h$ den Abstand der beiden Wände und mit $\vartheta$ den Winkel, welchen die Bewegungsrichtung mit der Normale bildet (welcher Winkel nur von 0 bis 90° gerechnet wird), so ist $h/\cos\vartheta$ die Länge des Weges von der einen Wand zur andern und folglich, wenn $u$ die Geschwindigkeit des Moleküls bedeutet, die Anzahl der Stöße gegen die Wand:

$$\frac{u\cos\vartheta}{2h}. \tag{1}$$

Was die Bewegungsrichtung der einzelnen Moleküle anbetrifft, so müssen wir annehmen, daß durchschnittlich jede Richtung gleich oft vorkommt. Daraus folgt, daß die Anzahl der Moleküle, deren Bewegungsrichtungen mit der Normale Winkel bilden, welche zwischen den Werten $\vartheta$ und $\vartheta + d\vartheta$ liegen, zur ganzen Anzahl der vorhandenen Moleküle in demselben Verhältnisse steht wie der Flächeninhalt einer Kugelzone, deren Grenzkreise den Winkeln $\vartheta$ und $\vartheta + d\vartheta$ entsprechen, zum Flächeninhalt der Halbkugel, also wie

$$2\pi\sin\vartheta\, d\vartheta : 2\pi.$$

Demnach ist, wenn die ganze Anzahl der vorhandenen Moleküle mit $n$ bezeichnet wird, die Anzahl derer, welche dem Winkelintervall von $\vartheta$ bis $\vartheta + d\vartheta$ entsprechen,

$$n\sin\vartheta\, d\vartheta,$$

und die Anzahl der von ihnen herrührenden Stöße:

$$\frac{nu}{2h}\cos\vartheta\sin\vartheta\, d\vartheta. \tag{2}$$

**17.** Um die Stärke eines Stoßes zu bestimmen, muß die ganze Geschwindigkeit in zwei Komponenten zerlegt werden, die eine parallel der Wand, die andere senkrecht darauf. Die erstere wird durch den Stoß nicht geändert und kommt also bei der Bestimmung der Stärke des Stoßes nicht in Betracht, die letztere aber, welche ihrer Größe nach durch $u \cos \vartheta$ dargestellt wird, wird durch den Stoß in die entgegengesetzte verwandelt. Die Wirkung der Wand auf das Molekül besteht also darin, daß sie ihm in der Richtung der Normale in dem einen Sinne die Geschwindigkeit $u \cos \vartheta$ entzieht und im anderen Sinne dieselbe Geschwindigkeit mitteilt oder, was dasselbe ist, daß sie ihm im letzteren Sinne die Geschwindigkeit $2u \cos \vartheta$ mitteilt. Daraus ergibt sich als Größe der Bewegung, welche dem Molekül mitgeteilt wird, wenn wir die Masse des Moleküls mit $m$ bezeichnen:

$$2mu \cos \vartheta. \tag{3}$$

Wenden wir dieses auf alle die Moleküle an, welche dem Winkelintervall von $\vartheta$ bis $\vartheta + d\vartheta$ entsprechen, so erhalten wir während der Zeiteinheit

$$\frac{nu}{2h} \cos \vartheta \sin \vartheta \, d\vartheta\text{-mal}$$

dieselbe Wirkung, und die diesen Molekülen während der Zeiteinheit mitgeteilte Bewegung ist somit:

$$\frac{nmu^2}{h} \cos^2 \vartheta \sin \vartheta \, d\vartheta. \tag{4}$$

Diesen Ausdruck braucht man nur noch von $\vartheta = 0$ bis $\vartheta = \pi/2$ zu integrieren, um die Bewegung zu erhalten, welche die Wand allen Molekülen, die während der Zeiteinheit gegen sie stoßen, mitteilt, nämlich:

$$\frac{nmu^2}{3h}. \tag{5}$$

Denken wir uns nun die Wand als frei beweglich, so muß, damit sie durch die Stöße der Moleküle nicht zurückgetrieben wird, von der andern Seite eine Gegenkraft vorhanden sein, und zwar kann man sich wegen der großen Anzahl der Stöße und der Schwäche jedes einzelnen die entgegenwirkende Kraft als eine stetige denken. Die Stärke dieser Kraft ist dadurch bestimmt, daß sie die durch den vorigen Ausdruck dargestellte Bewegung während der Zeiteinheit muß hervorbringen können. Da nun aber die Größe der Bewegung, welche eine Kraft während der Zeiteinheit hervorbringen kann, das Maß der Kraft selbst ist, so stellt der vorige Ausdruck ohne weiteres jene Kraft und somit auch den vom Gase ausgeübten Druck, welchem sie das Gleichgewicht hält, dar.

Nennen wir den Flächeninhalt der Wand $\alpha$ und den Druck auf die Flächeneinheit $p$, ergibt sich

$$p = \frac{nmu^2}{3\alpha h}.$$

Das hierin vorkommende Produkt $\alpha h$ stellt den Rauminhalt des Gefäßes oder das Volumen des Gases dar. Bezeichnen wir dieses mit $v$, so kommt:

$$p = \frac{nmu^2}{3v}. \tag{6}$$

Zu derselben Formel gelangt man, wenn man, wie es Krönig getan hat, zur Vereinfachung annimmt, ein Drittel der sämtlichen Moleküle bewege sich senkrecht zu der betrachteten Wand und die beiden anderen Drittel nach zwei anderen, der Wand parallelen Richtungen. Indessen hielt ich es doch für zweckmäßig, die Formel für den Druck ohne diese vereinfachende Annahme abzuleiten.

Schreibt man die letzte Gleichung in der Form:

$$\frac{3}{2}pv = \frac{nmu^2}{2}, \tag{6a}$$

so bedeutet die rechte Seite *die lebendige Kraft der fort-*

*schreitenden Bewegung der Gasmoleküle*[1]). Da nun nach dem MARIOTTEschen und GAY-LUSSACschen Gesetze, wenn man die absolute Temperatur mit $T$ bezeichnet,

$$pv = T \cdot \text{const}$$

ist, so kann man auch schreiben:

$$\frac{nmu^2}{2} = T \cdot \text{const}.$$

Es ergibt sich also, was schon weiter oben angeführt wurde, daß die lebendige Kraft der fortschreitenden Bewegung der absoluten Temperatur proportional ist.

18. Wir können die gefundenen Gleichungen zunächst zu einem interessanten Schluss anwenden, nämlich zur Bestimmung der Geschwindigkeit $u$, mit welcher sich die einzelnen Gasmoleküle bewegen.

Das Produkt $nm$ stellt die Masse des ganzen gegebenen Gasquantums dar. Diese dürfen wir aber nicht unmittelbar mit dem Gewichte des Gases als identisch setzen, sondern sie ist das Gewicht, dividiert durch die Schwerkraft $g$. Nennen wir das Gewicht $q$, so ist

$$nm = \frac{q}{g},$$

und man erhält somit aus der Gleichung (6):

$$u^2 = \frac{3gpv}{q}. \tag{7}$$

[1]) Ich nenne, wie es in neuerer Zeit mehrfach geschehen ist und wie ich selbst es auch in meinen bisherigen Abhandlungen schon getan habe, nicht das ganze, sondern das *halbe* Produkt aus der Masse und dem Quadrate der Geschwindigkeit die lebendige Kraft, weil man nur bei dieser Definition des Begriffes die mathematischen Ausdrücke, welche eine Arbeit und die ihr entsprechende Vermehrung oder Verminderung der lebendigen Kraft darstellen, ohne Hinzufügung eines Koeffizienten einander gleich setzen kann.

Wir wollen nun als Längeneinheit das Meter und als Gewichtseinheit das Kilogramm wählen und voraussetzen, es sei ein Kilogramm eines Gases unter dem Drucke von 1 atm oder von 10333 kg auf das Quadratmeter gegeben. Dann ist:

$$g = 9{,}80896 \text{ m},$$

$$p = 10333,$$

$$q = 1.$$

Zur Bestimmung von $v$ weiß man nach Regnault, daß ein Kilogramm atmosphärischer Luft unter dem Drucke von 1 atm und bei der Temperatur des Gefrierpunktes 0,7733 m³ einnimmt. Folglich ist, wenn $\varrho$ das spezifische Gewicht des betrachteten Gases bedeutet, das Volumen des Gases beim Gefrierpunkte

$$\frac{0{,}7733}{\varrho}$$

und bei der absoluten Temperatur $T$, wenn wir die absolute Temperatur des Gefrierpunktes zu 273 °K annehmen,

$$\frac{0{,}7733}{\varrho} \frac{T}{273}.$$

Demnach erhält man:

$$u^2 = 3 \cdot 9{,}80896 \cdot 10333 \cdot 0{,}7733 \cdot \frac{T}{273\,\varrho}$$
$$= 235130 \frac{T}{273\,\varrho},$$

und somit:

$$u = 485 \text{ m} \sqrt{\frac{T}{273\,\varrho}}. \tag{8}$$

Daraus ergeben sich z. B. folgende für den Gefrierpunkt geltende Zahlen

| | |
|---|---|
| für Sauerstoff | 461 m, |
| für Stickstoff | 492 m, |
| für Wasserstoff | 1844 m. |

Diese Zahlen sind die mittleren Geschwindigkeiten, welche für alle Moleküle zusammen dieselbe lebendige Kraft geben wie die wirklich stattfindenden Geschwindigkeiten. Dabei ist es aber möglich, daß die wirklichen Geschwindigkeiten der einzelnen Moleküle sehr bedeutend von dem mittleren Werte abweichen.

**19.** Schließlich wollen wir noch mittelst der gewonnenen Gleichungen untersuchen, *wie sich die lebendige Kraft der fortschreitenden Bewegung zu der ganzen in dem Gase vorhandenen lebendigen Kraft, d. h. zu der im Gase vorhandenen Wärme verhält.*

Dabei denken wir uns der Übereinstimmung wegen die Wärmemenge nicht nach der gewöhnlichen Wärmeeinheit, sondern nach der mechanischen Einheit der lebendigen Kraft oder, was dasselbe ist, nach der Einheit der Arbeit gemessen. Man braucht dazu nur die auf gewöhnliche Weise gemessene Wärmemenge durch das Wärmeäquivalent für die Einheit der Arbeit, welches ich wie früher $A$ nenne, zu dividieren. Die so bestimmte Wärmemenge möge $H$ heißen.

Bezeichnen wir ferner die spezifische Wärme des Gases bei konstantem Volumen oder die wahre spezifische Wärme mit $c$, so ist die Vermehrung der in dem Gasquantum $q$ enthaltenen Wärmemenge bei einer Temperaturerhöhung um $\mathrm{d}T$:

$$\mathrm{d}H = \frac{qc}{A}\,\mathrm{d}T.$$

Durch Integration dieser Gleichung erhält man:

$$H = \frac{qc}{A}\,T. \tag{9}$$

Eine Konstante braucht nicht hinzugefügt zu werden, da, wie früher gesagt, die im Gase vorhandene Wärme der lebendigen Kraft der fortschreitenden Bewegung und demnach der absoluten Temperatur proportional ist.

In dieser Gleichung läßt sich der Ausdruck auf der rechten Seite durch einen anderen ersetzen, welcher für die beabsichtigte Untersuchung sehr bequem ist.

Die Wärmemenge, welche man dem Gasquantum $q$ mitteilen muß, damit seine Temperatur um $\mathrm{d}T$ und sein Volumen um $\mathrm{d}v$ wächst, wird ausgedrückt durch

$$\frac{qc}{A}\,\mathrm{d}T + p\,\mathrm{d}v,$$

worin das erste Glied die Zunahme der vorhandenen Wärme und das zweite die zur Arbeit verbrauchte Wärme darstellt. Wird nun angenommen, daß die Erwärmung unter konstantem Drucke stattfinde, so ist dadurch das Verhältnis zwischen $\mathrm{d}T$ und $\mathrm{d}v$ bestimmt. Es ist nämlich allgemein:

$$pv = T \cdot \text{const}.$$

Differentiiert man diese Gleichung unter der Annahme, daß $p$ konstant sei, so kommt

$$p\,\mathrm{d}v = \mathrm{d}T \cdot \text{const},$$

und hieraus kann man die unbestimmt gelassene Konstante mittelst der vorigen Gleichung eliminieren, wodurch man erhält:

$$\mathrm{d}v = \frac{v}{T}\,\mathrm{d}T.$$

Diesen Wert von $\mathrm{d}v$ wollen wir in den obigen Ausdruck einsetzen. Zugleich können wir, wenn $c'$ die spezifische Wärme des Gases bei konstantem Drucke bedeutet, die ganze dem Gase mitgeteilte Wärmemenge für diesen Fall mit $(qc'/A)\,\mathrm{d}T$ bezeichnen. Dadurch entsteht die Gleichung

$$\frac{qc'}{A}\,\mathrm{d}T = \frac{qc}{A}\,\mathrm{d}T + \frac{pv}{T}\,\mathrm{d}T,$$

woraus folgt:

$$\frac{q(c'-c)}{A}\,T = pv. \tag{10}$$

Mit Hilfe dieser Gleichung geht (9) über in:

$$H = \frac{c}{c'-c}\,pv. \tag{11}$$

**20.** Gehen wir nun zu der früher gewonnenen Gleichung (6a) zurück und bezeichnen zur Abkürzung die lebendige Kraft der fortschreitenden Bewegung mit $K$, so ist:

$$K = 3/2\,pv.$$

Durch Verbindung dieser Gleichung mit der vorigen erhalten wir:

$$\frac{K}{H} = 3/2\left(\frac{c'}{c} - 1\right). \tag{12}$$

Das Verhältnis der lebendigen Kraft der fortschreitenden Bewegung zur ganzen lebendigen Kraft ist also auf das Verhältnis der beiden spezifischen Wärmen zurückgeführt.

Will man die Werte, welche das Verhältnis $K/H$ bei verschiedenen Gasen annimmt, untereinander vergleichen, so ist es zweckmäßig, in die vorige Formel statt der nach der Gewichtseinheit gerechneten spezifischen Wärmen die nach der Volumeneinheit gerechneten, welche zum Unterschiede $\gamma$ und $\gamma'$ heißen mögen, einzuführen. Dann lautet die Gleichung:

$$\frac{K}{H} = 3/2\,\frac{\gamma'-\gamma}{\gamma}. \tag{13}$$

Wenn wir von solchen Abweichungen, welche in dem unvollkommenen Gaszustande ihren Grund haben, absehen und uns alle Gase im ideellen Zustande denken, so ist, wie ich in meiner Abhandlung „Über die bewegende Kraft der Wärme“[1]) nachgewiesen habe, die Differenz $\gamma' - \gamma$ für alle Gase gleich. Somit ist das Verhältnis $K/H$ *der nach der Volumeneinheit gerechneten wahren spezifischen Wärme der Gase umgekehrt proportional.*

Für diejenigen einfachen Gase, welche in bezug auf ihr Volumen keine Unregelmäßigkeiten zeigen, und die zusammengesetzten, welche bei der Zusammensetzung keine Volumenverminderung erlitten haben, ist $\gamma$ und somit auch $K/H$ gleich. Bei diesen Gasen ist angenähert:

$$\frac{\gamma'}{\gamma} = 1{,}421\,,$$

und daraus folgt:

$$\frac{K}{H} = 0{,}6315\,.$$

Für diejenigen zusammengesetzten Gase dagegen, deren Volumen bei der Zusammensetzung abgenommen hat, ist $\gamma$ größer und demgemäß $K/H$ kleiner, und zwar um so mehr, je kleiner das Volumen der Verbindung im Verhältnis zu der Summe der Volumen ihrer Bestandteile ist, wenn die letzteren als sämtlich gasförmig gedacht werden.

Es bestätigt sich also, was früher gesagt wurde, daß die lebendige Kraft der fortschreitenden Bewegung allein noch nicht die ganze im Gase vorhandene Wärme darstellt und daß der Unterschied um so größer ist, aus je mehr Atomen die einzelnen Moleküle der Verbindung bestehen. Man muß daher schließen, daß außer der fortschreitenden Bewegung der ganzen Moleküle noch andere Bewegungen der Bestandteile der Moleküle stattfinden, deren lebendige Kraft ebenfalls einen Teil der Wärme ausmacht.

---

[1]) Poggendorff's Ann., Bd. 79, S. 394.

# 9. Über die mittlere Länge der Wege, welche bei Molekularbewegung gasförmiger Körper von den einzelnen Molekülen zurückgelegt werden, nebst einigen anderen Bemerkungen über die mechanische Wärmetheorie*)

von

RUDOLF CLAUSIUS

## Zusammenfassung

Wenn sich die Moleküle wirklich über größere Distanzen auf geraden Linien bewegen, so wurde die von JOULE, KRÖNIG und CLAUSIUS (siehe den vorangegangenen Beitrag) entwickelte Gastheorie kritisiert, dann müßten sich zwei miteinander im Kontakt befindliche Gase sehr schnell mischen, was im Gegensatz zur Erfahrung steht. Diesem Einwand kann man entgegnen, daß die realen Gase nicht „ideal“ sind und daß deshalb die Zeitintervalle, während denen die Molekularkräfte wirken, im Vergleich mit dem gesamten Weg eines Moleküls nicht verschwindend klein sind. Man kann eine quantitative Theorie aufbauen, wenn man annimmt, daß die Moleküle durch eine gewisse Entfernung $\varrho$ charakterisiert werden, so daß für zwei Moleküle, deren Schwerpunkte aneinander in einer Entfernung größer als $\varrho$ vorbeifliegen, keine intermolekularen Abstoßungskräfte ins Spiel kommen und nur durch die anziehenden Kräfte eine schwache Ablenkung erfolgt. Ist diese Entfernung dagegen kleiner als $\varrho$, dann veranlassen die abstoßenden Kräfte die Moleküle, voneinander zurückzuprallen. Das kugelförmige Volumen mit dem Radius $\varrho$ rund um die Moleküle wird die *Wirkungssphäre* der Moleküle genannt. Wir fragen: Wie weit kann sich ein Molekül bewegen, bis sein Schwerpunkt in die Wirkungssphäre eines anderen Moleküls gelangt? Diese mittlere Entfernung wird die mittlere freie Weglänge $l$ genannt.

Es wird gezeigt, daß die mittlere Weglänge eines Moleküls im gleichen Verhältnis zum Radius der Wirkungssphäre steht wie der gesamte Raum, der vom Gas eingenommen wird, zu dem Teil des

*) Ursprünglich veröffentlicht in: Ann. Phys. (2) **105** (1858) 239–258.

Raumes, der wirklich von den Wirkungssphären der Moleküle ausgefüllt ist: $l/\varrho = V/(4/3\,\pi\varrho^3)$. (Es wird angenommen, daß sich die Moleküle mit gleicher Geschwindigkeit bewegen.) Wenn man dieses Verhältnis z. B. zu 1000:1 annimmt und der mittlere Abstand der Moleküle $\lambda = V^{1/3}$ ist, so ergibt sich $l = 62\lambda$. Weil aber die Zahl der Moleküle in einem gegebenen Volumen bis jetzt unbekannt ist, müssen wir annehmen, daß sie recht groß und somit $\lambda$ sehr klein ist, verglichen mit den üblichen Längeneinheiten. Somit ist es plausibel, daß die mittlere Weglänge in Wirklichkeit recht klein und somit der angegebene Einwand nicht stichhaltig ist.

**1.** In der im Februarhefte dieser Annalen[1]) enthaltenen Abhandlung von Buys-Ballot „über die Art von Bewegung, welche wir Wärme und Elektrizität nennen", sind gegen die Ansichten, welche Joule, Krönig und ich über die Molekularbewegungen in gasförmigen Körpern ausgesprochen haben, einige Einwendungen gemacht, unter denen besonders folgende hervorzuheben ist. Es wird darauf hingedeutet, daß, wenn die Moleküle sich geradlinig bewegten, dadurch eine schnelle Vermischung von Gasmassen, welche miteinander in Berührung sind, entstehen müßte, was in der Wirklichkeit nicht stattfindet. Zum Beweise des letzteren werden auf S. 250 folgende Tatsachen angeführt. „Wie kommt es denn, daß Tabaksrauch sich in Zimmern so lange in unbewegten Lagen ausbreitet?" und dieselbe Erscheinung wird auch von Rauchwolken in freier Luft erwähnt. Ferner: „Wenn in einer Ecke eines Zimmers Schwefelwasserstoff- oder Chlorgas entwickelt wird, so verstreichen ganze Minuten, ehe man es in der anderen Ecke riecht, während doch die Gasteilchen das Zimmer in einer einzigen Sekunde hunderte Male hätten durchlaufen müssen." Endlich: „Wie könnte denn auch Kohlensäuregas in einem offenen Gefäße so lange verweilen?"

Da diese Einwendungen auf den ersten Blick als sehr schlagend erscheinen können, so halte ich es für nötig, durch besondere Betrachtungen nachzuweisen, daß die angeführten Tatsachen mit der Theorie von der gerad-

[1]) C. H. O. Buijs-Ballot (Buys-Ballot): Ann. Phys. **103** (1858) 240.

linigen Bewegung der Moleküle ganz wohl vereinbar sind. Die Anregung dieses Gegenstandes durch Hrn. BUYS-BALLOT ist mir sogar insofern angenehm, als sie mir eine erwünschte Gelegenheit darbietet, den betreffenden Teil der Theorie, welchen ich in meiner früheren Abhandlung vielleicht etwas zu kurz behandelt habe, zu vervollständigen und dadurch ferneren Mißverständnissen vorzubeugen.

2. Es wird in den Einwendungen vorausgesetzt, daß die Moleküle bedeutende Strecken in gerader Linie durchlaufen, was besonders in der zweiten bestimmt hervortritt, wo gesagt wird, daß ein Molekül in einer Sekunde das Zimmer viele Male hätte durchlaufen müssen. Diese Voraussetzung darf aber in keiner Weise als eine notwendige Folge der von mir ausgesprochenen Ansichten über den Zustand der Gase betrachtet werden. Ich habe unter den Bedingungen, welche erfüllt sein müßten, wenn für ein Gas das MARIOTTEsche und GAY-LUSSACsche Gesetz ganz streng gültig sein sollte, folgende angeführt, „daß die Teile des von einem Moleküle beschriebenen Weges, auf welchen die Molekularkräfte von Einfluß sind, indem sie die Bewegung des Moleküls in Richtung oder Geschwindigkeit merklich ändern, gegen die Teile des Weges, auf welchen die Kräfte als unwirksam betrachtet werden können, verschwinden.“ Bei den in der Wirklichkeit vorhandenen Gasen ist nun das MARIOTTEsche und GAY-LUSSACsche Gesetz nicht streng, sondern nur angenähert gültig, und daraus folgt, daß bei ihnen jene ersten Teile des Weges gegen den ganzen Weg zwar klein, aber nicht gerade verschwindend klein sein müssen. Da nun eine der Grundbedingungen, auf welchen die ganze Theorie beruht, die ist, daß die Molekularkräfte nur bis in geringe Entfernungen von den Molekülen merkbar sind, so kann ein Weg, der im Verhältnis zur Wirkungssphäre eines Moleküls groß ist, doch, absolut genommen, noch sehr klein sein.

Man kann sich durch einige einfache Betrachtungen eine

ungefähre Vorstellung von der mittleren Größe der Wege, welche die einzelnen Moleküle zurücklegen, bilden, und ich will versuchen, dieses im folgenden auseinanderzusetzen.

3. Dazu wird es zweckmäßig sein, zunächst einige Bemerkungen darüber vorauszuschicken, wie man sich die Molekularkräfte möglicherweise vorstellen kann und was man sich demgemäß unter der Wirkungssphäre zu denken hat. Diese Bemerkungen sind nicht als ein wesentlicher Bestandteil der weiterhin folgenden Entwicklung zu betrachten, sondern sollen nur dazu dienen, die Ideen zu fixieren.

Wenn wir von den Kräften der chemischen Verwandtschaft absehen und nur solche Moleküle betrachten, die chemisch gegeneinander indifferent sind, so glaube ich, daß man noch zwei Kräfte unterscheiden muß, daß nämlich bei der Annäherung zweier Moleküle zuerst eine Anziehungskraft wirkt, welche schon in einiger Entfernung anfängt merkbar zu werden und mit Abnahme der Entfernung wächst; daß dann aber, wenn die Moleküle in unmittelbare Nähe zueinander gelangt sind, eine Kraft eintritt, welche sie wieder auseinander zu treiben sucht. Wie man sich die letztere denken will, ob so, wie bei festen elastischen Körpern, die erst, wenn sie in wirklicher Berührung sind und mit einer gewissen Kraft zusammengedrückt wurden, sich mit derselben Kraft wieder auseinander treiben, oder so, daß sie schon vor der wirklichen Berührung der Moleküle eintritt, ist für die hier beabsichtigte Betrachtung gleichgültig. Ebenso kann der Ursprung dieser Kräfte, ob man sie beide den ponderablen Massenteilchen selbst oder eine von ihnen einem feineren Stoffe, mit dem die ponderablen Massenteilchen begabt sein können, zuschreiben will, hier unerörtert bleiben.

Denken wir uns nun zwei Moleküle, die sich in solchen Richtungen bewegen, daß sie, wenn sie diese Richtungen unverändert beibehielten, nicht aufeinander stoßen, sondern in einiger Entfernung aneinander vorbeigehen würden, so können verschiedene Fälle eintreten. Ist die Entfernung sehr klein, so kommen die Moleküle, welche durch die schon aus einiger Entfernung wirkende Anziehungskraft noch mehr zueinander gezogen werden, sich so nahe, daß die abstoßende Kraft wirksam wird und ein Abprallen der Moleküle stattfindet. Ist die Entfernung etwas größer, so erleiden die Bahnen der Moleküle nur durch die Anziehungskraft eine gewisse Richtungsänderung, ohne daß die Abstoßungskraft dabei in Wirksamkeit treten kann. Endlich bei noch größeren Entfernungen ist der Einfluß der Moleküle aufeinander ganz zu vernachlässigen.

Wie groß die Entfernungen sein müssen, damit das eine oder das andere eintritt, würde sich, selbst wenn man über die Molekularkräfte genaue Kenntnis hätte, nicht allgemein bestimmen lassen, indem dabei auch die Geschwindigkeit der Moleküle und die gegenseitige Neigung ihrer Bahnen in Betracht kommen, indessen würde man doch *mittlere* Werte dieser Entfernungen angeben können. Wir wollen daher annehmen, es sei als ein solcher Mittelwert die Entfernung $\varrho$ gegeben, welche die Grenze zwischen dem ersten und zweiten Fall bildet und deren Bedeutung wir noch etwas bestimmter folgendermaßen feststellen wollen. Wenn die Schwerpunkte zweier Moleküle solche Bewegungsrichtungen haben, daß sie, wenn sie sich in diesen Richtungen geradlinig fortbewegten, in einer Entfernung aneinander vorbeigehen würden, die größer als $\varrho$ ist, so ändern die Moleküle nur durch die gegenseitige Anziehung die Richtungen ihrer Bahnen etwas, ohne daß eine auseinandertreibende Kraft zwischen ihnen eintritt; ist dagegen jene Entfernung kleiner als $\varrho$, so tritt auch die letztere Kraft in Tätigkeit, und es findet ein Abprallen der Moleküle statt.

Wenn wir nun unter *Zusammenstoß* zweier Moleküle nur den letzteren Fall verstehen und dagegen die Richtungsänderungen, welche bei größeren Entfernungen durch die Anziehung verursacht werden, außer acht lassen, so können wir für unsere hier beabsichtigten Betrachtungen eine um den Schwerpunkt des Moleküls als Zentrum mit dem Radius $\varrho$ beschriebene Kugel als die *Wirkungssphäre* des Moleküls bezeichnen.

Ich will noch einmal hervorheben, daß die hierbei gemachten speziellen Annahmen über die Natur der Molekularkräfte nicht als eine notwendige Bedingung für die Gültigkeit der folgenden Entwicklungen anzusehen sind, sondern daß sie nur dazu dienen sollten, der Vorstellung einen gewissen Anhaltspunkt zu geben und dadurch das Verständnis zu erleichtern. Wie man sich auch die Kräfte, durch welche die Moleküle ihre Bewegungsrichtungen gegenseitig ändern, denken mag, wenn man nur zugibt, daß ihre Wirkungen nur bis in sehr kleine Entfernungen merkbar sind, so wird man immer eine Entfernung als Grenzwert annehmen können, mit der Bestimmung, daß die Wirkungen in größere Entfernungen hinaus vernachlässigt und nur die Wirkungen in kleineren Entfernungen berücksichtigt werden sollen, und eine mit dieser Entfernung beschriebenen Kugel kann man dann als Wirkungssphäre bezeichnen.

**4.** Denkt man sich nun in einem gegebenen Raume eine große Menge von Molekülen, welche sich unregelmäßig durcheinander bewegen, und wählt eins unter ihnen zur Betrachtung aus, so wird dieses bald hier, bald dort gegen eins der anderen Moleküle stoßen und von ihm abprallen, und es entsteht nun für uns die Frage, wie groß die mittlere Weglänge zwischen zwei solchen Zusammenstößen ist oder, genauer ausgedrückt, *wie weit sich das Molekül durchschnittlich bewegen kann, bis sein Schwerpunkt einmal in die Wirkungssphäre eines anderen Moleküls kommt.*

Wir wollen diese Frage jedoch nicht ohne weiteres in der vorstehenden Form behandeln, sondern wollen statt ihrer eine etwas einfachere stellen, welche mit ihr in solcher Verbindung steht, daß man aus der Lösung der einen auf die der anderen schließen kann.

Nimmt man an, daß die in dem Raume befindlichen Moleküle nicht sämtlich in Bewegung seien, sondern daß nur das eine zur Betrachtung ausgewählte Molekül sich bewege und alle anderen in festen Lagen beharren, so wird auch unter diesen Umständen das bewegliche Molekül bald hier bald dort gegen eins der anderen stoßen, und man kann nun die Anzahl der Anstöße, welche es in diesem Falle während einer Zeiteinheit erleidet, mit derjenigen vergleichen, welche es im Falle der allgemeinen Bewegung erleiden würde. Bei näherer Betrachtung des Gegenstandes überzeugt man sich bald, daß die Anzahl der Anstöße unter bewegten Molekülen größer sein muß als unter ruhenden oder, was dasselbe ist, daß die mittlere Länge der Wege, welche das betrachtete Molekül zwischen je zwei Anstößen zurücklegt, im ersteren Falle kleiner sein muß als im letzteren. Das Verhältnis zwischen den beiden mittleren Weglängen läßt sich bestimmt berechnen, sobald die Geschwindigkeit der übrigen Moleküle im Verhältnis zu der des betrachteten gegeben ist. Für unsere Untersuchungen ist nur der Fall von besonderem Interesse, wo die Geschwindigkeiten aller Moleküle *durchschnittlich* gleich groß sind, wofür wir dann, wenn wir nur die *mittleren* Geschwindigkeiten betrachten, einfacher annehmen können, daß alle Moleküle sich gleich schnell bewegen, und für diesen Fall erhält man folgendes Resultat. *Die mittleren Weglängen für die beiden Fälle, wo die übrigen Moleküle entweder sich ebenso schnell bewegen wie das betrachtete oder in Ruhe sind, verhalten sich wie* $3/4 : 1$.

Der Beweis für die Richtigkeit dieses Verhältnisses würde nicht schwierig sein, indessen ist es nicht notwendig, daß wir uns damit aufhalten, da es sich bei unserer Betrachtung über den mittleren Weg nicht darum handelt, den genauen Zahlenwert desselben zu bestimmen, sondern nur einen ungefähren Begriff von seiner Größe zu erhalten, und daher auch die genaue Kenntnis jenes Verhältnisses nicht erforderlich ist. Für unseren Zweck genügt es schon, wenn nur als feststehend angenommen werden darf, daß der mittlere Weg unter bewegten Molekülen *nicht größer* sein kann als unter ruhenden, und das wird wohl ohne weiteres zugestanden werden. Wir wollen daher unter dieser Voraussetzung die wirkliche Behandlung der Frage auf den Fall beschränken, *wo nur das betrachtete Molekül sich bewegt, während alle anderen in Ruhe sind.*[1])

---

[1]) Der Vollständigkeit wegen will ich den im Texte ohne Beweis angeführten Satz, *daß die mittleren Weglängen für die beiden Fälle, wo die übrigen Moleküle entweder sich ebenso schnell bewegen wie das betrachtete oder in Ruhe sind, sich wie* 3/4:1 *verhalten*, hier in einer Anmerkung beweisen, ähnlich wie ich es, veranlaßt durch eine abweichende Äußerung von MAXWELL, schon im Philos. Mag., Juniheft 1860, getan habe.

Wenn das betrachtete Molekül, welches wir zur Unterscheidung von den übrigen $m$ nennen wollen, sich mit der Geschwindigkeit $u$ zwischen ruhenden Molekülen bewegt und man die Wahrscheinlichkeit dafür, daß es während einer bestimmten unendlich kleinen Zeit $dt$ eines der ruhenden Moleküle trifft, mit $a\,dt$ bezeichnet, so ist $a$ eine Größe, welche offenbar der Geschwindigkeit $u$ proportional ist, und man kann daher setzen:

$$a = \alpha u,$$

worin $\alpha$ ein von der Anzahl der vorhandenen Moleküle und von der Größe ihrer Wirkungssphären abhängiger Koeffizent ist.

Nun wollen wir den Fall betrachten, wo auch die übrigen Moleküle in Bewegung sind, und zwar wollen wir voraussetzen, daß sie sich alle mit gleicher Geschwindigkeit, welche $v$ heißen soll, bewegen.

Vorläufig möge auch noch die weitere Voraussetzung gemacht werden, daß alle übrigen Moleküle eine und dieselbe Bewegungsrichtung haben, welche mit der Bewegungsrichtung unseres Moleküles $m$ den Winkel $\varphi$ bilde. Dann hat $m$ zu allen jenen Molekülen eine und dieselbe relative Geschwindigkeit $r$, welche durch folgende Gleichung bestimmt wird.:

$$r = \sqrt{u^2 + v^2 - 2uv\cos\varphi}.$$

Nennen wir nun die Wahrscheinlichkeit, daß $m$ unter diesen Umständen während der Zeit $dt$ ein anderes Molekül trifft, $b\,dt$, so spielt bei der Bestimmung von $b$ offenbar die relative Geschwindigkeit $r$ dieselbe Rolle wie bei der Bestimmung von $a$ die Geschwindigkeit $u$, und wir haben daher zu setzen:

$$b = \alpha r.$$

Nun wollen wir jene vorläufig gemachte Voraussetzung, daß alle übrigen Moleküle sich nach gleicher Richtung bewegen, fallen lassen und annehmen, daß sie sich nach allen möglichen Richtungen bewegen, so daß für jedes Molekül jede Richtung im Raume gleich wahrscheinlich ist. Dann hat $m$ zu den verschiedenen Molekülen verschiedene relative Geschwindigkeiten. Aus allen diesen relativen Geschwindigkeiten wollen wir uns das arithmetische Mittel gebildet denken, welches mit $\bar{r}$ bezeichnet werden möge. Nennen wir nun die

Außerdem können wir noch, ohne irgend etwas an der Sache zu ändern, statt des bewegten Moleküls einen bloßen *bewegten Punkt* substituieren, da doch nur der Schwerpunkt des Moleküls in Betracht kommt.

---

Wahrscheinlichkeit, daß $m$ unter diesen Umständen während der Zeit $dt$ ein anderes Molekül trifft, $c\,dt$, so haben wir, um $c$ zu bestimmen, nur in dem vorher für $b$ gegebenen Ausdruck an die Stelle von $r$ den Mittelwert $\bar{r}$ zu setzen. Es kommt also:

$$c = \alpha \bar{r},$$

und aus der Vergleichung dieses Ausdruckes mit dem für $a$ aufgestellten ergibt sich die Proportion:

$$c : a = \bar{r} : u.$$

Um nun den Mittelwert $\bar{r}$ zu bestimmen, können wir folgende Betrachtung anstellen. Die Anzahl der Moleküle, deren Bewegungsrichtungen mit der Bewegungsrichtung von $m$ Winkel bilden, welche zwischen $\varphi$ und $\varphi + d\varphi$ liegen, verhält sich zur ganzen Anzahl der vorhandenen Moleküle wie eine Kugelzone mit dem Polarwinkel $\varphi$ und der Breite $d\varphi$ zur ganzen Kugelfläche, also wie $2\pi \sin\varphi d\varphi : 4\pi$ oder wie $1/2 \sin\varphi d\varphi : 1$. Man muß daher, um die mittlere relative Geschwindigkeit zu erhalten, den oben für $r$ gegebenen Ausdruck mit $1/2 \sin\varphi d\varphi$ multiplizieren und dann von 0 bis $\pi$ integrieren, also:

$$\bar{r} = 1/2 \int_0^\pi \sqrt{u^2 + v^2 - 2uv\cos\varphi}\,\sin\varphi d\varphi.$$

Die Integration gibt zunächst:

$$\bar{r} = \frac{1}{6uv}\left[(u^2 + v^2 + 2uv)^{3/2} - (u^2 + v^2 - 2uv)^{3/2}\right],$$

und hieraus folgt, wenn $v < u$ ist:

$$\bar{r} = \frac{1}{6uv}\left[(u + v)^3 - (u - v)^3\right] = u + 1/3\,\frac{v^2}{u},$$

und, wenn $v > u$ ist:

$$\bar{r} = \frac{1}{6uv}\left[(u + v)^3 - (v - u)^3\right] = v + 1/3\,\frac{u^2}{v}.$$

Für den speziellen Fall, wo $v = u$ ist, nehmen beide Ausdrücke einen gemeinsamen Wert an, nämlich:

$$\bar{r} = 4/3\,u.$$

5. Es sei also ein Raum gegeben, in welchem sich eine große Menge von Molekülen befindet, ohne regelmäßige Anordnung, nur mit der Bedingung, daß die Dichtigkeit überall gleich sei, d. h, daß sich in gleichen Raumteilen gleich viel Moleküle befinden. Die Bestimmung der Dichtigkeit kann auf eine für unsere Untersuchungen zweckmäßige Weise dadurch geschehen, daß angegeben wird, wie weit zwei einander zunächstliegende Moleküle voneinander entfernt sein würden, wenn die Moleküle kubisch angeordnet wären, d. h. so angeordnet, daß man sich den ganzen Raum in lauter gleiche, sehr kleine würfelförmige Räume zerlegt denken könnte, in deren Eckpunkten die Zentren der Moleküle lägen. Diese Entfernung, also die Seite eines der kleinen Würfel, wollen wir mit $\lambda$ bezeichnen, und wollen sie *den mittleren Abstand der Nachbarmoleküle* nennen.

Wenn nun durch diesen Raum ein Punkt sich geradlinig bewegt, so wollen wir uns senkrecht zu seiner Bewegungsrichtung den Raum in parallele Schichten zerlegt denken und bestimmen, *wie groß die Wahrscheinlichkeit dafür ist, daß der Punkt eine Schicht von der Dicke $x$ frei durchläuft, ohne Wirkungssphäre eines Moleküls zu treffen.*

---

Setzen wir diesen Wert in die obige Proportion ein, so erhalten wir für die beiden Fälle, welche wir zu vergleichen haben, wo die übrigen Moleküle entweder sich ebenso schnell bewegen wie $m$ oder in Ruhe sind, folgende Proportion:

$$c:a = 4/3:1.$$

In demselben Verhältnisse, in welchem die Wahrscheinlichkeit, daß unser Molekül $m$ während der unendlich kleinen Zeit $dt$ mit einem anderen zusammenstößt, in dem einen der beiden Fälle größer ist als im anderen, muß auch die Anzahl seiner Zusammenstöße während der Zeiteinheit im einen Falle größer sein als im anderen. Ferner müssen die mittleren Weglängen des Moleküls in den beiden Fällen sich umgekehrt verhalten wie die Anzahlen seiner Zusammenstöße während der Zeiteinheit, und wir bekommen somit für die mittleren Weglängen das Verhältnis:

$$3/4:1,$$

welches im obigen Satze angegeben ist. 1866.

Nehmen wir zuerst eine Schicht von der Dicke 1 und bezeichnen die Wahrscheinlichkeit dafür, daß der Punkt beim Durchlaufen derselben keine Wirkungssphäre trifft, als Bruchteil der Einheit, mit $a$, so ist die entsprechende Wahrscheinlichkeit für eine Schicht von der Dicke 2 gleich $a^2$, denn wenn man sich diese Schicht in zwei Schichten von der Dicke 1 zerlegt denkt, so muß man die Wahrscheinlichkeit, welche dafür gilt, daß der Punkt die erste Schicht frei durchläuft und daher zur zweiten gelangt, mit der Wahrscheinlichkeit, welche für das Durchlaufen der letzteren gilt, multiplizieren. Ebenso erhält man für eine Schicht von der Dicke 3 den Ausdruck $a^3$ usf., und für eine Schicht von der beliebigen Dicke $x$ kann man demgemäß schreiben $a^x$. Diesen Ausdruck wollen wir noch dadurch umformen, daß wir statt $a$ setzen $e^{-\alpha}$, worin e die Basis der natürlichen Logarithmen bedeutet, und $-\alpha = \log. \text{nat.}\, a$ ist, welcher Logarithmus negativ sein muß, weil $a$ kleiner als 1 ist. Bezeichnen wir nun die Wahrscheinlichkeit für das freie Durchlaufen einer Schicht von der Dicke $x$ mit $W$, so haben wir die Gleichung:

$$W = e^{-\alpha x}, \tag{1}$$

und es kommt nur noch darauf an, die hierin vorkommende Konstante $\alpha$ zu bestimmen.

Dazu betrachten wir eine Schicht von so geringer Dicke, daß wir die höheren Potenzen der Dicke gegen die erste vernachlässigen können. Nennen wir diese Dicke $\delta$ und die entsprechende Wahrscheinlichkeit $W_\delta$, so geht die vorige Gleichung über in:

$$W_\delta = e^{-\alpha\delta} = 1 - \alpha\delta. \tag{2}$$

Andererseits können wir für diesen Fall die Wahrscheinlichkeit auch durch einige besondere Betrachtungen direkt bestimmen. Wählen wir in der Schicht irgendeine den Grenzebenen parallele Ebene zur Betrachtung aus und denken uns die sämtlichen Moleküle, deren Zentren in der Schicht liegen, nach der Dickenrichtung der

Schicht[1]) so verschoben, daß ihre Zentren in diese Ebene fallen, so brauchen wir nur zu fragen, wie groß die Wahrscheinlichkeit ist, daß der Punkt beim Durchgange durch diese Ebene keine Wirkungssphäre trifft, und diese Wahrscheinlichkeit läßt sich auf einfache Weise durch das Verhältnis zweier Flächenräume darstellen. Von dem ganzen Stücke der Ebene, welches innerhalb des gegebenen Raumes liegt, wird ein gewisser Teil von den größten Kreisen der Wirkungssphären, deren Zentren sie enthält, bedeckt, während der übrige Teil für den Durchgang frei ist, und die Wahrscheinlichkeit des ungehinderten Durchganges wird daher ausgedrückt *durch das Verhältnis des freien Teiles der Ebene zur ganzen Ebene.*

Aus der Art, wie zu Anfang dieses Artikels die Dichtigkeit bestimmt wurde, ergibt sich, daß in einer Schicht von der Dicke $\lambda$ so viele Moleküle enthalten sein müssen, daß, wenn man sich dieselben in eine und dieselbe den Grenzebenen parallele Ebene gebracht und in dieser Ebene noch quadratisch angeordnet denkt, dann die Seite der kleinen Quadrate, in deren Eckpunkten sich die Zentren der Moleküle befänden, gleich $\lambda$ sein würde. Daraus folgt, daß der Teil der Ebene, welcher von den größten Kreisen der Wirkungssphären bedeckt wäre, sich zur ganzen Ebene verhalten würde wie ein größter Kreis zu einem Quadrate von der Seite $\lambda$, so daß also der bedeckte Flächenraum als Bruchteil des ganzen Flächenraums durch

$$\frac{\pi \varrho^2}{\lambda^2}$$

dargestellt wäre. Um die entsprechende Größe für eine Schicht von der Dicke $\delta$ zu erhalten, braucht man die vorige nur mit $\delta/\lambda$ zu multiplizieren, also

$$\frac{\pi \varrho^2}{\lambda^2}\,\delta,$$[2])

[1]) Im ursprünglichen Abdrucke der Abhandlung war hier durch ein Versehen gesetzt: senkrecht zur Dicke der Schicht. 1866.

[2]) Wenn man jene im Texte angewandte Art, die Dichtigkeit des Gases zu bestimmen, nicht anwenden will, sondern es vorzieht, die Dichtigkeit einfach

und wenn man diese Größe von 1 abzieht, so stellt die Differenz den freien Teil der Ebene als Bruchteil der ganzen Ebene dar.

Demnach ist die Wahrscheinlichkeit dafür, daß der Punkt durch unsere Ebene oder, was auf dasselbe hinauskommt, durch eine Schicht von der Dicke $\delta$ ungehindert hindurchgeht, bestimmt durch die Gleichung:

$$W_\delta = 1 - \frac{\pi \varrho^2}{\lambda^3}\delta, \tag{3}$$

und wenn man diesen Ausdruck von $W_\delta$ mit dem in Gleichung (2) gegebenen vergleicht, so ergibt sich, daß

$$\alpha = \frac{\pi \varrho^2}{\lambda^3} \tag{4}$$

sein muß, und dadurch geht die allgemeine Gleichung (1) über in:

$$W = e^{-\frac{\pi \varrho^2}{\lambda^3} x}. \tag{5}$$

6. Mit Hilfe dieser Gleichung können wir nun den

---

durch die Anzahl der Moleküle, welche sich in der Raumeinheit befinden, auszudrücken, so kann man dieser Stelle folgende Form geben.

Betrachtet man von der sehr dünnen Schicht, deren Dicke $\delta$ genannt ist, ein Stück, welches der Flächeneinheit der Grenzebenen und der ihnen parallelen Ebene entspricht, so wird der Rauminhalt dieses Stückes der Schicht auch durch $\delta$ dargestellt. Wenn nun die Anzahl der Moleküle in der Raumeinheit mit $n$ bezeichnet wird, so sind in dem Stücke der Schicht $n\delta$ Moleküle enthalten. Denkt man sich die Schwerpunkte dieser Moleküle in jene parallele Ebene verlegt, so nehmen die größten Kreise ihrer Wirkungssphären hier den durch das Produkt $\pi \varrho^2 n \delta$ dargestellten Flächenraum ein, welches Produkt mit dem im Texte stehenden Ausdrucke $(\pi \varrho^2/\lambda^3)\delta$ gleichbedeutend ist.

Überhaupt kann man in den folgenden Formeln, wenn man es bequemer findet, den Bruch $1/\lambda^3$ immer durch $n$ ersetzen. Ich habe im Texte nur deshalb die kubische Anordnung der Moleküle zur Bestimmung der Dichtigkeit angewandt, weil die Größe $\lambda$, welche man dadurch erhält und welche ich den mittleren Abstand der Nachbarmoleküle genannt habe, sehr geeignet ist, einerseits mit dem Radius der Wirkungssphären und andererseits mit der mittleren Weglänge verglichen zu werden. 1866.

Mittelwert der Wege, welche der Punkt zu durchlaufen hat, bis er einmal eine Wirkungssphäre trifft, bestimmen.

Nehmen wir an, es würde eine große Anzahl $N$ von Punkten in gleicher Richtung durch den Raum geworfen, und denken wir uns den Raum senkrecht zur Bewegungsrichtung in sehr dünne Schichten geteilt, so wird eine kleine Anzahl der Punkte schon in der ersten Schicht von den Wirkungssphären aufgefangen werden, eine andere Anzahl in der zweiten, eine andere in der dritten usf. Wenn man nun jede dieser kleineren Zahlen mit der dazugehörigen Weglänge multipliziert, die dadurch entstehenden Produkte addiert, und die erhaltene Summe durch die ganze Zahl $N$ dividiert, so ist der Quotient die mittlere Weglänge, welche wir suchen.

Nach Gleichung (5) wird die Anzahl der Punkte, welche die Entfernung $x$ vom Ausgangspunkte der Bewegung erreichen oder überschreiten, durch

$$N \mathrm{e}^{-\frac{\pi\varrho^3}{\lambda^3}x}$$

dargestellt und demensprechend die Anzahl, welche die Entfernung $x + \mathrm{d}x$ erreichen oder überschreiten, durch

$$N \mathrm{e}^{-\frac{\pi\varrho^2}{\lambda^3}(x+\mathrm{d}x)} = N \mathrm{e}^{-\frac{\pi\varrho^2}{\lambda^3}x}\left(1 - \frac{\pi\varrho^2}{\lambda^3}\,\mathrm{d}x\right).$$

Die Differenz dieser beiden Ausdrücke, nämlich

$$N \mathrm{e}^{-\frac{\pi\varrho^2}{\lambda^3}x}\,\frac{\pi\varrho^2}{\lambda^3}\,\mathrm{d}x,$$

stellt die Anzahl derjenigen Punkte dar, welche auf der Strecke von $x$ zu $x + \mathrm{d}x$ aufgefangen werden. Der Weg, welchen diese Punkte zurückgelegt haben, ist, wenn wir unendlich kleine Abweichungen vernachlässigen, gleich $x$ zu setzen, und mit dieser Länge müssen wir also den vorigen Ausdruck multiplizieren, um eines der vorher erwähnten Produkte zu erhalten, nämlich:

$$N\,\mathrm{e}^{-\frac{\pi\varrho^2}{\lambda^3}x}\cdot\frac{\pi\varrho^2}{\lambda^3}x\,\mathrm{d}x.$$

Wenn man nun von allen Produkten dieser Art, welche den verschiedenen Schichten von der Dicke $\mathrm{d}x$ entsprechen, die Summe bilden soll, so muß dieses natürlich im vorliegenden Falle, wo die Schichten unendlich dünn sind, durch Integration geschehen. Man hat also die vorige Formel von $x = 0$ bis $x = \infty$ zu integrieren, wodurch folgender Ausdruck entsteht:

$$N\frac{\lambda^3}{\pi\varrho^2}.$$

Diesen Ausdruck braucht man nur noch durch $N$ zu dividieren, um die gesuchte mittlere Weglänge zu bekommen. Nennt man diese $l'$, so lautet die Gleichung:

$$l' = \frac{\lambda^3}{\pi\varrho^2}. \tag{6}$$

In dem Falle, wo nicht bloß ein Molekül in Bewegung ist, während alle anderen sich in Ruhe befinden, sondern wo alle Moleküle sich gleich schnell bewegen, ist die mittlere Weglänge, wie oben erwähnt, im Verhältnisse von 3/4 : 1 kleiner als im vorher betrachteten. Man erhält also, wenn man für diesen Fall das einfache Zeichen $l$ wählt:

$$l = 3/4\,\frac{\lambda^3}{\pi\varrho^2}. \tag{7}$$

Wenn man diese Gleichung in folgender Form schreibt:

$$\frac{l}{\varrho} = \frac{\lambda^3}{4/3\,\pi\varrho^3}, \tag{7a}$$

so ergibt sich daraus ein einfacher Satz. Aus der Art,

wie wir die Dichtigkeit bestimmt haben, folgt, daß der Teil des gegebenen Raumes, welcher von den Wirkungssphären der Moleküle ausgefüllt wird, sich zum ganzen gegebenen Raume verhält wie eine Wirkungssphäre zu einem Würfel von der Seite $\lambda$, also wie

$$4/3\,\pi\varrho^2 : \lambda^2.$$

Demnach läßt sich die Bedeutung der vorigen Gleichung folgendermaßen aussprechen. *Die mittlere Weglänge eines Moleküls verhält sich zum Radius der Wirkungssphären wie der von dem Gase im ganzen eingenommene Raum zu dem Teile des Raumes, welcher von den Wirkungssphären der Moleküle wirklich ausgefüllt wird.*[1])

**7.** Um ein bestimmtes Zahlenbeispiel zu haben, wollen wir einmal in runder Zahl annehmen, die Wirkungssphären der Moleküle seien so klein, daß nur ein Tausendstel des von dem Gase eingenommenen Raumes von den Wirkungssphären wirklich ausgefüllt werde und der ganze übrige Teil des Raumes für die Bewegung frei sei.

Für diesen Fall hat man:

$$\frac{\lambda^3}{4/3\,\pi\varrho^3} = 1000,$$

woraus folgt:

$$\frac{\lambda}{\varrho} = 16{,}12. \qquad (8)$$

[1]) Ich will hierbei in Erinnerung bringen, daß wir unter *Wirkungssphäre* der obigen Definition gemäß eine um den Schwerpunkt des Moleküles geschlagene Kugel zu verstehen haben, bis zu deren Oberfläche der Schwerpunkt eines anderen Moleküles sich ihm nähern kann, bevor ein Abprallen eintritt. Will man die Moleküle mit elastischen Kugeln vergleichen, welche sich so weit einander nähern können, bis ihre Oberflächen sich berühren, so ist der Radius einer solchen Kugel nur halb so groß wie der Radius unserer Wirkungssphäre. Diesen Unterschied muß man berücksichtigen, wenn man den Satz auf solche elastische Kugeln anwenden will. 1866.

Durch Anwendung dieses Wertes erhält man aus den Gleichungen (6) und (7):

$$l' = 1333\varrho = 83\lambda, \tag{9}$$

$$l = 1000\varrho = 62\lambda. \tag{10}$$

Die ersten Ausdrücke in beiden Gleichungen zeigen, daß unter der gemachten Annahme der mittlere Weg im Verhältnisse zum Radius der Wirkungssphären eine bedeutende Länge hat und daß daher, soweit es auf den Einfluß dieses Umstandes ankommt, das MARIOTTEsche und GAY-LUSSACsche Gesetz schon mit großer Annäherung für das Gas gelten kann. Durch einige einfache Rechnungen läßt sich nachweisen, daß das Verhältnis von 1000 : 1 selbst für diejenigen Annäherungen, welche REGNAULT bei den permanenten Gasen gefunden hat, schon vollkommen ausreicht. Man kann daher die als Beispiel angenommene Größe der Wirkungssphären, obwohl sie willkürlich gewählt ist, wenigstens als eine solche ansehen, die innerhalb der Grenzen der Möglichkeit liegt.

Betrachten wir nun aber dieselbe mittlere Weglänge in der Weise, daß wir sie nicht mit Molekulardimensionen, sondern mit unseren gewöhnlichen Längeneinheiten vergleichen, so erhalten wir ganz andere Verhältnisse. Bei allen physikalischen und chemischen Untersuchungen, bei denen man Gelegenheit hat, über die Größe und das Gewicht der einzelnen Moleküle Schlüsse zu ziehen, wird man immer darauf hingeführt, daß die Moleküle im Verhältnisse zu allen meßbaren Größen ganz außerordentlich klein sein müssen, ohne daß man bis jetzt jemals dazu gelangt wäre, auch nach der unteren Seite (für die Kleinheit) eine Grenze angeben zu können. Man muß daher, wenn eine gewöhnliche Raumeinheit, z. B. ein Liter, unter dem gewöhnlichen atmosphärischen Drucke mit Gas gefüllt ist, annehmen, daß die Anzahl der darin enthaltenen Moleküle sehr groß und daher der Abstand der Moleküle sehr klein ist. Demgemäß sind auch die vorher für $l'$ und $l$

gefundenen Werte $83\lambda$ und $62\lambda$ noch als kleine Größen zu betrachten.

8. Nachdem wir im Vorstehenden die Länge des *mittleren* Weges bestimmt haben, bleibt uns noch zu untersuchen, wie sich die einzelnen wirklich vorkommenden Wege zum mittleren Wege verhalten.

Zunächst entsteht die Frage, wie sich die Anzahl der Fälle, in welchen der wirkliche Weg kleiner als der mittlere ist, zur Anzahl derer verhält, in welchen er größer ist. Zur Beantwortung dieser Frage dient die Gleichung (5), in welcher man nur für $x$ den mittleren Weg $l'$ zu setzen braucht, um die Wahrscheinlichkeit dafür, daß der wirkliche Weg gleich oder größer als der mittlere ist, zu erhalten. Wendet man hierbei für $l'$ den in (6) gegebenen Ausdruck an und bezeichnet den betreffenden Wert von $W$ mit $W_1$, so kommt:

$$W_1 = \mathrm{e}^{-1} = 0{,}3679, \tag{11}$$

woraus folgt, daß unter $N$ Fällen nur

$$0{,}3679\,N$$

Fälle vorkommen, in welchen der wirkliche Weg gleich oder größer als der mittlere ist, während in den übrigen

$$0{,}6321\,N$$

Fällen der wirkliche Weg kleiner ist.

Fragt man ferner nach der Anzahl von Fällen, in welchen der wirkliche Weg die zweifache, dreifache etc. Länge des mittleren Weges erreicht oder übertrifft, so kann man dasselbe Verfahren, wie vorher, anwenden. Nennt man die betreffenden Wahrscheinlichkeiten $W_2$, $W_3$ etc., so kommt:

$$\left.\begin{array}{c} W_2 = \mathrm{e}^{-2}, \\ W_3 = \mathrm{e}^{-3}, \\ \text{etc.} \end{array}\right\} \tag{12}$$

Diese Zahlen nehmen offenbar sehr schnell ab, indem z. B.

$$e^{-10} = 0{,}000045$$

ist, und man sieht daraus, daß, wenn auch einzelne Fälle vorkommen, in welchen ein Molekül einen beträchtlich längeren Weg als den mittleren zurücklegt, diese Fälle doch verhältnismäßig selten sind und daß in der überwiegenden Mehrzahl von Fällen die wirklichen Wege kleiner oder nur wenig größer sind als der oben gefundene kleine Mittelwert.

9. Wendet man nun diese Resultate auf das äußerlich wahrnehmbare Verhalten der Gase an, wobei vorausgesetzt werden soll, daß außer den Molekularbewegungen keine anderen, den ganzen Massen gemeinsamen Bewegungen vorkommen, so überzeugt man sich leicht, daß die Theorie, welche die Expansivkraft der Gase aus geradlinigen Bewegungen der Moleküle erklärt, nicht zu dem Schlusse führt, daß zwei aneinander grenzende Gasmassen sich schnell und stürmisch vermischen müssen, sondern daß nur eine verhältnismäßig kleine Anzahl von Molekülen schnell in größere Entfernungen gelangen kann, während die Hauptmassen sich nur allmählich an den Grenzflächen mischen können.

Demnach ist es erklärlich, weshalb Rauchwolken in ruhiger Luft ihre Gestalt nur langsam verändern. Selbst in bewegter Luft, wenn die Bewegung nur in einem gleichmäßigen Strömen der ganzen Masse besteht, können Rauchwolken mit fortgeführt werden, ohne deshalb ihre Gestalt schnell ändern zu müssen. Ebenso einfach erklären sich auch die beiden anderen von BUYS-BALLOT angeführten Tatsachen. Die von ihm bei einer derselben gemachte Bemerkung, daß die Gasteilchen das Zimmer in einer einzigen Sekunde hunderte Male durchlaufen müßten, ist der Theorie durchaus fremd. Vielleicht könnte man von einer Stelle, welche in der meiner früheren Abhandlung beigefügten mathematischen Entwicklung vorkommt, sagen, daß sie zu einer solchen Vorstellung Veranlassung gebe. Ich habe nämlich dort vorausgesetzt, daß sich das Gas in einem sehr flachen Gefäße befinde, und habe dann angenommen, daß die Gasmoleküle, ohne sich gegenseitig zu stören, zwischen den beiden großen parallelen Wänden hin- und herfliegen. Indessen habe ich dort die Annahme mit folgenden Worten eingeleitet: „man kann bei der Bestimmung des Druckes, *statt die Bewegung ganz so zu betrachten, wie sie wirklich stattfindet*, einige Vereinfachungen einführen", und dadurch glaube ich bestimmt genug darauf aufmerksam gemacht zu haben, daß die Annahme nicht dazu dienen sollte, ein Bild von dem wirklichen Vorgange zu geben, sondern nur die dort beabsichtigte Rechnung, deren Resultat dadurch nicht geändert werden konnte, zu erleichtern.

# 10. Erläuterungen zur dynamischen Theorie der Gase*

von

JAMES CLERK MAXWELL

## Zusammenfassung

Im Hinblick auf das fortdauernde Interesse an der Theorie der Gase, die von BERNOULLI (Arbeit 3), JOULE, KRÖNIG, CLAUSIUS (Arbeit 8 und 9) und anderen entwickelt wurde, scheint es wünschenswert, die Bewegungsgesetze einer großen Zahl kleiner, harter und vollkommen elastischer Kugeln, die nur durch Stöße aufeinander wirken, mathematisch zu begründen.

Es wird gezeigt, daß die Zahl der Kugeln mit Geschwindigkeiten zwischen $v$ und $v + \mathrm{d}v$ gleich

$$N \frac{4}{\alpha^3 \sqrt{\pi}} v^2 \, \mathrm{e}^{-v^2/\alpha^2} \, \mathrm{d}v$$

ist, wobei $N$ die Gesamtzahl der Kugeln und $\alpha$ eine Konstante ist, die mit der mittleren Geschwindigkeit gemäß:

$$\text{Mittelwert von } v^2 = 3/2\,\alpha^2$$

zusammenhängt.

Wenn sich zwei Systeme von Teilchen im gleichen Gefäß bewegen, so wird gezeigt, daß die mittlere kinetische Energie jedes Teilchens in beiden Systemen die gleiche ist.

Bekannte Ergebnisse, welche die mittlere freie Weglänge und den Druck auf die Behälterwand betreffen, werden aufs neue her-

---

*) Ursprünglich veröffentlicht in: Philos. Mag. **19** (1860) 19–32 und **20** (1860) 21–37; nachgedruckt in: W. D. NIVEN ed.: The Scientific Papers of JAMES CLERK MAXWELL, Bd. 1. Cambridge University Press, 1890, S. 377–409.

geleitet, wobei davon ausgegangen wird, daß die Geschwindigkeiten nach dem obigen Gesetz verteilt sind.

Es wird vorhergesagt, daß die innere Reibung (Viskosität) eines Teilchensystems unabhängig von der Dichte und porportional zur Quadratwurzel aus der absoluten Temperatur ist. Es gibt offensichtlich keinen experimentellen Beweis, der diese Vorhersage für reale Gase bestätigt.

Eine Untersuchung der Stöße zwischen vollständig elastischen Körpern beliebiger Form führt zu der Schlußfolgerung, daß für den Gleichgewichtszustand einer beliebigen Zahl von Systemen sich bewegender Teilchen beliebiger Form gilt, daß für alle Systeme in diesem Zustand die mittlere kinetische Translationsenergie bezüglich jeder der drei Achsen gleich groß ist und daß diese der mittleren kinetischen Energie der Rotation um jede der drei Hauptachsen jedes Teilchens gleich ist (Gleichverteilungssatz). Dieses mathematische Ergebnis scheint im Widerspruch zu den bekannten experimentellen Werten für die spezifische Wärme der Gase zu stehen.

## Teil I

### *Über die Bewegungen und Stöße vollkommen elastischer Kugeln*

Viele Eigenschaften der Materie, insbesondere wenn sich diese im gasförmigen Zustand befindet, können aus der Hypothese abgeleitet werden, daß ihre kleinsten Teilchen in rascher Bewegung sind, deren Geschwindigkeit mit der Temperatur wächst, so daß die genaue Beschaffenheit dieser Bewegung Gegenstand wissenschaftlichen Interesses wird. Daniel Bernoulli, Herapath, Joule, Krönig, Clausius u. a.[1]) haben gezeigt, daß die Beziehungen zwischen Druck, Temperatur und Dichte in einem idealen Gas durch die Voraussetzung erklärt werden können, daß sich die Teilchen mit gleichförmiger Geschwindigkeit geradlinig bewegen, dabei gegen die Wände des sie enthaltenden Gefäßes stoßen und somit

[1]) Vgl. die Bibliographie und die Arbeiten 3, 8 und 9 dieses Bandes.

Druck erzeugen. Es ist nicht nötig vorauszusetzen, daß jedes Teilchen über größere Entfernungen auf einer geraden Linie fliegt, die Wirkung bezüglich der Druckerzeugung wird genauso sein, wenn die Teilchen gegeneinander stoßen, so daß die geraden Linien, auf denen sie sich bewegen, sehr kurz sein können. Herr CLAUSIUS[1]) hat die mittlere Länge dieser Wege in Abhängigkeit vom mittleren Abstand der Teilchen und vom Abstand der Zentren zweier Teilchen beim Zusammenstoß bestimmt. Wir haben gegenwärtig keine Möglichkeit, einen dieser Abstände zu messen; aber gewisse Erscheinungen, wie z. B. die innere Reibung der Gase, die Wärmeleitung im Gas und die Diffusion eines Gases durch ein anderes, scheinen die Möglichkeit anzudeuten, die mittlere Länge des Weges genau zu bestimmen, den ein Teilchen zwischen zwei aufeinanderfolgenden Zusammenstößen durchläuft. Um das Fundament für solche Untersuchungen auf exakte mechanische Prinzipien zu stellen, will ich die Bewegungsgesetze einer unbegrenzten Zahl von kleinen, harten und vollkommen elastischen Kugeln beweisen, die nur während der Stöße aufeinander wirken.

Wenn es sich zeigt, daß die Eigenschaften eines solchen Systems den Eigenschaften der Gase entsprechen, so ist damit eine wichtige physikalische Analogie aufgestellt, die zu einer genaueren Kenntnis der Eigenschaften der Materie führen kann. Wenn die Experimente mit Gasen mit unserer Hypothese nicht vereinbar sind, dann zeigt unsere Theorie, daß sie nicht in der Lage ist, die Erscheinungen der Gase zu erklären, obwohl sie in sich konsistent ist. In beiden Fällen ist es notwendig, die Konsequenzen der Hypothese zu untersuchen.

Anstatt zu sagen, daß die Teilchen hart, kugelförmig und elastisch sind, können wir auch sagen, daß sie Zentren einer Kraft sind, deren Wirkung außerhalb eines gewissen kleinen Abstandes nicht zu spüren ist, von dem ab sie plötzlich als eine abstoßende Kraft sehr großer

---

[1]) Vgl. Arbeit 9.

Stärke erscheint. Es ist klar, daß jede der beiden Annahmen zu demselben Ergebnis führen wird. Um die Sprechweise zu vereinfachen, werde ich im folgenden von vollkommen elastischen kugelförmigen Körpern sprechen. Wenn wir annehmen, daß die Moleküle, die sich gegeneinander bewegen, eine feste, aber nicht kugelförmige Oberfläche haben, so wurde von CLAUSIUS gezeigt, daß die Rotationsbewegung des Systems einen gewissen Anteil der *vis viva* aufspeichern wird. Damit können wir erklären, daß der Wert der spezifischen Wärme größer als bei Gültigkeit der einfacheren Hypothese ist.

### *Über die Bewegung und den Stoß vollkommen elastischer Kugeln*

Theorem I. Zwei Kugeln bewegen sich in entgegengesetzte Richtung und stoßen einander, ihre Geschwindigkeiten seien zu ihren Massen umgekehrt proportional; man bestimme ihre Bewegungen nach dem Stoß.

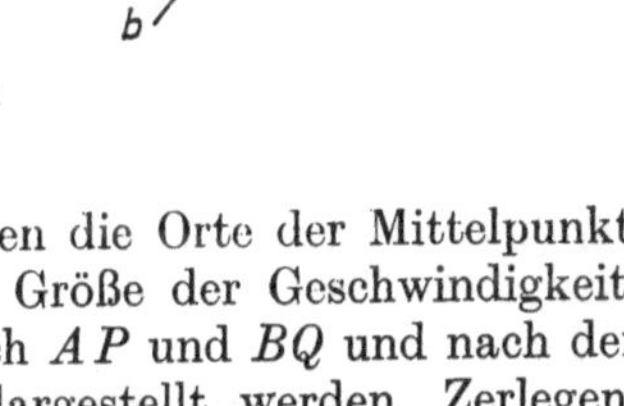


Abb. 10.1

$P$ und $Q$ seien die Orte der Mittelpunkte beim Stoß; Richtung und Größe der Geschwindigkeiten sollen vor dem Stoß durch $AP$ und $BQ$ und nach dem Stoß durch $Pa$ und $Qb$ dargestellt werden. Zerlegen wir die Geschwindigkeit in Komponenten senkrecht und parallel zu $PQ$, der Verbindungslinie der Mittelpunkte, dann finden wir, daß Geschwindigkeiten parallel zur Verbindungslinie genau umgekehrt werden, während die zu dieser Linie senkrechten Komponenten ungeändert bleiben. Addieren wir die Geschwindigkeitskomponenten wieder, so finden wir, daß die Geschwindigkeit jeder Kugel vor und nach dem Stoß gleich groß ist und daß die Richtungen vor und nach dem Stoß in einer Ebene mit der Verbindungslinie der Zentren liegen und mit dieser gleiche Winkel einschließen.

Theorem II. Man ermittle die Wahrscheinlichkeit dafür, daß die Richtung der Geschwindigkeit nach dem Stoß innerhalb vorgegebener Grenzen liegt.

Damit ein Stoß stattfinden kann, muß der Weg der einen Kugel am Mittelpunkt der anderen in einem Abstand vorbeiführen, der kleiner ist als die Summe ihrer Radien, d. h., er muß durch einen Kreis gehen, dessen Mittelpunkt der Mittelpunkt der anderen Kugel ist und dessen Radius ($s$) die Summe ihrer beiden Radien ist. Innerhalb dieses Kreises ist jeder Ort gleich wahrscheinlich, und deshalb ist die Wahrscheinlichkeit, daß der Abstand vom Mittelpunkt zwischen $r$ und $r + \mathrm{d}r$ liegt, gleich

$$\frac{2r\,\mathrm{d}r}{s^2}.$$

Mit $\varphi$ werde der Winkel $APa$ zwischen der ursprünglichen Richtung und der Richtung nach dem Stoß gezeichnet, dann ist $APN = 1/2\varphi$ und $v = s \sin 1/2\varphi$, so daß die Wahrscheinlichkeit gleich

$$1/2 \sin\varphi\,\mathrm{d}\varphi$$

wird. Die Fläche der Kugelzone zwischen den Polhöhenwinkeln $\varphi$ und $\varphi + \mathrm{d}\varphi$ ist gleich

$$2\pi \sin\varphi\,\mathrm{d}\varphi;$$

daher ist für eine kleine Zone $\omega$ auf der Einheitskugel die Wahrscheinlichkeit dafür, daß die Richtung des Rückpralles durch diese Zone geht, gleich

$$\frac{\omega}{4\pi},$$

so daß diese Wahrscheinlichkeit von $\varphi$ unabhängig ist. Das bedeutet, daß alle Richtungen nach dem Stoß gleich wahrscheinlich sind.

Theorem III. Richtung und Größe der Geschwindigkeiten zweier Kugeln vor dem Stoß und die Verbindungslinie der Mittelpunkte beim Stoß seien vorgegeben; man bestimme die Geschwindigkeiten nach dem Stoß.

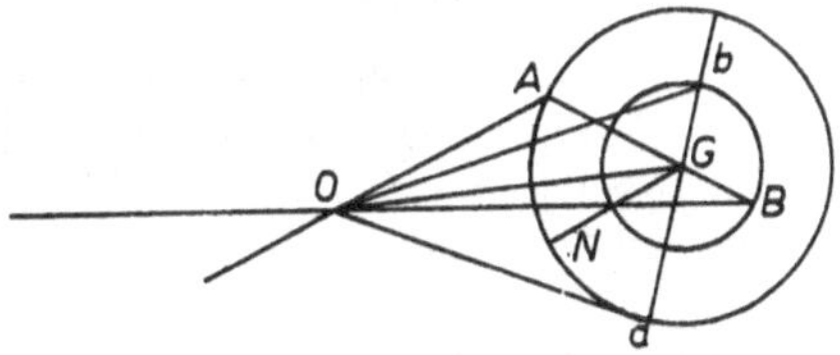


Abb. 10.2

Die Geschwindigkeit vor dem Stoß werde durch $OA$ und $OB$ dargestellt, so daß die Körper nach einer Sekunde im Punkte $A$ bzw. $B$ angelangt wären, wenn zwischen ihnen keine Wechselwirkung stattfände. Man verbinde $A$ und $B$ und bezeichne mit $G$ den Schwerpunkt, dessen Ort durch ihre Wechselwirkung nicht geändert wird. Man ziehe $GN$ parallel zur Verbindungslinie beim Stoß (nicht notwendig in der Ebene $AOB$). Ziehe $aGb$ in der Ebene $AGN$, so daß $NGA = NGa$, $GA = Ga$ und $GB = Gb$ wird; dann werden nach Theorem I $Ga$ und $Gb$ die Geschwindigkeiten relativ zu $G$, und addiert man zu diesen $OG$, so sind $Oa$ und $Ob$ die wahren Geschwindigkeiten nach dem Stoß.

Nach Theorem II sind alle Richtungen auf der Geraden $aGb$ gleich wahrscheinlich. Man sieht, daß sich die Geschwindigkeit nach dem Stoß aus der Schwerpunktgeschwindigkeit und der Geschwindigkeit zusammensetzt, die die Kugel relativ zum Schwerpunkt hat. Letztere kann mit gleicher Wahrscheinlichkeit jede beliebige Richtung haben.

Wenn sich sehr viele gleiche kugelförmige Teilchen in einem vollkommen elastischen Gefäß bewegen, werden zwischen den Teilchen Stöße stattfinden, und ihre Geschwindigkeiten werden bei jedem Stoß geändert; so daß nach einer gewissen Zeit die *vis viva* aus Symmetriegründen auf die Teilchen verteilt und die mittlere Zahl von Teilchen mit Geschwindigkeiten innerhalb bestimmter Grenzen feststellbar sein wird, obwohl sich die Geschwindigkeit jedes Teilchens bei jedem Stoß ändert.

Theorem IV. Man bestimme die mittlere Zahl der Teilchen, deren Geschwindigkeiten zwischen gegebenen Grenzen liegen, nachdem eine große Zahl von Stößen zwischen einer großen Zahl gleicher Teilchen stattgefunden hat.

$N$ sei die Gesamtzahl der Teilchen, $x, y, z$ seien die Geschwindigkeitskomponenten jedes Teilchens in drei zueinander orthogonalen Richtungen. Mit $N f(x) \mathrm{d}x$ werde die Zahl der Teilchen bezeichnet, für die $x$ zwischen $x$ und $x + \mathrm{d}x$ liegt, wobei $f(x)$ eine zu bestimmende Funktion von $x$ ist.

Die Zahl der Teilchen, für die $y$ zwischen $y$ und $y + \mathrm{d}y$ liegt, soll $N f(y) \mathrm{d}y$ und die Zahl, für die $z$ zwischen $z$ und $z + \mathrm{d}z$ liegt, $N f(z) \mathrm{d}z$ sein, wobei $f$ stets dieselbe Funktion bezeichnet.

Da die Existenz der Geschwindigkeit $x$ in keiner Weise die von $y$ und $z$ beeinflußt, weil diese drei orthogonal zueinander und voneinander unabhängig sind, wird die Zahl der Teilchen mit Geschwindigkeiten zwischen $x$ und $x + \mathrm{d}x$, $y$ und $y + \mathrm{d}y$ und zwischen $z$ und $z + \mathrm{d}z$ gleich

$$N f(x) f(y) f(z) \,\mathrm{d}x \,\mathrm{d}y \,\mathrm{d}z$$

sein. Wenn wir annehmen, daß die $N$ Teilchen im gleichen

Augenblick vom Ursprung losfliegen, dann wird dies die Zahl im Volumenelement $(\mathrm{d}x\,\mathrm{d}y\,\mathrm{d}z)$ nach einer Zeiteinheit sein, und die auf das Einheitsvolumen bezogene Zahl wird gleich

$$N f(x) f(y) f(z).$$

Da die Richtung der Koordinatenachsen völlig willkürlich ist, kann somit diese Zahl nur vom Abstand vom Ursprung allein abhängen, d. h.

$$f(x) f(y) f(z) = \varphi(x^2 + y^2 + z^2).$$

Lösen wir die Funktionalgleichung, so finden wir

$$f(x) = C e^{A x^2}, \quad \varphi(r^2) = C^3 e^{A r^2}.$$

Wenn wir $A$ positiv wählen, wird die Teilchenzahl mit der Geschwindigkeit wachsen, und wir würden zu einer unendlichen Gesamtzahl von Teilchen gelangen. Wir wählen deshalb $A$ negativ und gleich $-1/\alpha^2$, so daß die Teilchenzahl zwischen $x$ und $x + \mathrm{d}x$ gleich

$$N C e^{-(x^2/\alpha^2)}\,\mathrm{d}x$$

ist. Integrieren wir von $x = -\infty$ bis $x = +\infty$, so finden wir die Gesamtzahl der Teilchen, nämlich

$$N C \sqrt{\pi \alpha} = N, \qquad C = \frac{1}{\alpha \sqrt{\pi}},$$

so daß $f(x)$ gleich

$$\frac{1}{\alpha \sqrt{\pi}}\, e^{-(x^2/\alpha^2)}$$

ist. Wir können hieraus die folgenden Schlußfolgerungen ziehen:

1. Die Anzahl der Teilchen, deren Geschwindigkeitskomponente in einer gewissen Richtung zwischen $x$ und

$x + \mathrm{d}x$ liegt, ist gleich

$$N \frac{1}{\alpha \sqrt{\pi}} \mathrm{e}^{-(x^2/\alpha^2)} \mathrm{d}x. \tag{1}$$

2. Die Zahl der Teilchen, deren wirkliche Geschwindigkeit zwischen $v$ und $v + \mathrm{d}v$ liegt, ist

$$N \frac{4}{\alpha^3 \sqrt{\pi}} v^2 \mathrm{e}^{-(v^2/\alpha^2)} \mathrm{d}v. \tag{2}$$

3. Um den Mittelwert von $v$ zu finden, hat man die Geschwindigkeiten aller Teilchen zu addieren und durch die Gesamtzahl zu teilen, damit ergibt sich

$$\text{mittlere Geschwindigkeit} = \frac{2\alpha}{\sqrt{\pi}}. \tag{3}$$

4. Um den Mittelwert von $v^2$ zu finden, addiere man alle Werte und teile durch $N$:

$$\text{Mittelwert von } v^2 = 3/2\,\alpha^2. \tag{4}$$

Dieser ist größer als das Quadrat der mittleren Geschwindigkeiten, wie es sein sollte.

Von diesem Theorem her sieht man, daß die Geschwindigkeiten auf die Teilchen nach dem gleichen Gesetz verteilt sind wie die Beobachtungsfehler in der Theorie der „Methode der kleinsten Quadrate". Die Geschwindigkeiten reichen von 0 bis $\infty$, aber die Zahl derer, die große Geschwindigkeiten haben, ist vergleichsweise klein. Zu diesen Geschwindigkeiten, die in allen Richtungen gleich sind, kann eine allgemeine Translationsbewegung des gesamten Systems von Teilchen hinzukommen, die mit der Bewegung der Teilchen relativ zueinander zusammenzusetzen ist. Wir wollen die eine die Translationsbewegung und die andere die Wärmebewegung nennen.

Theorem V. Zwei Systeme von Teilchen bewegen sich,

jedes nach dem Gesetz, das in Theorem IV aufgestellt wurde; man ermittle die Zahl der Teilchenpaare, je eines aus jedem System, deren Relativgeschwindigkeit zwischen gegebenen Grenzen liegt.

Im ersten System seien $N$ und im zweiten $N'$ Teilchen enthalten. Dann ist $NN'$ die Gesamtzahl solcher Paare. Wenn wir nur die Geschwindigkeiten in $x$-Richtung betrachten, dann ist nach Theorem IV die Teilchenzahl der ersten Art mit Geschwindigkeiten zwischen $x$ und $x + \mathrm{d}x$ gleich

$$N \frac{1}{\alpha \sqrt{\pi}} \mathrm{e}^{-(x^2/\alpha^2)} \mathrm{d}x .$$

Die Zahl derer von der zweiten Art mit Geschwindigkeiten zwischen $x + y$ und $x + y + \mathrm{d}y$ ist

$$N' \frac{1}{\beta \sqrt{\pi}} \mathrm{e}^{-((x+y)^2/\beta^2)} \mathrm{d}x\, \mathrm{d}y ,$$

wobei $\beta$ der Wert von $\alpha$ für das zweite System ist.

Die Anzahl der Paare, die beide Bedingungen erfüllen, ist

$$NN' \frac{1}{\alpha\beta\pi} \mathrm{e}^{-((x^2/\alpha^2)+(x+y)^2/\beta^2)} \mathrm{d}x\, \mathrm{d}y .$$

Im Einklang damit, daß die Differenz der Geschwindigkeiten zwischen $y$ und $y + \mathrm{d}y$ liegt, kann $x$ jeden Wert von $-\infty$ bis $+\infty$ haben; wenn wir daher zwischen diesen Grenzen integrieren, so finden wir

$$NN' \frac{1}{\sqrt{\alpha^2 + \beta^2} \sqrt{\pi}} \mathrm{e}^{-(y^2(\alpha^2 + \beta^2))} \mathrm{d}y \tag{5}$$

für die Gesamtheit der Paare mit Differenzgeschwindigkeiten zwischen $y$ und $y + \mathrm{d}y$.

Falls wir $N$ durch $NN'$, $\alpha^2$ durch $\alpha^2 + \beta^2$ und $x$ durch $y$ ersetzen, zeigt dieser Ausdruck, der von der gleichen Form wie (1) ist, daß die Verteilung der Relativgeschwindigkeiten dem gleichen Gesetz genügt wie die der Geschwindigkeiten selbst und daß die mittlere Relativgeschwindigkeit die Quadratwurzel aus der Summe der Quadrate der mittleren Geschwindigkeiten der beiden Systeme ist.

Weil die Bewegungsrichtung jedes Teilchens in einem der Systeme ohne Änderung der Geschwindigkeitsverteilung umgekehrt werden kann, folgt, daß die Geschwindigkeiten, die aus den Geschwindigkeiten zweier Teilchen zusammengesetzt sind, von denen aus jedem System je eines kommt, wie die Relativgeschwindigkeiten nach der Formel (5) verteilt sind.

Theorem VI. Zwei Teilchensysteme bewegen sich im gleichen Gefäß; man beweise, daß die mittlere *vis viva* jedes Teilchens in beiden Systemen die gleiche wird.

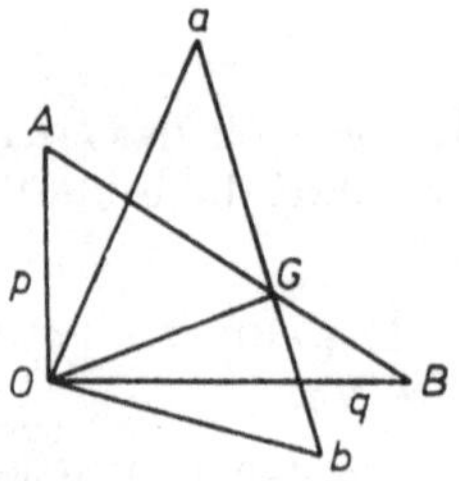


Abb. 10.3

Es seien $P$ die Masse jedes Teilchens im ersten System und $Q$ die jedes Teilchens im zweiten System. Die mittleren Geschwindigkeiten in beiden Systemen seien $p$ und $q$ vor dem Stoß und $p'$ und $q'$ nach einem Stoß. Man setze $OA = p$ und $OB = q$, $AOB$ sei ein rechter Winkel; dann folgt aus Theorem V, daß $AB$ die mittlere Relativgeschwindigkeit und $OG$ die mittlere Schwerpunktgeschwindigkeit sein wird; zieht man $aGb$ rechtwinklig zu $OG$ und setzt $aG = AG$ und $bG = BG$, dann ist $Oa$

die mittlere Geschwindigkeit von $P$ nach dem Stoß, die sich aus $OG$ und $Ga$ zusammensetzt, und $Ob$ die von $Q$ nach dem Stoß.

Nun sei

$$AB = \sqrt{p^2 + q^2}, \qquad AG = \frac{Q}{P+Q}\sqrt{p^2 + q^2},$$

$$BG = \frac{P}{P+Q}\sqrt{p^2 + q^2}, \qquad OG = \frac{\sqrt{P^2p^2 + Q^2q^2}}{P+Q}$$

und daher

$$p' = Oa = \frac{\sqrt{Q^2(p^2+q^2) + P^2p^2 + Q^2q^2}}{P+Q},$$

$$p' = Ob = \frac{\sqrt{P^2(p^2+q^2) + P^2p^2 + Q^2q^2}}{P+Q}$$

und

$$Pp' - Qq' = \left(\frac{P-Q}{P+Q}\right)^2 (Pp^2 - Qq^2). \tag{6}$$

Man sieht, daß die Größe $Pp^2 - Qq^2$ bei jedem Stoß im gleichen Verhältnis abnimmt, so daß sie nach vielen Stößen verschwindet und dann

$$Pp^2 = Qq^2$$

gilt. Da für $P$ die mittlere *vis viva* gleich $3/2P\alpha^2 = (3\pi/8)Pp^2$ und für $Q$ gleich $(3\pi/8)Qq^2$ ist, so ist es klar, daß diese Größen für $Pp^2 = Qq^2$ gleich sein werden.

Wenn sich eine beliebige Anzahl von verschiedenen Teilchenarten im gleichen Gefäß bewegen, die die Massen $P, Q, R, \ldots$ und die Geschwindigkeiten $p, q, r, \ldots$ haben, so gilt nach vielen Stößen

$$Pp^2 = Qq^2 = Rr^2 = \ldots \tag{7}$$

Theorem VII. Ein Teilchen bewegt sich relativ zu einer Anzahl von Teilchen mit der Geschwindigkeit $r$. Von diesen Teilchen sind $N$ Stück im Einheitsvolumen; man berechne, wievielen von diesen sich das Teilchen mindestens bis zum Abstand $s$ in einer Zeiteinheit nähert.

Wenn wir eine zylindrische Fläche mit dem Radius $s$ und mit dem Weg des Teilchens als Achse beschreiben, wird das in der Zeiteinheit von dieser Fläche erzeugte Volumen gleich $\pi r s^2$ sein, und die Zahl der darin eingeschlossenen Teilchen wird gleich

$$N \pi r s^2 \tag{8}$$

sein; dies ist aber die Zahl der Teilchen, denen sich das bewegte Teilchen mindestens bis zum Abstand $s$ nähert.

Theorem VIII. Ein Teilchen bewege sich mit der Geschwindigkeit $v$ in einem Teilchensystem, das sich nach dem Gesetz von Theorem IV bewegt; man bestimme die Zahl der Teilchen, die zu dem bewegten Teilchen eine Relativgeschwindigkeit zwischen $r$ und $r + \mathrm{d}r$ haben.

Wenn $u$ die wirkliche Geschwindigkeit eines Teilchens des Systems, $v$ die des ursprünglichen Teilchens, $r$ ihre Relativgeschwindigkeit und $\vartheta$ der Winkel zwischen $v$ und $r$ ist, dann gilt

$$u^2 = v^2 + r^2 - 2vr\cos\vartheta .$$

Wenn wir wie in Theorem IV voraussetzen, daß alle Teilchen auf einmal vom Ursprung aus starten, dann wird nach einer Zeiteinheit die „Dichte" oder die Teilchenzahl pro Volumeneinheit im Abstand $u$ gleich

$$N \frac{1}{\alpha^3 \pi^{3/2}} e^{-(u^2/\alpha^2)}$$

sein. Hiervon haben wir die Teilchenzahl in einer Kugelschale abzuleiten, deren Mittelpunkt sich im Abstand $v$

befindet und deren Radius $r$ und deren Dicke $\mathrm{d}r$ ist:

$$N \frac{1}{\alpha\sqrt{\pi}} \frac{r}{v} \{e^{-((r-v)^2/\alpha^2)} - e^{-((r+v)^2/\alpha^2)}\} \, \mathrm{d}r. \tag{9}$$

Dies ist die gesuchte Zahl.

Korollar: Es ist evident, daß dieser Ausdruck, wenn wir ihn von $r = 0$ bis $r = \infty$ integrieren, gleich der Gesamtteilchenzahl $N$ sein muß, wodurch wir folgendes mathematische Ergebnis erhalten:

$$\int_0^\infty \mathrm{d}x \, x (e^{-((x-a)^2/\alpha^2)} - e^{-((x+a)^2/\alpha^2)}) = \sqrt{\pi a \alpha}. \tag{10}$$

Theorem IX. Zwei Teilchenmengen bewegen sich wie in Theorem V, man ermittle die Zahl der Paare, die sich in der Zeiteinheit mindestens bis auf den Abstand $s$ annähern.

Die Teilchenzahl der zweiten Art mit Geschwindigkeiten zwischen $v$ und $v + \mathrm{d}v$ ist

$$N' \frac{4}{\beta^3\sqrt{\pi}} v^2 e^{-(v^2/\beta^2)} \, \mathrm{d}v = n'.$$

Die Anzahl von Teilchen der ersten Art mit Relativgeschwindigkeiten zu diesen zwischen $r$ und $r + \mathrm{d}r$ ist

$$N \frac{1}{\alpha\sqrt{\pi}} \frac{r}{v} (e^{-((r-v)^2/\alpha^2)} - e^{-((r+v)^2/\alpha^2)} \, \mathrm{d}r = n,$$

und die Anzahl der Paare, die sich in einer Zeiteinheit mindestens auf die Entfernung $s$ annähern, ist

$$n n' \pi r s^2 = N N' \frac{4}{\alpha\beta^3} s^2 r^2 v e^{-(v^2/\beta)}$$
$$\times \{e^{-((v-r)^2/\alpha^2)} - e^{-((v+r)^2/\alpha^2)}\} \, \mathrm{d}r \, \mathrm{d}v.$$

Im letzten Ausdruck können wir über $v$ integrieren und erhalten

$$N N' \frac{4\sqrt{\pi}}{(\alpha^2+\beta^2)^{3/2}} s^2 r^3 e^{-(r^2(\alpha^2+\beta^2))} dr.$$

Integrieren wir nochmals von $r = 0$ bis $r = \infty$, so erhalten wir

$$2 N N' \sqrt{\pi} \sqrt{\alpha^2+\beta^2}\, s^2; \tag{11}$$

dies ist die Zahl der Stöße pro Zeiteinheit im Einheitsvolumen zwischen Teilchen verschiedener Art, wobei $s$ der Abstand der Mittelpunkte beim Stoß ist.

Die Anzahl der Stöße zwischen zwei Teilchen der ersten Art ist gleich

$$2 N^2 \sqrt{\pi} \sqrt{2\alpha^2}\, s_1^2,$$

wobei $s_1$ der Abstand beim Stoß ist; und für das zweite System gleich

$$2 N'^2 \sqrt{\pi} \sqrt{2\beta^2}\, s_2^2.$$

Die mittleren Geschwindigkeiten in beiden Systemen sind $2\alpha/\sqrt{\pi}$ und $2\beta/\sqrt{\pi}$. Wenn $l_1$ und $l_2$ die mittleren Weglängen zwischen den Stößen für die Teilchen des ersten und des zweiten Systems sind, so ist

$$\frac{1}{l_1} = \pi N_1 \sqrt{2}\, s_1^2 + \pi N_2 \frac{\sqrt{\alpha^2+\beta^2}}{\alpha} s^2,$$

$$\frac{1}{l_2} = \pi N_1 \frac{\sqrt{\alpha^2+\beta^2}}{\beta} s^2 + \pi N_2 \sqrt{2}\, s_2^2.$$

Theorem X. Man bestimme die Wahrscheinlichkeit dafür, daß ein Teilchen eine gegebene Entfernung durchläuft, bevor es ein anderes stößt.

Wir wollen voraussetzen, daß $\alpha\, dx$ die Wahrscheinlichkeit dafür ist, daß ein Teilchen während des Durchlaufens der Strecke $dx$ abgebremst wird; d. h., daß von $N$ an der

Stelle $x$ befindlichen Teilchen $N\alpha\,\mathrm{d}x$ abgebremst werden, bevor sie die Stelle $x + \mathrm{d}x$ erreichen. Schreibt man dies mathematisch, so ergibt sich

$$\frac{\mathrm{d}N}{\mathrm{d}x} = -N\alpha$$

oder

$$N = C\mathrm{e}^{-\alpha x}.$$

Setzen wir $N = 1$ an der Stelle $x = 0$, so finden wir für die Wahrscheinlichkeit, daß ein Teilchen nicht vor dem Durchlaufen der Strecke $x$ ein anderes stößt, $\mathrm{e}^{-\alpha x}$.

Der mittlere Abstand, den jedes Teilchen durchläuft, bevor es einen Stoß erleidet, ist gleich $1/\alpha = l$. Die Wahrscheinlichkeit dafür, daß ein Teilchen die Entfernung $nl$ ohne Stoß durchläuft, ist $\mathrm{e}^{-n}$ (s. auch die Arbeit von Herrn Clausius, Philos. Mag., Februar 1859).[1]

Wenn alle Teilchen bis auf eines in Ruhe sind, dann ist

$$\alpha = \pi s^2 N,$$

wobei die Entfernung der Mittelpunkte beim Stoß gleich $s$ und $N$ die Teilchenzahl pro Einheitsvolumen ist. Ist $v$ die Geschwindigkeit des bewegten Teilchens relativ zum Rest, dann wird die Zahl der Stöße in der Zeiteinheit gleich

$$v\pi s^2 N;$$

und ist $v_1$ die wirkliche Geschwindigkeit, dann wird diese Zahl gleich $v_1\alpha$; daher ist

$$\alpha = \frac{v}{v_2}\pi s^2 N,$$

wobei $v_1$ die wirkliche Geschwindigkeit des stoßenden Teilchens und $v$ seine Geschwindigkeit relativ zu den

[1]) Vgl. Arbeit 9.

Teilchen ist, die gestoßen werden. Ist $v_2$ die wirkliche Geschwindigkeit des anderen Teilchens, dann ist $v = \sqrt{v_1^2 + v_2^2}$. Ist $v_1 = v_2$, dann ist $v = \sqrt{2}\, v_1$ und

$$\alpha = \sqrt{2}\pi s^2 N.$$

*Anmerkung.*[1]) [2]) Herr CLAUSIUS erhält

$$\alpha = 4/3\pi s^2 N.$$

---

[1]) *Anm. d. Herausgebers* W. D. NIVEN: In Philos. Mag. I (1860) 434–436 hat CLAUSIUS seine Methode erläutert, mit der er seinen Wert der mittleren Relativgeschwindigkeit gefunden hat. Sie besteht, kurz gesagt, in folgendem: Wenn $u$ und $v$ die Geschwindigkeiten zweier Teilchen bedeuten, dann ist ihre Relativgeschwindigkeit gleich $\sqrt{u^2 + v^2 - 2uv\cos\vartheta}$. Von dem Mittelwert dieser Größe bezüglich einer Richtung wird gezeigt, daß er gleich

$$v + \frac{1}{3}\,\frac{u^2}{v} \quad \text{für } u < v \text{ bzw.} \quad u + \frac{1}{3}\,\frac{v^2}{u} \quad \text{für } u > v$$

ist; dabei sind alle Richtungen von $v$ als gleich wahrscheinlich vorausgesetzt.

Wenn $u = v$ ist, so stimmen diese Ausdrücke überein. In Anwendung dieses Ergebnisses nimmt CLAUSIUS an, nachdem er für die mittleren Geschwindigkeiten $u$ und $v$ gesetzt hat, daß die mittlere Relativgeschwindigkeit durch Ausdrücke der gleichen Form gegeben ist, so daß sie sich zu $(4/3)u$ ergeben würde, wenn die mittleren Geschwindigkeiten gleich $u$ sind. Gegen diesen Schritt kann man jedoch Einwände erheben. In der Tat, wenn wir den oben angegebenen Ausdruck für die mittlere Geschwindigkeit nehmen und $u$ und $v$ als die Geschwindigkeiten zweier Teilchen ansehen, die jeden Wert zwischen 0 und $\infty$ annehmen können, müßten wir, wenn wir die mittlere Relativgeschwindigkeit bestimmen wollen, wie folgt vorgehen: Weil die Teilchenzahl für Geschwindigkeiten zwischen $u$ und $u + \mathrm{d}u$ gleich

$$N\,\frac{4}{\alpha^3\sqrt{\pi}}\,u^2\,\mathrm{e}^{-(u^2/\alpha^2)}\,\mathrm{d}u$$

ist, wird die mittlere Relativgeschwindigkeit gleich

$$\frac{16}{\alpha^3\beta^2\pi}\int_0^\infty\!\!\int_v^\infty u^2 v^2\,\mathrm{e}^{-(u^2/\alpha^2+v^2/\beta^2)}\left(u + \frac{1}{3}\,\frac{v^2}{u}\right)\mathrm{d}u\,\mathrm{d}v$$

$$+\frac{16}{\alpha^3\beta^2\pi}\int_0^\infty\!\!\int_0^v u^2 v^2\,\mathrm{e}^{-(u^2/\alpha^2+v^2/\beta^2)}\left(v + \frac{1}{3}\,\frac{u^2}{v}\right)\mathrm{d}u\,\mathrm{d}v.$$

Theorem XI. In einer Mischung von zwei Teilchenarten bestimme man die mittlere Weglänge jedes Teilchens.

Die Teilchenzahl pro Einheitsvolumen sei $N_1$ für die erste und $N_2$ für die zweite Art. Der Mittelpunktsabstand beim Stoß sei $s_1$ für die erste Menge, $s_2$ für die zweite Menge und $s'$ bei Stößen zwischen je einem Teilchen jeder Art. $v_1$ und $v_2$ seien die Geschwindigkeitskoeffizienten und $M_1$, $M_2$ die Massen der einzelnen Teilchen.

Die Wahrscheinlichkeit dafür, daß ein Teilchen $M_1$ nach dem Durchlaufen der Strecke $x_1$ nicht von einem anderen Teilchen der gleichen Art gestoßen wird, ist

$$e^{-\sqrt{2}\pi s_1^2 N_1 x}.$$

Die Wahrscheinlichkeit, auf der gleichen Strecke nicht von einem Teilchen der anderen Art gestoßen zu werden, beträgt

$$e^{-\sqrt{1+(v_2^2/v_1^2)}\,\pi s'^2 N_2 x}.$$

Damit ist die Wahrscheinlichkeit dafür, auf der Strecke $x$ von überhaupt keinem Teilchen gestoßen zu werden, gleich

$$e^{-\pi\left(\sqrt{2} s_1^2 N_1 + \sqrt{1+(v_2^2/v_1^2)}\, s'^2 N_2\right) x};$$

---

Dieser Ausdruck führt, wenn man ihn zusammenfaßt, auf

$$\frac{2}{\sqrt{\pi}}\sqrt{\alpha^2+\beta^2},$$

d. h. das Ergebnis im Text.

[2]) In einem Brief an WILLIAM THOMSON im Jahre 1871 macht MAXWELL die folgende Bemerkung über den Unterschied der Zahlenfaktoren: „Der Einwand Nr. 1 von CLAUSIUS gegen die Integration gründet sich auf seine Theorie der gleichförmigen Geschwindigkeit der Moleküle. (Dies ist ein erster Entwurf für eine solche Theorie von CLAUSIUS.) Da er sich sicher bekehren würde und ich zu träge war, sagte ich nichts. Die weiteren Einwände Nr. 2 usw. gegen die Theorie der Diffusion und Leitung sind wohlbegründet ...“ (vgl. H. T. BERNSTEIN: Isis **54** (1963) 212 und 214). Wie es sich erwies, hat sich CLAUSIUS ohne weitere Bemühungen von MAXWELLS Seite in der Tat bekehrt (Lumière électr. **17** (1885) 241). Die obige Bemerkung von W. D. NIVEN in: The Scientific Papers of JAMES CLERK MAXWELL, Bd 1, S. 387, gibt eine kurze Erläuterung.

und falls $l_1$ der mittlere Abstand für ein Teilchen der ersten Art ist, gilt

$$\frac{1}{l_1} = \sqrt{2}\,\pi s_1^2 N_1 + \pi \sqrt{1 + \frac{v_2^2}{v_1^2}}\, s'^2 N_2. \tag{12}$$

Ähnlich ist es, wenn $l_2$ der mittlere Abstand für ein Teilchen der zweiten Art ist:

$$\frac{1}{l_2} = \sqrt{2}\,\pi s_2^2 N_2 + \pi \sqrt{1 + \frac{v_1^2}{v_2^2}}\, s'^2 N_1. \tag{13}$$

Die mittlere Teilchendichte für die erste Art ist $N_1 M_1 = \varrho_1$, und die der zweiten ist $N_2 M_2 = \varrho_2$. Wenn wir

$$A = \sqrt{2}\,\frac{\pi s_1^2}{M_1}, \qquad B = \pi \sqrt{1 + \frac{v_2^2}{v_1^2}}\,\frac{s'^2}{M_2},$$

$$C = \pi \sqrt{1 + \frac{v_1^2}{v_2^2}}\,\frac{s'^2}{M_1}, \qquad D = \sqrt{2}\,\frac{\pi s_2^2}{M_2} \tag{14}$$

setzen, so ist

$$\frac{1}{l_1} = A\varrho_1 + B\varrho_2, \qquad \frac{1}{l_2} = C\varrho_1 + D\varrho_2 \tag{15}$$

und

$$\frac{B}{C} = \frac{M_1 v_2}{M_2 v_1} = \frac{v_2^3}{v_1^3}. \tag{16}$$

Theorem XII. Man bestimme den Druck auf die Flächeneinheit der Gefäßwand, den die Teilchen beim Stoß darauf ausüben.

Es sei

$N$ = Zahl der Teilchen pro Volumeneinheit,
$M$ = Masse jedes Teilchens,
$v$ = Geschwindigkeit des Teilchens,
$l$ = mittlere Weglänge jedes Teilchens;

dann ist die Teilchenzahl über einer Flächeneinheit in einer Schicht der Dicke d$z$ gleich

$$N\,\mathrm{d}z. \tag{17}$$

Die Anzahl der Stöße dieser Teilchen pro Zeiteinheit beträgt

$$N\,\mathrm{d}z\,\frac{v}{l}. \tag{18}$$

Die Zahl der Teilchen, die nach dem Stoß eine Entfernung zwischen $nl$ und $(n + \mathrm{d}n)\,l$ erreichen, ist gleich

$$N\,\frac{v}{l}\,\mathrm{e}^{-n}\,\mathrm{d}z\,\mathrm{d}n. \tag{19}$$

Der Anteil von diesen, die auf eine Flächeneinheit in der Entfernung $z$ stoßen, ist

$$\frac{n\,l - z}{2nl}, \tag{20}$$

und die mittlere Geschwindigkeit in $z$-Richtung von diesen ist

$$v\,\frac{nl + z}{2nl}. \tag{21}$$

Multiplizieren wir (19), (20) und (21) miteinander und mit $M$, so finden wir den Impuls beim Stoß

$$M\,N\,\frac{v^2}{4n^2l^3}\,(n^2l^2 - z^2)\,\mathrm{e}^{-n}\,\mathrm{d}z\,\mathrm{d}n. \tag{22}$$

Integrieren wir bezüglich $z$ von 0 bis $nl$, so erhalten wir

$$1/6\,M\,N\,v^2 n\,\mathrm{e}^{-n}\,dn.$$

Durch Integration über $n$ von 0 bis $\infty$ erhalten wir

$$1/6\,M\,N\,v^2$$

für den Impuls in $z$-Richtung der stoßenden Teilchen;

für den Impuls der Teilchen nach dem Stoß ergibt sich die gleiche Größe, aber in umgekehrter Richtung, so daß der Gesamtdruck pro Flächeneinheit das Doppelte dieser Größe oder

$$p = 1/3\, M N v^2$$

ist.

Dieser Wert von $p$ ist unabhängig von der Weglänge $l$. Um dieses Ergebnis auf die Gastheorie anzuwenden, setzen wir $MN = \varrho$ und $v^2 = 3k$ und erhalten

$$p = k\varrho,$$

das BOYLE-MARIOTTEsche Gesetz. Nach (4) haben wir

$$v^2 = 3/2\,\alpha^2, \qquad \alpha^2 = 2k. \tag{23}$$

Von unserer Hypothese der sich auf geraden Linien bewegenden elastischen Teilchen her haben wir gesehen, daß der Gasdruck durch die Annahme erklärt werden kann, daß das Quadrat der Geschwindigkeit der absoluten Temperatur direkt und dem spezifischen Gewicht des Gases bei konstanter Temperatur umgekehrt proportional ist, so daß bei gleichem Druck und gleicher Temperatur der Wert von $NMv^2$ für alle Gase der gleiche ist. Im Theorem VI haben wir aber gefunden, daß für zwei Teilchenmengen der Wert von $Mv^2$ in jeder gleich ist, wenn sie aufeinander Wärmebewegung übertragen. Daraus sieht man, daß $N$, die Teilchenzahl pro Volumeneinheit, bei gleichem Druck und gleicher Temperatur für alle Gase gleich groß ist. Dieses Ergebnis stimmt mit dem chemischen Gesetz überein, daß gleiche Volumina von Gasen chemisch äquivalent sind.

Wir haben nun den Wert von $l$, der mittleren Weglänge eines Teilchens zwischen zwei aufeinanderfolgenden Stößen, zu bestimmen. Die direkteste Methode, dies zu tun, geht von der Tatsache aus, daß mit unterschiedlicher Geschwindigkeit aufeinander gleitende Gasschichten mit einer Tangentialkraft aufeinander wirken, welche dieses Gleiten zu hindern sucht und die in ihrem Ergebnis der Reibung ähnlich ist, die in der gleichen Art zwischen zwei festen Flächen auftritt. Nach unserer Hypothese ist die Erklärung der Gasreibung die, daß Teilchen mit der mittleren Translationsgeschwindigkeit einer Schicht diese verlassen und in eine andere übergehen, die eine verschiedene Translationsgeschwindigkeit hat, und durch Stoßen der Teilchen in der zweiten Schicht eine tangentiale Kraft auf diese ausüben, die die innere Reibung der Gase begründet. Die gesamte Reibung zwischen zwei Teilen eines Gases, die durch eine ebene Fläche getrennt sind, hängt von der Gesamtwirkung aller Schichten der einen Seite der Fläche auf alle Schichten der anderen Seite ab.

Theorem XIII. Man bestimme die innere Reibung eines Systems bewegter Teilchen.

Wir wollen das System parallel zur $x,y$-Ebene teilen. Die Translationsbewegung jeder Schicht in $x$-Richtung sei gleich $u$, wobei $u = A + Bz$ sei. Wir haben die Wechselwirkung zwischen den Schichten auf der positiven und der negativen Seite der $x,y$-Ebene zu untersuchen. Wir wollen zuerst die Wirkung zwischen zwei Schichten $\mathrm{d}z$ und $\mathrm{d}z'$ in den Entfernungen $z$ und $-z'$ auf entgegengesetzten Seiten der Ebene bestimmen, jeweils auf einer Flächeneinheit. Die Zahl der Teilchen, die in einer Zeiteinheit von $\mathrm{d}z$ starten und eine Entfernung zwischen $nl$ und $(n + \mathrm{d}n)l$ erreichen, ist nach (19) gleich

$$N \frac{v}{l} \mathrm{e}^{-n} \, \mathrm{d}z \, \mathrm{d}n .$$

Die Zahl von diesen, die ihr Wegende in der Schicht $\mathrm{d}z'$ haben, ist gleich

$$N \frac{v}{2nl^2} \mathrm{e}^{-n} \, \mathrm{d}z \, \mathrm{d}z' \, \mathrm{d}n .$$

Die mittlere Geschwindigkeit in $x$-Richtung, die jedes

dieser Teilchen vor dem Stoß hat, ist $A + Bz$ und nach dem Stoß gleich $A + Bz'$. Ist seine Masse $M$, so wird durch jedes Teilchen der mittlere Impuls $M(z - z')$ übertragen. Die Gesamtwirkung dieser Stöße ist deshalb

$$NMB\frac{v}{2nl^2}(z - z')\,\mathrm{e}^{-n}\,\mathrm{d}z\,\mathrm{d}z'\,\mathrm{d}n.$$

Wir müssen zuerst über $z'$ zwischen $z' = 0$ und $z' = z - nl$ integrieren, dies ergibt

$$\frac{1}{2}NMB\frac{v}{2nl^2}(n^2l^2 - z^2)\,\mathrm{e}^{-n}\,\mathrm{d}z\,\mathrm{d}n$$

für die Wirkung der Schicht $\mathrm{d}z$ auf alle Schichten unterhalb der $x,y$-Ebene. Dann integrieren wir von $z = 0$ bis $z = nl$ und erhalten

$$1/2\,NMBlvn^2\,\mathrm{e}^{-n}\,\mathrm{d}n.$$

Integrieren wir von $n = 0$ bis $n = \infty$, so finden wir die Gesamtreibung zwischen einer Flächeneinheit über und unter der Ebene zu

$$F = \frac{1}{3}MNlvB = \frac{1}{3}\varrho lv\frac{\mathrm{d}u}{\mathrm{d}z} = \mu\frac{\mathrm{d}u}{\mathrm{d}z},$$

wobei $\mu$ der gewöhnliche Koeffizient der inneren Reibung ist,

$$\mu = \frac{1}{3}\varrho lv = \frac{1}{3\sqrt{2}}\frac{Mv}{\pi s^2} \tag{24}$$

mit $\varrho$ als Dichte, $l$ als mittlerer Weglänge eines Teilchens und $v$ als mittlerer Geschwindigkeit:

$$v = 2\alpha/\sqrt{\pi} = 2\sqrt{2k/\pi},$$

$$l = \frac{3}{2}\frac{\mu}{\varrho}\sqrt{\frac{\pi}{2k}}. \tag{25}$$

Nun hat Professor STOKES durch Experimente mit Luft

$$\sqrt{\frac{\mu}{\varrho}} = 0{,}116$$

gefunden. Wenn wir $\sqrt{k} = 930$ Fuß/s für Luft bei 60 °F annehmen und damit eine mittlere Geschwindigkeit $v = 1\,505$ Fuß/s, dann ist der Wert von $l$, der mittleren Entfernung, die ein Teilchen zwischen zwei aufeinanderfolgenden Stößen durchläuft, gleich dem 447000-sten Teil eines Zoll, und jedes Teilchen erleidet pro Sekunde 8077200000 Stöße.

Ein bemerkenswertes Ergebnis wird uns in Gleichung (24) gezeigt, nämlich, daß der Koeffizient der inneren Reibung unabhängig von der Dichte ist, wenn diese Erklärung der Reibung in Gasen richtig ist. Diese Konsequenz einer mathematischen Theorie ist sehr überraschend, und das einzige Experiment über diesen Gegenstand, das ich kenne, scheint es nicht zu bestätigen. Wir müssen nun unsere Theorie mit dem vergleichen, was über die Diffusion der Gase und die Wärmeleitung in Gasen bekannt ist.

## Teil II

### *Über den Diffusionsprozeß von zwei oder mehr Arten bewegter Teilchen ineinander*

Dieser Teil wurde weggelassen, weil CLAUSIUS später gefunden hat, daß seine Methoden und Schlußfolgerungen nicht korrekt waren, und weil die Fehler von MAXWELL eingestanden wurden. MAXWELLS verbesserte Theorie über Viskosität, Diffusion und Wärmeleitung in Gasen, die zuerst 1866 publiziert wurde, wird in Kinetische Theorie, Bd. 2, dieser Reihe nachgedruckt werden. Es ist empfehlenswert, daß ein Student, der lernen möchte, wie die Theorie der mittleren freien Weglänge die Transportprozesse in Gasen erklärt, zunächst ein modernes Lehrbuch der kinetischen Theorie zu Rate zieht und dann den weggelassenen Teil dieser

Arbeit in MAXWELLS Scientific Papers, Vol.1, S. 392–405, liest. Dort steht auf S. 392 eine nützliche Bemerkung von W. D. NIVEN, der CLAUSIUS' Einwand zitiert.

## Teil III

### *Über die Stöße vollkommen elastischer Körper beliebiger Form*

Wenn zwei vollkommen glatte Kugeln miteinander stoßen, dann geht die zwischen ihnen wirkende Kraft immer durch ihre Schwerpunkte; deshalb werden ihre Rotationsbewegungen, wenn sie solche besitzen, durch die Stöße nicht beeinflußt und gehen somit in unsere Rechnung nicht ein. Wenn aber die Körper nicht kugelförmig sind, wird die Kraft beim Stoß im allgemeinen nicht in der Verbindungslinie der Schwerpunkte liegen, und somit wird die Kraft beim Stoß sowohl von der Bewegung der Schwerpunkte als auch von der Rotationsbewegung vor dem Stoß abhängen, und diese beiden Bewegungen werden nach dem Stoß geändert sein.

Auf diese Art werden die Schwerpunktsgeschwindigkeit und die Rotationsgeschwindigkeit aufeinander einwirken, so daß schließlich eine bestimmte Relation zwischen ihnen bestehen wird. Nun sind die Rotationen der Teilchen um die drei Achsen Größen, die sich ebenso zueinander verhalten wie die drei Geschwindigkeiten ihrer Mittelpunkte, und daher kann man die Ergebnisse von Theorem IV genau so gut auf die Rotationen wie auf die Translationen anwenden, und beide werden nach dem Gesetz

$$\frac{\mathrm{d}N}{\mathrm{d}x} = N\frac{1}{\alpha\sqrt{\pi}}\,\mathrm{e}^{-x/\alpha^2}$$

verteilt sein. Nach Theorem V ist der Mittelwert von Summe oder Differenz der Geschwindigkeiten gleich

$$\sqrt{x^2 + y^2},$$

wenn $x$ die mittlere Geschwindigkeit der Teilchen einer Menge und $y$ die einer anderen ist. Hieraus erkennt man leicht, daß für jeden einzelnen Fall, für den

$$u = ax + by + cz$$

ist, wobei $x$, $y$ und $z$ unabhängige Größen sind, die nach dem obigen Gesetz verteilt sind, die *Mittelwerte* dieser Größen nach folgender Gleichung miteinander zusammenhängen:

$$u^2 = a^2x^2 + b^2y^2 + c^2z^2.$$

Theorem XXII. *Zwei vollkommen elastische Körper stoßen einander; gegeben sind ihre Bewegungen vor dem Stoß und die Richtung des Stoßes; man ermittle ihre Bewegung nach dem Stoß.*

$M_1$ und $M_2$ seien die Schwerpunkte der beiden Körper, $M_1X_1$, $M_1Y_1$ und $M_1Z_1$ die Hauptachsen des ersten und $M_2X_2$, $M_2Y_2$ und $M_2Z_2$ die des zweiten Körpers. $I$ sei der Stoßpunkt und $R_1IR_2$ die Stoßrichtung.

Die Koordinaten von $I$ bezüglich $M_1$ seien $x_1, y_1, z_1$ und bezüglich $M_2$ gleich $x_2, y_2, z_2$.

Die Richtungskosinusse der Stoßrichtung $R_1IR_2$ seien $l_1, m_1, n_1$ bezüglich $M_1$ und $l_2, m_2, n_2$ bezüglich $M_2$.

$M_1$ und $M_2$ seien die Massen und $A_1, B_1, C_1$ bzw. $A_2, B_2, C_2$ die Trägheitsmomente der Körper um ihre Hauptachsen.

Die Schwerpunktsgeschwindigkeiten, zerlegt nach den Hauptachsenrichtungen jedes Körpers, seien

$$U_1, V_1, W_1 \quad \text{und} \quad U_2, V_2, W_2 \quad \text{vor dem Stoß}$$

und

$$U_1', V_1', W_1' \quad \text{und} \quad U_2', V_2', W_2' \quad \text{nach dem Stoß.}$$

Die Winkelgeschwindigkeiten um dieselben Achsen seien

$$p_1, q_1, r_1 \quad \text{und} \quad p_2, q_2, r_2 \quad \text{vor dem Stoß}$$

und

$$p_1', q_1', r_1' \quad \text{und} \quad p_2', q_2', r_2' \quad \text{nach dem Stoß.}$$

Es seien $R$ die antreibende Kraft zwischen den Körpern, gemessen durch den Impuls, den sie in jedem erzeugt. Dann haben wir für die Schwerpunktsgeschwindigkeiten

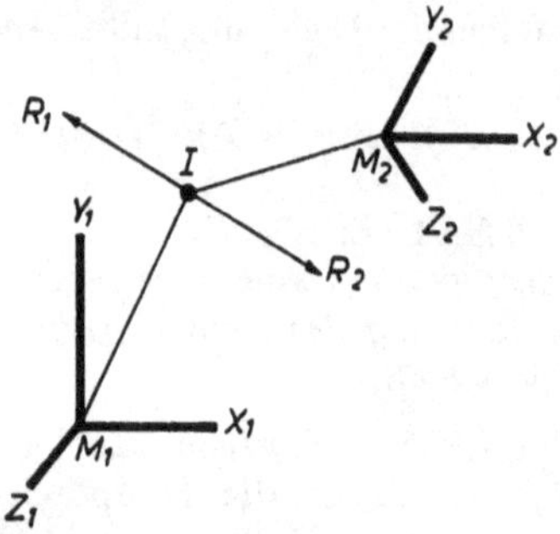


Abb. 10.4

folgende Gleichungen:

$$U_1' = U_1 + \frac{R l_1}{M_1}, \qquad U_2' = U_2 - \frac{R l_2}{M_2} \tag{62}$$

und zwei andere Gleichungspaare für $V$ und $W$.

Die Gleichungen für die Winkelgeschwindigkeiten sind

$$p_1' = p_1 + \frac{R}{A_1}(y_1 n_1 - z_1 m_1),$$

$$p_2' = p_2 - \frac{R}{A_2}(y_2 n_2 - z_2 m_2) \tag{63}$$

sowie zwei andere Gleichungspaare für $q$ und $r$.

Die Bedingung der völligen Elastizität bedeutet, daß die gesamte *vis viva* vor und nach dem Stoß die gleiche sein soll. Dies führt auf folgende Gleichung:

$$M_1(U_1'^2 - U_1^2) + M_2(U_1'^2 - U_2^2) + A_1(p_1'^2 - p_1^2)$$
$$+ A_2(p_2'^2 - p_2^2) + \cdots = 0. \quad (64)$$

Es sind die Glieder bezüglich der $x$-Achse angegeben, die bezüglich der $y$- und $z$-Achse können leicht aufgeschrieben werden.

Wenn wir die Werte aus den Gleichungen (62) und (63) einsetzen, erhalten wir

$$l_1(U_1' + U_1) - l_2(U_2' + U_2) + (y_1 n_1 - z_1 m_1)(p_1' + p_1)$$
$$- (y_2 n_2 - z_2 m_2)(p_2' + p_2) + \cdots = 0. \quad (65)$$

Es sei nun $v_1$ die Komponente der Geschwindigkeit des Stoßpunktes des ersten Körpers vor dem Stoß in Stoßrichtung,

$$v_1 = l_1 U_1 + (y_1 n_1 - z_1 m_1) p_1 + \cdots;$$

wenn wir für die Komponente der Geschwindigkeit des anderen Stoßpunktes in derselben Richtung $v_2$ setzen und $v_1'$ und $v_2'$ für die gleichen Größen nach dem Stoß, so können wir die Gleichung (65) in der Form

$$v_1 + v_1' - v_2 - v_2' = 0 \quad (66)$$

oder

$$v_1 - v_2 = v_2' - v_1' \quad (67)$$

schreiben, mit der sich die Geschwindigkeitskomponente in Stoßrichtung beim Entfernen der Stoßpunkte mit der bei der Annäherung als gleich erweist.

Setzen wir die Werte der gestrichenen Größen mittels Gleichung (63) und (64) in Gleichung (65) ein und bringen die Größen mit $R$ auf die rechte Seite, so finden wir

$$2\{U_1 l_1 - U_2 l_2 + p_1(y_1 n_1 - z_1 m_1) - p_2(y_2 n_2 - z_2 m_2)\} + \cdots$$
$$= -R\left\{\frac{l_1^2}{M_1} + \frac{l_2^2}{M_2} + \frac{(y_1 n_1 - z_1 m_1)^2}{A_1}\right.$$
$$\left. + \frac{(y_2 n_2 - z_2 m_2)^2}{A_2} + \cdots\right\}, \tag{68}$$

wobei sich die fehlenden Ausdrücke auf $y$ und $z$ beziehen wie die angegebenen auf $x$. Aus dieser Gleichung finden wir den Wert von $R$. Setzen wir diesen in die Gleichungen (63) und (64) ein, so erhalten wir die Werte der Geschwindigkeiten nach dem Stoß.

Den Wert für $U_1'$ erhalten wir z. B. aus der Gleichung

$$U_1'\left\{\frac{l_1^2}{M_1} + \frac{l_2^2}{M_2} + \frac{(y_1 n_1 - z_1 m_1)^2}{A_1} + \frac{(y_2 n_2 - z_2 m_2)^2}{A_2}\right.$$
$$\left. + \cdots\right\}\frac{M_1}{l_1} = U_1\left\{-\frac{l_1^2}{M_1} + \frac{l_2^2}{M_2} + \frac{(y_1 n_1 - z_1 m_1)^2}{A_1}\right.$$
$$\left. + \frac{(y_2 n_2 - z_2 m_2)^2}{A_2} + \cdots\right\}\frac{M_1}{l_1}$$
$$+ 2U_2 l_2 - 2p_1(y_1 n_1 - z_1 m_1) + 2p_2(y_2 n_2 - z_2 m_1) - \cdots \tag{69}$$

Theorem XXIII. *Man bestimme die mittlere Translations- und Rotationsgeschwindigkeit nach vielen Stößen zwischen vielen Körpern.*

Nehmen wir Gleichung (69), die für einen einzelnen Stoß aufgestellt ist, so sehen wir, daß $U_1'$ als lineare Funktion von $U_1$, $U_2$, $p_1$, $p_2$, .... ausgedrückt ist. Dies alles sind Größen, deren Werte nach dem Gesetz von Theorem IV auf die verschiedenen Teilchen verteilt sind. Aus Theorem V folgt, daß wir eine neue Gleichung zwischen den Mittelwerten der verschiedenen Größen erhalten, wenn wir jeden Term der Gleichung einzeln quadrieren. Es ist offensichtlich, daß die geforderten Relationen, wenn sie sich einmal eingestellt haben, auch nach jedem Stoß wieder gültig sind, so daß wir in der Gleichung der Mittelwerte $U_1'^2 = U_1^2$ setzen können. Die Gleichung zwischen den Mittelwerten kann deshalb wie folgt geschrieben werden:

$$(M_1 U_1^2 - M_2 U_2^2) \frac{l_2^2}{M_2} + (M_1 U_1^2 - A_1 p_1^2) \frac{(y_1 n_1 - z_1 m_1)^2}{A_1} + (M_1 U_1^2 - A_2 p_2^2) \frac{(y_2 n_2 - z_2 m_2)^2}{A_2} + \cdots = 0 .$$

Da nun hier Stöße in jeder beliebigen Art stattfinden können, so daß sich die Werte von $l, m, n, \ldots$ und $x, y, z, \ldots$ unbegrenzt ändern können, kann diese Gleichung nur erfüllt sein, falls

$$M_1 U_1^2 = M_2 U_2^2 = A_1 p_1^2 = A_2 p_2^2 = \cdots$$

gilt.

Der Endzustand einer beliebigen Zahl von Systemen sich bewegender Teilchen beliebiger Form ist so, daß in ihm die mittlere *vis viva* der Translation in Richtung jeder der drei Achsen in allen Systemen die gleiche und gleich der mittleren *vis viva* der Rotation um jede der drei Hauptachsen jedes Teilchens ist.

Addieren wir die *vires vivae* bezüglich der anderen Achsen, so finden wir, daß die gesamte *vis viva* der Translation gleich der der Rotation in jedem System von Teilchen ist und daß sie auch für verschiedene Systeme die gleiche ist, wie in Theorem VI bewiesen wurde.

Dieses Resultat (welches gilt, wie nahe auch immer die Körper die Kugelform annähern, vorausgesetzt, daß die Rotationsbewegung durch die Stöße beeinflußt wird) scheint ausschlaggebend gegen die unbeschränkte Annahme der Hypothese zu sein, daß die Gase solche Systeme harter elastischer Teilchen sind. Für die beobachtete Tatsache, daß das Verhältnis der spezifischen Wärmen bei konstantem Druck und bei konstantem Volumen $\gamma = 1{,}408$ ist, ist es erforderlich, daß das Verhältnis der gesamten *vis viva* zu der *vis viva* der Translation gleich

$$\beta = \frac{2}{3(\gamma - 1)} = 1{,}634$$

wäre, wogegen nach unserer Hypothese $\beta = 2$ folgt.

Wir haben die mathematische Theorie der Stöße fester elastischer Teilchen durch verschiedene Fälle verfolgt, in denen eine Analogie zu den Erscheinungen der Gase vorhanden zu sein schien. Wir haben, wie andere vor uns, die Relationen zwischen Druck, Temperatur und Dichte eines einzelnen Gases hergeleitet. Wenn zwei verschiedene Gase frei aufeinander einwirken (d. h. bei gleicher Temperatur), so haben wir bewiesen, daß die Masse des einzelnen Teilchens von jedem umgekehrt proportional dem Quadrat der Molekulargeschwindigkeit und daß deshalb bei gleichem Druck und gleicher Temperatur die Teilchenzahl pro Volumeneinheit die gleiche ist.

Wir haben dann eine Erklärung der inneren Reibung der Gase gegeben und vom Experiment einen Wert für die mittlere Weglänge eines Teilchens zwischen zwei aufeinanderfolgenden Stößen abgeleitet.

Wir haben die Theorie auf die Gesetze der Diffusion der Gase angewendet, und aus einem Experiment mit Ölgas[1]) haben wir einen Wert der Weglänge abgeleitet, der nicht sehr verschieden ist von dem, der aus den Reibungsexperimenten abgeleitet wurde.

Wenn wir den Wert der Weglänge zwischen Stößen verwenden, so finden wir, daß der Wärmeleitungswiderstand der Luft 10000000mal so groß ist wie der von Kupfer, was sich in Übereinstimmung mit der Erfahrung befindet.

Wenn die Teilchen nicht kugelförmig sind, so haben wir zum Schluß eine Beziehung zwischen Translations- und Rotationsbewegung aufgestellt. Wir haben gezeigt, daß ein System solcher Teilchen unmöglich die bekannte Relation zwischen den spezifischen Wärmen aller Gase erfüllen kann.

---

[1]) *Anm. d. dtsch. Red.*: d. h. Äthylen.

# 11. Über einen auf die Wärme anwendbaren mechanischen Satz*)

von

RUDOLF CLAUSIUS

## Zusammenfassung

Es wird das folgende Theorem (Virialsatz) bewiesen: Ein beliebiges System von Massenpunkten sei in stationärer Bewegung. (Stationäre Bewegung bedeutet, daß die Punkte gezwungen sind, sich in einem begrenzten Gebiet des Raumes zu bewegen, und daß die Geschwindigkeiten nur innerhalb gewisser Grenzen fluktuieren, ohne daß eine Richtung ausgezeichnet ist.) Mit $X$, $Y$, $Z$ werden die Komponenten der Kraft bezeichnet, die auf ein Teilchen an der Stelle $x$, $y$, $z$ im Raume einwirkt. Man bilde die Größe

$$-1/2 \sum (Xx + Yy + Zz),$$

wobei die Summe über alle Punkte des Systems zu erstrecken ist. Ihr Mittelwert heißt *Virial* des Systems. Dann gilt: *Die mittlere kinetische Energie des Systems ist gleich seinem Virial.*

In dem speziellen Fall, in dem die Punkte auf das Volumen $v$ durch einen äußeren Druck $p$ beschränkt sind und in dem die Kraft $\varphi(r)$ zwischen zwei Punkten nur von ihrem Abstand $r$ abhängt, zeigt das Theorem, daß die kinetische Energie der inneren Bewegungen (die wir Wärme nennen) durch die Gleichung

$$h = 1/2 \sum r\, \varphi(r) + 3/2\, pv$$

gegeben ist.

(Diese Gleichung gestattet, die Relation zwischen Druck, Volumen und Temperatur — die „Zustandsgleichung" — zu berechnen, wenn das Kraftgesetz $\varphi(r)$ gegeben ist.)

*) Ursprünglich veröffentlicht in: Sitz.-Ber. Niederrhein. Ges. Bonn (1870) 114–119.

In einer im Jahe 1862 erschienenen Abhandlung über die mechanische Wärmetheorie[1]) habe ich einen Satz aufgestellt, welcher in seiner einfachsten Form lautet: *Die wirksame Kraft der Wärme ist proportional der absoluten Temperatur.* Aus diesem Satze, in Verbindung mit dem Satze von der Äquivalenz von Wärme und Arbeit, habe ich im weiteren Verlaufe jener Abhandlung verschiedene Schlüsse über das Verhalten der Körper zur Wärme abgeleitet. Da der Satz von der Äquivalenz von Wärme und Arbeit sich auf einen einfachen mechanischen Satz, nämlich den Satz von der Äquivalenz von lebendiger Kraft und mechanischer Arbeit, zurückführen läßt, so war ich im voraus davon überzeugt, daß es auch einen mechanischen Satz geben müsse, in welchem der Satz über das Wachsen der wirksamen Kraft der Wärme mit der Temperatur seine Erklärung findet. Diesen Satz glaube ich im folgenden mitteilen zu können.

Es sei irgendein System materieller Punkte gegeben, welche sich in einer stationären Bewegung befinden. Unter stationärer Bewegung verstehe ich eine solche, bei der die Punkte sich nicht immer weiter von ihrer ursprünglichen Lage entfernen und die Geschwindigkeiten sich nicht fort und fort in gleichem Sinne ändern, sondern bei der die Punkte sich innerhalb eines begrenzten Raumes bewegen und die Geschwindigkeiten nur innerhalb gewisser Grenzen schwanken. Es gehören dahin alle periodischen Bewegungen, wie die Bewegungen der Planeten um die Sonne und die Schwingungen elastischer Körper; ferner solche unregelmäßigen Bewegungen, wie man sie den Atomen und Molekülen eines Körpers zuschreibt, um seine Wärme zu erklären.

Es seien nun $m$, $m'$, $m''$ usw. die gegebenen materiellen Punkte, $x$, $y$, $z$; $x'$, $y'$, $z'$; $x''$, $y''$, $z''$ usw. ihre rechtwinkligen Koordinaten zur Zeit $t$, und endlich $X$, $Y$, $Z$; $X'$, $Y'$, $Z'$; $X''$, $Y''$, $Z''$ usw. die nach den Koordinaten-

---

[1]) Poggendorff's Ann. **116**, S. 73; Abhandlungen über die mechanische Wärmetheorie, Bd. 1, S. 242.

richtungen genommenen Komponenten der auf sie wirkenden Kräfte. Dann bilden wir zunächst die Summe:

$$\sum \frac{m}{2}\left[\left(\frac{\mathrm{d}x}{\mathrm{d}t}\right)^2+\left(\frac{\mathrm{d}y}{\mathrm{d}t}\right)^2+\left(\frac{\mathrm{d}z}{\mathrm{d}t}\right)^2\right],$$

wofür wir, wenn $v$, $v'$, $v''$ usw. die Geschwindigkeiten der Punkte sind, auch kürzer

$$\sum \frac{m}{2} v^2$$

schreiben können, welche Summe unter dem Namen der *lebendigen Kraft* (*vis visa*) des Systems bekannt ist. Ferner wollen wir folgenden Ausdruck bilden:

$$-\,1/2 \sum (Xx + Yy + Zz).$$

Die durch diesen Ausdruck dargestellte Größe hängt, wie man sieht, wesentlich von den in dem System wirkenden Kräften ab und würde, wenn bei gegebenen Koordinaten alle Kräfte sich in gleichem Verhältnisse änderten, den Kräften proportional sein. Wir wollen daher den Mittelwert, welchen diese Größe während der stationären Bewegung des Systems hat, nach dem lateinischen Worte vis, die Kraft, das *Virial* des Systems nennen.

In bezug auf diese beiden Größen läßt sich nun folgender Satz aufstellen:

*Die mittlere lebendige Kraft des Systems ist gleich seinem Virial.*

Wenn wir den Mittelwert einer Größe von ihrem veränderlichen Wert dadurch unterscheiden, daß wir über die Formel, welche die veränderliche Größe darstellt, einen waagerechten Strich machen, so können wir unseren Satz durch folgende Gleichung ausdrücken:

$$\sum \frac{m}{2} \overline{v^2} = -\frac{1}{2} \sum \overline{(Xx + Yy + Zz)}.$$

Was den Wert des Virials anbetrifft, so gestaltet er sich in den wichtigsten in der Natur vorkommenden Fällen sehr einfach.

Es möge z. B. angenommen werden, die Kräfte, welche die Massenpunkte erleiden, seien Anziehungen oder Abstoßungen, welche sie selbst aufeinander ausüben und welche nach irgendeinem Gesetz von der Entfernung abhängen. Bezeichnen wir dann die gegenseitige Kraft zwischen zwei Massenpunkten $m$ und $m'$, welche sich in der Entfernung $r$ voneinander befinden, mit $\varphi(r)$, wobei eine Anziehung als positive und eine Abstoßung als negative Kraft gelten soll, so haben wir für diese gegenseitige Einwirkung:

$$Xx + X'x' = \varphi(r)\frac{x'-x}{r}x + \varphi(r)\frac{x-x'}{r}x'$$

$$= -\varphi(r)\frac{(x'-x)^2}{r},$$

und da sich auch für die beiden anderen Koordinaten entsprechende Gleichungen bilden lassen, so folgt:

$$-1/2(Xx + Yy + Zz + X'x' + Y'y' + Z'z') = 1/2\, r\varphi(r).$$

Indem wir dieses Resultat auf das ganze System von Punkten ausdehnen, kommt:

$$-1/2\sum(Xx + Yy + Zz) = 1/2\sum r\varphi(r),$$

wobei das Summenzeichen auf der rechten Seite sich auf alle Kombinationen der gegebenen Massenpunkte zu je zweien bezieht. Daraus ergibt sich für das Virial der Ausdruck:

$$1/2\sum\overline{r\varphi(r)}.$$

Man erkennt sofort die Analogie zwischen diesem Ausdruck und demjenigen, welcher zur Bestimmung der bei der Bewegung getanen Arbeit dient. Führt man die

Funktion $\Phi(r)$ ein mit der Bedeutung:

$$\Phi(r) = \int \varphi(r)\,\mathrm{d}r,$$

so hat man die bekannte Gleichung:

$$-\sum(X\,\mathrm{d}x + Y\,\mathrm{d}y + Z\,\mathrm{d}z) = \mathrm{d}\sum\Phi(r).$$

Die Summe $\Sigma\Phi(r)$ ist diejenige, welche bei Anziehungen und Abstoßungen, die nach dem umgekehrten Quadrate der Entfernung wirken (abgesehen vom Vorzeichen), das *Potential* des Systems von Punkten auf sich selbst genannt wird. Da es zweckmäßig ist, auch für den Fall, wo das Gesetz, nach welchem die Anziehungen und Abstoßungen von der Entfernung abhängen, ein beliebiges ist, oder, noch allgemeiner gesagt, für jeden Fall, wo die bei einer unendlich kleinen Bewegung des Systemes getane Arbeit sich durch das Differential irgendeiner nur von den Raumkoordinaten der Punkte abhängigen Größe darstellen läßt, einen bequemen Namen zu haben,[1]) so schlage ich vor, die Größe, deren Differential den negativen Wert der Arbeit darstellt, nach dem griechischen Worte ἔργον, Werk, das *Ergal* des Systems zu nennen. Dann läßt sich der Satz von der Äquivalenz von lebendiger Kraft und Arbeit sehr einfach aussprechen, und um die Analogie zwischen diesem Satze und unserem oben aufgestellten Satze über das Virial recht deutlich erkennen zu lassen, will ich beide Sätze hier nebeneinander stellen:

1. Die Summe aus der lebendigen Kraft und dem Ergal ist konstant.
2. Die mittlere lebendige Kraft ist gleich dem Virial.

Um unseren Satz auf die Wärme anzuwenden, betrachten wir einen Körper als ein System bewegter materieller Punkte. In bezug auf die Kräfte, welche diese

---

[1]) Der Ausdruck *Kraftfunktion* oder *Kräftefunktion* (englisch: force function) hat den Übelstand, daß er auch schon für eine andere Größe angewandt wird, welche zu der hier betrachteten in der Beziehung steht wie die Potentialfunktion zum Potential.

Punkte erleiden, haben wir einen Unterschied zu machen. Erstens üben die Bestandteile des Körpers untereinander anziehende oder abstoßende Kräfte aus, und zweitens können von außen her Kräfte auf den Körper wirken. Danach können wir auch das Virial in zwei Teile zerlegen, welche sich auf die inneren und äußeren Kräfte beziehen und welche wir das *innere* und das *äußere Virial* nennen wollen.

Das innere Virial wird unter der Voraussetzung, daß die inneren Kräfte sich sämtlich auf Zentralkräfte zurückführen lassen, durch die Formel dargestellt, welche wir oben schon für ein System von Punkten, die anziehend oder abstoßend aufeinander wirken, angeführt haben. Dabei ist noch zu bemerken, daß bei einem Körper, in welchem unzählige Atome sich unregelmäßig, aber im wesentlichen unter gleichen Umständen bewegen, so daß alle möglichen Bewegungsphasen gleichzeitig vorkommen, es nicht nötig ist, für jedes Atompaar den Mittelwert von $r\varphi(r)$ zu nehmen, sondern die Werte $r\varphi(r)$ so genommen werden können, wie sie in einem gewissen Moment bei der gerade stattfindenden Lage der Atome gelten, indem die daraus gebildete Summe ihren Gesamtwert durch den Verlauf der einzelnen Bewegungen nicht merklich ändert. Das innere Virial hat somit den Ausdruck:

$$1/2 \sum r\varphi(r).$$

Was die äußeren Kräfte anbetrifft, so ist am häufigsten der Fall zu betrachten, wo der Körper nur einen gleichförmigen, normal gegen die Oberfläche gerichteten Druck erleidet. Das hierauf bezügliche Virial läßt sich sehr einfach ausdrücken. Es wird nämlich, wenn $p$ den Druck und $v$ das Volumen des Körpers bedeutet, dargestellt durch

$$3/2 pv.$$

Bezeichnen wir nun noch die lebendige Kraft der inneren Bewegungen, welche wir Wärme nennen, mit $h$, so können wir folgende Gleichung bilden:

$$h = 1/2 \sum r\varphi(r) + 3/2\, pv.$$

Es bleibt nun noch übrig, den Beweis unseres über die Beziehung zwischen lebendiger Kraft und Virial aufgestellten Satzes zu führen, was sehr leicht geschehen kann.

Die Gleichungen der Bewegung eines materiellen Punktes sind:

$$m\frac{\mathrm{d}^2 x}{\mathrm{d}t^2} = X; \qquad m\frac{\mathrm{d}^2 y}{\mathrm{d}t^2} = Y; \qquad m\frac{\mathrm{d}^2 z}{\mathrm{d}t^2} = Z.$$

Nun hat man aber:

$$\frac{\mathrm{d}^2(x^2)}{\mathrm{d}t^2} = 2\frac{\mathrm{d}}{\mathrm{d}t}\left(x\frac{\mathrm{d}x}{\mathrm{d}t}\right) = 2\left(\frac{\mathrm{d}x}{\mathrm{d}t}\right)^2 + 2x\frac{\mathrm{d}^2 x}{\mathrm{d}t^2}$$

oder, anders geordnet

$$2\left(\frac{\mathrm{d}x}{\mathrm{d}t}\right)^2 = -\,2x\frac{\mathrm{d}^2 x}{\mathrm{d}t^2} + \frac{\mathrm{d}^2(x^2)}{\mathrm{d}t^2}.$$

Wenn man diese Gleichung mit $m/4$ multipliziert und dann für $m(\mathrm{d}^2x/\mathrm{d}t^2)$ die Größe $X$ setzt, so kommt:

$$\frac{m}{2}\left(\frac{\mathrm{d}x}{\mathrm{d}t}\right)^2 = -\,\frac{1}{2}Xx + \frac{m}{4}\frac{\mathrm{d}^2(x^2)}{\mathrm{d}t^2}.$$

Die Glieder dieser Gleichung mögen nun nach der Zeit von 0 bis $t$ integriert und die Integrale durch $t$ dividiert werden, wodurch man erhält:

$$\frac{m}{2t}\int_0^t\left(\frac{\mathrm{d}x}{\mathrm{d}t}\right)^2\mathrm{d}t = -\,\frac{1}{2t}\int_0^t Xx\,\mathrm{d}t + \frac{m}{4t}\left[\frac{\mathrm{d}(x^2)}{\mathrm{d}t} - \left(\frac{\mathrm{d}(x^2)}{\mathrm{d}t}\right)_0\right],$$

worin $(\mathrm{d}(x^2)/\mathrm{d}t)_0$ den Anfangswert von $\dfrac{\mathrm{d}(x^2)}{\mathrm{d}t}$ bedeutet.

Die in dieser Gleichung vorkommenden Formeln

$$\frac{1}{t}\int\limits_0^t \left(\frac{\mathrm{d}x}{\mathrm{d}t}\right)^2 \mathrm{d}t \quad \text{und} \quad \frac{1}{t}\int\limits_0^t Xx\,\mathrm{d}t$$

stellen bei geeigneter Wahl der Zeitdauer $t$ die Mittelwerte von $(\mathrm{d}x/\mathrm{d}t)^2$ und $Xx$ dar, welche oben durch $\overline{(\mathrm{d}x/\mathrm{d}t)^2}$ und $\overline{Xx}$ bezeichnet wurden. Als Zeitdauer $t$ kann man bei einer periodischen Bewegung die Dauer einer Periode wählen; bei unregelmäßigen Bewegungen aber (und, wenn man will, auch bei periodischen) hat man nur darauf zu achten, daß die Zeit $t$ gegen diejenigen Zeiten, während welcher der Punkt sich in bezug auf irgendeine Koordinatenrichtung in gleichem Sinne bewegt, sehr groß ist, so daß im Verlaufe der Zeit $t$ schon viele Wechsel der Bewegung stattgefunden haben und die obigen Ausdrücke der Mittelwerte schon hinlänglich konstant geworden sind.

Das letzte Glied der Gleichung, welches die eckige Klammer als Faktor hat, wird bei einer periodischen Bewegung zu Ende jeder Periode gleich Null, indem $\mathrm{d}(x^2)/\mathrm{d}t$ zu Ende der Periode wieder den anfänglichen Wert $(\mathrm{d}(x^2)/\mathrm{d}t)_0$ annimmt. Bei einer Bewegung, die nicht periodisch, sondern unregelmäßig variierend ist, wird die eckige Klammer nicht so regelmäßig gleich Null, aber ihr Wert kann doch nicht fortwährend mit der Zeit wachsen, sondern nur innerhalb gewisser Grenzen schwanken, und der Divisor $t$, mit welchem das Glied behaftet ist, muß demnach bewirken, daß bei sehr großen Werten von $t$ das Glied verschwindend klein wird. Lassen wir daher dieses Glied fort, so können wir schreiben:

$$\frac{m}{2}\overline{\left(\frac{\mathrm{d}x}{\mathrm{d}t}\right)^2} = -\frac{1}{2}\overline{Xx}.$$

Da dieselbe Gleichung auch für die übrigen Koordinaten gilt, so kommt:

$$\frac{m}{2}\overline{\left[\left(\frac{\mathrm{d}x}{\mathrm{d}t}\right)^2+\left(\frac{\mathrm{d}y}{\mathrm{d}t}\right)^2+\left(\frac{\mathrm{d}z}{\mathrm{d}t}\right)^2\right]} = -\frac{1}{2}\overline{(Xx+Yy+Zz)},$$

oder, kürzer geschrieben:

$$\frac{m}{2}\overline{v^2} = -\frac{1}{2}\overline{(Xx+Yy+Zz)},$$

und für ein System von beliebig vielen Punkten ergibt sich ganz entsprechend:

$$\sum\frac{m}{2}\overline{v^2} = -\frac{1}{2}\sum\overline{(Xx+Yy+Zz)}.$$

Somit ist unser Satz bewiesen, und man sieht zugleich, daß er nicht bloß für das ganze System von materiellen Punkten und für die drei Koordinatenrichtungen zusammen, sondern auch für jeden materiellen Punkt und für jede Richtung besonders gültig ist.

## Namen- und Sachverzeichnis

*Der Herausgeber*

- hat die zur Entwicklung der Gastheorie und Herausarbeitung des Wärmebegriffs entscheidenden Originalarbeiten für einen Wiederabdruck ausgewählt

- bringt die Boyle-Newtonsche Repulsionstheorie der Gase ebenso wieder in Erinnerung wie die Erklärung der Zähigkeit der Gase mit Hilfe der mittleren freien Weglänge, die Originalherleitung des Maxwellschen Geschwindigkeitsverteilungsgesetzes und des Virialsatzes

- erleichtert das Verständnis der Originalarbeiten durch einen einleitenden Kommentar vom modernen Standpunkt

WISSENSCHAFTLICHE TASCHENBÜCHER

FSC
www.fsc.org
MIX
Papier | Fördert gute Waldnutzung
FSC® C083411

Zeitfracht Medien GmbH
Ferdinand-Jühlke-Straße 7
99095 Erfurt, Deutschland
produktsicherheit@kolibri360.de